QIDIAN LAILIN 2024

奇点来临
2024

张军 ◎ 著

U0345300

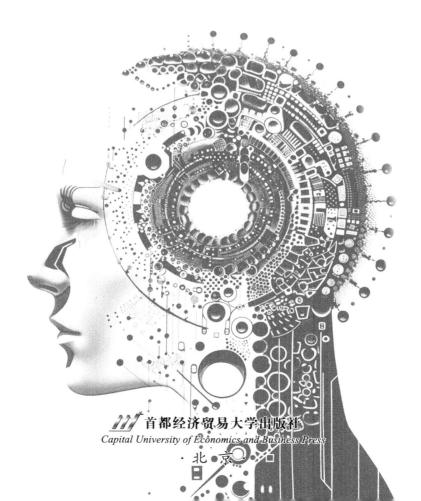

首都经济贸易大学出版社
Capital University of Economics and Business Press
· 北 京 ·

图书在版编目（CIP）数据

奇点来临. 2024 / 张军著. -- 北京 : 首都经济贸
易大学出版社, 2024. 9. -- ISBN 978-7-5638-3757-1

Ⅰ. TP18

中国国家版本馆 CIP 数据核字第 202425M8D8 号

奇点来临 2024

张 军 著

责任编辑	晓 地	
封面设计	砚祥志远·激光照排 TEL：010-65976003	
出版发行	首都经济贸易大学出版社	
地 址	北京市朝阳区红庙（邮编 100026）	
电 话	(010) 65976483　65065761　65071505（传真）	
网 址	http://www.sjmcb.cueb.edu.cn	
经 销	全国新华书店	
照 排	北京砚祥志远激光照排技术有限公司	
印 刷	北京九州迅驰传媒文化有限公司	
成品尺寸	170 毫米×240 毫米　1/16	
字 数	278 千字	
印 张	15.5	
版 次	2024 年 9 月第 1 版	
印 次	2024 年 9 月第 1 次印刷	
书 号	ISBN 978-7-5638-3757-1	
定 价	65.00 元	

序 一

我所认识的张军——写在《奇点来临 2024》出版之际

1985 年 10 月，巴黎第九大学的研究生刚开学时，我去见我的博士论文导师。敲开办公室的门后，导师告诉我，系里又来了一个中国留学生，叫张军。在那个年代，身处国外的中国留学生少之又少，整个巴黎第九大学，一只手就能数过来，因此这件事让我记忆犹新。

三个月前，张军寄给我他的预印版新书《奇点来临 2024》，希望我为他写一篇书评。陷于繁忙日常工作中的我，一度打算通过 ChatGPT 迅速生成一篇书评。但作为多年的好友，我知道这并不合适，书评需要更有诚意。那么，如何写出一个独特的书评呢？思来想去，我决定从我如何认识张军说起，介绍在巴黎时的张军。

我和张军的友谊，或许读者会认为是因为我们在同一个系攻读博士学位。事实上，我们的导师不同，研究领域也不同，而且我们都在校外做博士论文的工作，所以在做博士论文的三年里，除了答辩，我们几乎没有在校内碰过面。校园并没有为我们俩的友谊做出过任何贡献。真正让我们成为好友的开端，是我们阴差阳错地在巴黎第九大学同班攻读硕士。

巴黎的大学并不像我们熟悉的那样有着广阔的校园。巴黎第九大学甚至没有传统意义上的校园，更没有学生宿舍。它仅由一座大楼组成，这座大楼原是北约司令部。戴高乐政府将北约司令部赶出法国后，利用这座大楼创建了一所专注于经济学、管理学、数学和信息技术的新型大学，并将其打造成法国和欧洲顶尖的商学院之一。

为什么说我们是阴差阳错地同班攻读硕士呢？容我慢慢道来。

1983 年，我本来考取了去美国的研究生资格，专业是模式识别。然而，由于一名网球运动员在美国比赛后滞留，导致当年的留美名额被大幅缩减。9 月初，我在玉泉路研究生院报到时，被告知改为去法国留学。

经过 8 个月的法语培训，1984 年 7 月 1 日，全体留法研究生共 140 多人乘坐民航包机经沙迦，在第 2 天落地巴黎，开始了我们的法国之旅。原本我被安排在图卢兹大学攻读模式识别博士，但我希望转专业，因为中国开始经济改革，我觉得企业管理人才会更为紧缺。经过一番周折，我最终如愿转到了巴黎第九大学，攻读企业信息化博士课程。不过，导师要求我补修一年本科的高年级课程，包括经济学、会计、企业管理和项目管理。为此，他还帮我申请到了额外一年的奖学金。

硕士班开学后，我不记得我与张军当时有过密切的接触。没有校园，两个人也不住在同一个学生宿舍，这些都不利于我们的交往。也许是 8 门法语授课的硕士课程带来的挑战，或者是各自追女朋友的忙碌，导致我们一开始并没有太多交集。

必修课考试成绩出来后，两个说法语结结巴巴的中国学生一下子改变了法国老师和同学对我们的印象：张军和我分别在统计学和数据分析两门课中获得了第一和第二名。虽然现在已经记不清谁是哪门课的第一名了，但或许正是这些成绩让我们开始相互认可。考试之后，我们开始在周末来往。

然而，这些成绩完全不能体现张军的学习能力。张军在 1980 年考入中科大数学系后，提出要转到无线电系。在 20 世纪 80 年代的中国，转系可是闻所未闻的事。系领导委婉地表示，如果他能在年底拿到年级第一，就可以转系。我猜测，系领导的想法是，如果他真能拿到年级第一，证明了他的数学天赋，可能也就不会再提转系的事了。退一万步讲，即便真的成功了，其他同学也不能因此要求转系。

出乎意料的是，张军不仅拿到了年级第一，而且还是坚持要求转系。最终，他以中科大数学系一年级第一名的成绩成功转入无线电系。3 年后，他提前一年考上中国科学院系统所研究生，并获得了 1984 年留学法国的名额。

正是因为一名网球运动员的决定、我的转学和延长学制，以及张军的天赋和坚持，我和张军才成了硕士研究生班的同班同学。也许这就是命运的安排吧。

1986 年硕士毕业后，张军顺利进入法国国立计算机和自动化研究所，开始了他的博士研究生涯。

20 世纪 80 年代中期的计算机技术，在今天的年轻人看来，或许像石器时代的工具。1984 年秋天，当我第一次在巴黎第九大学有幸使用配置了 80286 处理器并带有 20MB 硬盘的 IBM PC/AT 时，我对这台自带"巨型"存储设备的"高速"计算机感叹不已。我不记得是否曾问过张军，他在中科大时用过什么样的计算机。我在大学四年级时，作为物理系的学生曾在数学系的机房蹭过机。在去语言学院培训法语之前，我有机会使用过导师实验室的 PDP-11，自以为是见过世面的。然而，到了法国后，第一次在普通教室而不是空调机房中使用电脑，并且可以自主地通过键盘输入，而不是依赖穿孔机，这种体验给我带来了很大的冲击。

当时，dBASE 和 Lotus 1-2-3 开始风靡西方校园和社会，并推动了 IBM PC 的普及。正是在 PC 浪潮中，我和张军开始了我们的博士研究工作。

PC 技术贯穿了我们的博士生涯，甚至影响了我们的人生。那时，我们沉迷于用 PC 技术来解决实际问题。记得有一段时间，张军利用业余时间孜孜不倦地在 Minitel 上开发了一个系统，让法国企业通过电话线连接的 Minitel 终端在线查询中国企业和产品的信息。

Minitel 是法国在 20 世纪 80 年代和 90 年代广泛使用的一种视频文本终端系统，是全球最早的在线信息和服务平台之一。Minitel 由法国电信开发，于 1982 年正式推出，最初是为了取代厚厚的但永远是过时的电话号码簿。不久之后，一批人在 Minitel 上开发出各种类似于今天互联网服务的应用，如新闻、天气预报、火车和飞机时刻表、在线购物、银行服务等。用户还可以通过 Minitel 发送电子邮件和参与在线聊天。法国企业家泽准尔·尼尔（Xavier Niel）就是通过 Minitel Rose 一举成名并掘到他人生第一桶金的。

Minitel 或许在今天的年轻人看来像是石器时代的工具，但张军开发的系统使得法国企业在 20 世纪 80 年代就能在线了解中国的企业和产品，这是一个创举。要知道雅虎（Yahoo）是 1994 年才成立的，谷歌（Google）的创立则要等到 1998 年，而阿里巴巴更是要等到 1999 年才面世。

尽管当时的 PC 和通信技术无法解决所有复杂问题，其中许多问题至今仍未被解决，但我们依然被物理世界和社会中的复杂问题深深吸引，始终享受着理解和解决这些问题带来的智力快乐。在巴黎时，我们来往频繁。尽管我始终没能让张军这个黄山人咽下每次来我家时我为他和家人准备的雪里蕻黄鱼或红烧黄鱼，但他却成功地让我这个从不吃家禽内脏的宁波人喜欢上了鸭胗。

博士论文答辩后，我在巴黎创立了一家专注于供应链计划的软件公司，利用统计学、运筹学和优化算法以及多维时间序列数据库，该数据库是为大型跨国公司提供预测、库存优化、生产计划、物料计划和采购计划的系统。而张军则进入了一家大型法国银行的 IT 部门，开始了他的职业生涯。这份收入丰厚的工作，虽然让他从一个穷学生变成了有车有房的白领精英，但显然没有给他带来足够的智力快乐。而中国在邓小平 1992 年南方谈话后，变成了一个生机勃勃、充满无限可能的地方。

1993 年，张军决定回国。从此我们的联系减少到每年 8 月我回国休假时的一顿饭。如果张军允许，我会说我们俩都是 PC 时代的产物，在 PC 上度过了我们精力最充沛的年代，直到他 1993 年回国。

他回国后，逐渐适应了北京的社会环境，每次聚会时，他都显得很忙。我则专注于打造一个产品，继续享受理解和解决复杂问题的乐趣，而张军则在不断抓住新的机会。

终于，有一年聚会时，我直接问他："你这几年的工作带给你智力快乐了吗？"

张军后来逢人便说，是我的这一拷问，让他重新回到了学术界。

如果张军没有回归学术界，或许也不会有这本《奇点来临 2024》的面世吧？

Future Master 创始人、总裁

周波

序 二

我与张军相交多年，他是我眼里的技术专家，是我参与数字项目的导师。我俩都理性探索技术，感性对待生活。

我一直从事旅游业，工作涉及城乡总体规划、建筑与景观专项设计、户外公共服务设施设计制造、旅游产品开发、商业服务和旅游服务等。如何利用现代技术赓续历史文化，保护生态环境，为人文活动、商业消费提供更好的服务，"为大众创造有趣的生活"，是我不断探索的目标。

蜗牛从场地、场所、场景三个范畴为旅游目的地建立了发现问题、解决问题的"蜗牛景区工程师""方案+执行"的服务模式。我和张军总结了700多个案例，开发了"蜗牛旅游度假卡"，为游客/市民、商户、管理方提供数字化服务系统。

张军邀请我为他的新书《奇点来临2024》写序，我很高兴，更担心难以胜任。

我尝试通过场景联想来理解书中的诸多"概念"，并通过检索关键词来丰富场景内容，像是科幻电影制作的过程。这是一个有趣的过程，书中的很多观点不断扩展我的思想，并引导我尝试深入。

思考、计划、行动，是人类认识世界、改造世界的行为表现。我们积累的知识由简单到复杂，人类的认知也越来越宽广、深邃。人类通过语言、图文和行为进行交流，开展协作，形成社会关系，制造工具，提高生产力，促进文明的发展。

今天，人工智能连接了人类历史进程中的所有知识，并通过计算产生语音、文本、图形和视频等结果，输出给需要的用户。这是一个奇点，一个伟大的开始，或将涌现更多的可能。我与张军都认同技术是推动人类文明进步的重要力量，我们期待人工智能支持决策、提高效率，甚至创造事物。

回顾人类文明的发展历程，一部分人在坚守传统的基础上，稳定了生产与生活秩序，在与创新博弈中接受新事物。还有一部分人勇于探索、挑战传统，从观念、知识、技术、生产和生活等方面进行创新。世界因不同而不断向好的方面发展，我们有了今天的一切，并继往开来。

在认识世界、改造世界的过程中，能够普及的新技术都符合用户选择、功能美学、创造未来三个特征。每一次技术变革，都会引发人们对安全或威胁的争议。但是，人类文明从未因自身技术进步而导致毁灭，可以肯定的是，新技术推动了人类文明的发展，让我们拥有今天的美好生活。

全国工商联旅游业商会副会长

蜗牛景区管理集团创始人

徐　挺

序 三

张军教授是我非常尊敬的一位学者，同时也是我进入职场的引路人。张老师早年留法获得博士学位，回国后先后从事研究工作、创业、教学及管理，跨度极大，丰富的履历使得张老师不仅是一位治学严谨的专家，同时也是视野开阔、在多个领域都有杰出成就的实践者。我大学毕业后曾有幸在张老师团队工作，后离开并创办了 51CTO。这些年我几乎每年都会就管理的话题和技术的发展向张老师请教，年纪越长，越能体会到张老师的包容、敏锐与深刻。

雷·库兹韦尔把计算机智能超越人类的时刻比作"奇点"。拿到张老师的新书《奇点来临 2024》，我带着期待的心情快速读完。张老师在书中，用非常清晰简洁的语言讲述着科学、创新和人工智能的发展脉络。不同于常见的 IT 技术发展介绍，张老师在《奇点来临 2024》一书中，既娓娓道来数学、科技的发展历程和规律，同时也回顾了人类的进化、国际关系的影响、经济与技术发展的关系，非常清晰地展现了在整个社会变迁中技术的力量，也阐述了社会经济对技术发展的关键性影响，让我们更理解土壤对参天大树成长的必要性。

伴随着人类的进步与发展，人工智能也在不断突破与进化。《奇点来临 2024》非常细致地阐述了人工智能进化的逻辑。作为人工智能研究最为艰难的领域，自然语言处理的突破无疑是人工智能向前迈出的一大步，OpenAI 在 Google Transformer 模型的基础上启动了 GPT 项目，让人们见证了技术与数据结合的惊人成果。

本书出版之际，OpenAI 推出 GPT-4o。据介绍，新模型具有"感知情绪"的能力，能输出笑声、歌唱或表达情感，还可以处理用户打断它的情况。有人认为，GPT-4o 标志着人工智能正式比肩人类。人工智能及机器人未来会在怎样的程度上替代我们，或者是怎样地改变我们的生活，我们无法预知。

作者认为："奇点"不是一个"点"，也不存在某一个时间点机器智能全面超越人类。我们正在经历的不仅是一场宏伟的技术革命，而且是一场深刻的认知革命。我们不是在接近奇点，而是已经在奇点中。当我们找到了一个基于学习的不依赖人类知识的通用人工智能方法后，我们可以预见人类的每一项智能都会被机器超越，奇点已经来临。

数字化转型既是机遇也是挑战，非常荣幸51CTO. COM成为作者喜欢的检索网站，并为本书贡献了"企业数字化转型的七个成功案例"作为参考。作为创业者我深感欣慰，这个深耕了19年的技术社区，还在为技术从业者提供价值。这对我而言是莫大的鼓励，我相信只要我对土地诚实，对自己诚实，就一定会有所收获。

祝贺张军教授！

51CTO集团创始人

熊　平

序　四

　　与张军教授的相识，仿佛是命运巧妙的安排。五年时光匆匆，我们虽年龄相差 10 岁，却因对知识的热爱和对未来的憧憬，构筑了深厚而纯粹的友谊。他的求学之路，从中国科学技术大学的数学殿堂到无线电技术的探索，再到巴黎第九大学的深造，每一步都踏出了坚实的脚印，也在我心中种下了不断激励我学习与探索的种子。

　　此刻，手执张军教授的力作《奇点来临 2024》，我仿佛被一股源自未来的科技洪流所席卷，这部作品，凝聚了他多年潜心研究与深刻洞察的精华。他以非凡的视角和深邃的思考，不仅深刻剖析了奇点理论、人工智能、大数据等尖端科技的内涵，更以宏大的笔触勾勒出一幅激动人心的未来图景，让人在赞叹之余，对未来满怀憧憬与期待。尤为难能可贵的是，张军教授以平易近人的语言，将复杂深奥的科技概念诠释得清晰易懂，让非专业读者也能领略到科技的无限魅力与强大力量。

　　张军教授不仅是我学术上的榜样，更是我生活中的良师益友。他用自己的经历告诉我们：在这个日新月异的时代，唯有不断学习、勇于创新，才能跟上时代的步伐。他的这种精神，深深地感染了我，也激励着我不断前行。

　　在此，我衷心希望《奇点来临 2024》这本书能够得到更多读者的喜爱与关注。愿它像一盏明灯，引领我们共同探索未知的世界，创造更加美好的未来。

北京市商业学校校长

黄凤文

前　言

距上一本书[1]出版，已经过去 6 年了。人们经常用"著作等身"来赞誉一个学者，我显然不是一个够格的学者。

最近几年，特别是辞去行政职务以后，整块的时间多了起来，再写一本书的念头也经常会冒出来，但一直下不了决心。想到至少要爬 20 万字以上的格子才能成书，就有点退缩。

我是有写东西习惯的，有想法，就找键盘，写了不少笔记，也在公众号上写了一些文章。但写书是不一样的，首先要有主题，其次要规划章节，还要考虑能不能写够一本书的字数。写一本书，有助于梳理自己一段时间的所思所想，有没有人看，倒不是我最关心的。兰伯特①曾经说过："写作是整理杂乱思想的最好方法。"

年前，首都经济贸易大学②出版社③的杨玲社长和薛捷编辑再次邀约，席间，聊到编辑和出版的艰辛，杨社长用了"宗教般的狂热"一词形容和概括了出版人对工作的热爱与狂热。薛老师虽然已经退休几年了，仍一直以返聘员工的身份继续从事着他心爱的编辑出版事业。我写了三本书，都是首都经济贸易大学出版社出版的，也都是由薛老师审校的。我调侃道，我不是一个多产的作者，但我是首都经济贸易大学出版社最忠诚的作者之一。

我的第一本书是在 2006 年出版的，主要是为晋升职称做准备的。讲到这段历史，可能我还不得不交代一下自己的学术背景。

我是 1990 年在法国获得计算机博士学位的，就读于巴黎第九大学④，师从法国国立计算机和自动化研究所⑤的皮埃尔·涅波米亚斯奇⑥研究员。虽然学校和研究所都算全球著名，但导师按现在的学术标准看就有点"水"。

我当时参加了由导师组织和领导的一个研究团队，致力于一个宏观经济

---

① 莱斯利·兰伯特，见百度百科（baidu.com）。
② 首都经济贸易大学（cueb.edu.cn），简称首经贸。
③ 首都经济贸易大学出版社微博，https：//weibo.com/u/2656140585？source＝blog。
④ Université Paris Dauphine，https：//dauphine.psl.eu/，巴黎第九大学，见百度百科（baidu.com）。
⑤ INRIA，https：//www.inria.fr/。
⑥ Pierre Nepomiastchy，http：//nepomiastchy.fr/。

建模软件的研究开发，这个软件叫 Moduleco[2]。我在团队里的工作是做 Moduleco 和另一个统计学软件 TSP① 的接口，并以此项工作为基础写成了一篇博士论文[3]。仔细的作者会查到，论文的导师其实另有其人，还有一个是巴黎第九大学的计算机教授②。

涅波米亚斯奇同时兼任法国国立计算机和自动化研究所的科研处长。他对中国非常友好，1997 年与中国科技部原副部长、欧美同学会副会长马颂德先生③共同推动建立了"中法信息自动化应用数学联合实验室（LIAMA）"，成为中法科技关系史上的一段佳话④。马颂德先生当年也在法国国立计算机和自动化研究所做研究工作，攻读法国国家博士学位。我们在法国相识相交，亦师亦友，他比我先期回国，后来成为我回国的领路人。我深深地折服于他的科研精神、报国情怀和卓越的管理能力，而我就像一个长不大的孩子，东游西晃。现在还是时常感到愧对他的关心和期望。

我博士毕业以后浪迹江湖多年，从事过软件开发、项目管理、企业运营等工作，就是没有和学术沾边。2002 年入职首都经济贸易大学的时候，除了写过本科、硕士和博士论文，没有一篇正式发表的论文，没有一本自己的书。到了学校，开始感受到压力。评职称、绩效考核都要论文、要书、要项目、要获奖。本来想躺平，想与世无争，但无处不江湖啊。

没有学术背景，没有学术领路人，该做哪些方面的研究呢？我在入职之前做过一段时间视频点播技术的应用开发，研究多媒体吗？学校没有研究团队、实验条件；研究计算机理论吗？功底不够。思来想去，一本书名为《分布式系统：理论和范型》[4] 的英文教材成为我进入学术领域的启蒙书籍。2003 年，在分布式系统研究方向上，我有幸命中了一项国家自然科学基金项目⑤。题目为"关于大规模分布环境下海量移动对象系统的分布式模型研究"。

结合我的学习、教学和研究，我写了第一本书——《分布式系统技术内幕》[5]，自认为研究内容太单薄，书名中没敢提研究两个字。

书稿交给薛老师后，来来回回了无数次。薛老师一个字一个字地、一遍一遍地通读我的纯技术书稿，耐心地纠正稿件中的文字错误和语言表达问题，

---

① TSP（时间序列分析软件），见百度百科（baidu.com）。
② Charles Berthet，https：//data.bnf.fr/fr/11891657/charles_berthet/。
③ 马颂德，见百度百科（baidu.com）。
④ 欧美同学会副会长接受欧时专访：马颂德谈中法科技合作的"四十不惑"，见搜狐（sohu.com）。
⑤ 关于大规模分布环境下海量移动对象系统的分布式模型研究（60373027）。

我从中学习到很多图书编辑的基本知识。

我也从而了解到，作者的书稿格式一般是 Word 文本，而出版社当时用的是北大方正的排版软件。Word 格式稿件导入到北大方正系统以后，经过加工处理，再也不能无损地回到 Word 格式了。这个梗有点大，它意味着，第一，开始排版以后，主要的修改只能在排版打印稿上手工完成，然后在方正软件里面由专业人员编辑修改；第二，如果你要写书的第二版，你几乎就要用 Word 重新写起，因为你得不到高保真的 Word 格式版本。纯文本的书稿问题不大，但技术类书稿因为有公式和图表，需要大量人工操作还原书稿的 Word 版本。不禁想到，保罗·萨缪尔森①的《经济学》出到第十九版是怎么做到的。

这是我图书创作的一个技术困惑。因为我觉得，一本书要持续去做，才有可能出精品。这次和杨社长、薛老师的见面打消了我的疑虑。杨社长高兴地告诉我，出版社将获得网络出版许可证和电子出版物的资质。如果有了电子版，我就可以继续在电子版上修订了。

今天是大年初七，写作从今天开始。

---

① 保罗·萨缪尔森，见百度百科（baidu.com）。

关于本书和致谢

奇数，奇读为 jī；奇点，却读为 qídiǎn。在英文中，奇数是 odd，奇点是 singularity，不同的两个单词，没有什么关系。

奇点在数学中，一般是一个给定数学对象没有定义的点，或一个数学对象在某些特定方面不再表现良好的点，如缺乏可微性①或可分析性。例如，实值函数 $f(x) = 1/x$，在 $x = 0$ 处有一个奇点，在这里它似乎"爆炸"到 $\pm\infty$，因此没有定义。绝对值函数 $f(x) = |x|$，在 $x = 0$ 处也有奇点，因为它在那里不可微②。

在物理学和宇宙学中，奇点是大爆炸宇宙论所追溯的宇宙演化的起点[3]，或者黑洞中心的点。奇点的密度无限大，奇点处的时空曲率无限大③。

本书的书名"奇点来临"直接来源于雷·库兹韦尔在 2005 年出版的《奇点临近》[6,7]。在这本书里，作者把计算机智能超越人类的时刻比作"奇点"。

雷·库兹韦尔④是《时代周刊》的封面人物，比尔·盖茨⑤称赞他为"预测人工智能最准的未来学家"，《财富》杂志称他为"传奇的发明家"。他创办了包括盲人阅读器在内的 6 家公司和一所面向未来的"常春藤学校"奇点大学。2012 年年底他成为谷歌的工程总监。

雷·库兹韦尔在《奇点临近》

---

① 可微，见百度百科（baidu. com）。
② 奇点，见集智百科（swarma. org）。
③ 奇点（物理学、宇宙学中的概念），见百度百科（baidu. com）。
④ 雷·库兹韦尔，见百度百科（baidu. com）。
⑤ 比尔·盖茨（美国微软公司联合创始人），见百度百科（baidu. com）。

的前言中引用了交流电发明人尼古拉·特斯拉①在 1896 年说的一段话："我认为任何一种对人类心灵的冲击都比不过一个发明家亲眼见证人造大脑变为现实。"

对人工智能来说，当机器与人类认知变得极为相似的那个时刻，当计算机智能开始超越人类的时刻，这个冲击将发生，也就是作者所说的"奇点"。奇点来临将开启一个人机合作共存的新纪元。雷·库兹韦尔在书中根据大量数据推演后提出，摩尔定律②会让技术呈指数级增长，人类会在 2045 年到达奇点。

2022 年底，ChatGPT 横空出世，惊艳全球。机器智能从来没有这么近地接近人类智能。如果说雷·库兹韦尔关于"奇点"的预测是基于 2005 年以前已掌握技术的推演，那么今天所发生的是一个深层次的技术"奇点"。

今天，大多数读者看到的也许只是技术的进步或者说飞跃，就好像过去几千年人类在某些时期经历过的一样。但这一次的技术飞跃与以往任何时候的进步都不一样。基于人工神经网络的深度学习，正在改变我们对知识构造、知识推理和创新的认知，开始从基石上动摇我们已有的科学和哲学大厦。通过大规模已有人类知识训练的软件系统从能力上开始超越人类，而且还不是一点半点；更为深刻的是，在一些规则良好定义的领域，它通过自我训练，完全不依赖于人类知识而超越人类。它颠覆了我们对技术一直的"刻板"印象，展示出人类自身无法理解的创造力。

人类身份可能会继续停留在"生命智能"的顶峰，但人类理性将不再被视为致力于理解现实智能的全部。在越来越多的专项工作上，我们将会被人工智能取代。人类是否能够创造出一个由自身价值驱动、自主设定任务并去规划完成的通用人工智能③，我不太相信。但在这样一个进程中，人类生活的方方面面都将被影响和被重构，驾驭人工智能成为人类命运的一个新的、更艰巨的挑战。

本书不是一本论证奇点来临的著作。很多内容是我几年来思考的心得，部分已经发表在我的个人公众号上。借这次写书的机会，我重新梳理了书的大致逻辑，内容主要包含了关于科技、复杂性、数字世界、人工智能和奇点来临 5 个部分，力求做到每个小节都能独立成文，独立阅读，供忙碌的读者碎片化阅读。由于本人文字能力有限和知识的匮乏，这本书可能会差评如潮，

---

① 尼古拉·特斯拉（塞尔维亚裔美籍科学家），见百度百科（baidu.com）。
② 摩尔定律，见百度百科（baidu.com）。
③ 通用人工智能（智能科学与技术专业术语），见百度百科（baidu.com）。

也不能够让自己满意，但我知道，对自己要求过高，就不会有这本书的面世。

编著这本书查阅了不少资料，有书籍、论文，也有不少网文。书籍和论文在书后的参考文献中列出，参阅的网文做成了每页的脚注。能够引用中文资料的，我也尽量引用了中文资料。尽管我已经很仔细，书中可能还是会存在引用不规范的问题，敬请读者不吝赐教。虽然这本书是以通俗读物为目标的，有研究兴趣的读者还是可以从本书的参考文献部分找到相关的技术和学术资料。

当前 GPT 写作泛滥，一些朋友收到书的电子预览版 PDF 时，一般第一句话都是，"你用 ChatGPT 了吗？"相信看到这本书的读者也会问到这个问题。我可以肯定地回答，这本书没有用过 GPT。不是我玩不转 GPT，而是 GPT 可能无法理解我的主观意图。一本书的逻辑、结构和表述应倾注作者的个人意图、风格、水平。GPT 可能比我写得更好，但这是我的书。书的最后有我的朋友周波先生用 GPT 生成的书评，供读者品玩。

我目前还是首都经济贸易大学的在职教授，从 2023 年 9 月至 2024 年 8 月兼任蜗牛景区管理公司首席技术官。蜗牛公司创始人徐挺先生既是我的黄山老乡，也是多年挚友。我们的共同点是不迷信任何观点，始终相信技术的力量，这个共同点让我们在这样一个奇点来临的时刻选择再次合作。我们最早的合作开始于黄山旅游度假一卡通项目，那还是在 2006 年。18 年后的今天，我们的先驱性工作终于落地，蜗牛旅游度假卡已经在国内多个景区上线，领跑智慧景区的下一轮建设。

暑期，高中毕业的女儿张京通读了这本书的初稿，给出了最初的编辑意见；此后，多位编辑参与了本书的边界工作，我的博士研究生刘明杨、伍展宏和远见根据编辑们的修改意见完成了对本书的最终校对。在此也一并表示感谢。

感谢首都经济贸易大学出版社杨玲社长和薛捷老师，虽然我不能交出一本专门的学术著作，只能希望这本小书能够不负预期。

在这里还要感谢同事、朋友和家人，在我开始写作以后给予的理解和多方面支持。

活着的真谛在于不懈的追求，无论身处什么环境，要保留一份童心、纯真、幻想和乐观，努力实现一些可及的目标。也许因为自身资质，或者因为环境不利，所成之事不及所想之事之一二，到盖棺定论的那一天，也要无怨无悔。

目　录

一 | 科学技术是第一生产力

（一）科学的春天

"文化大革命"十年浩劫（1966—1976），中国百废待兴。

在我读书的年代，黄帅的反潮流①和张铁生的交白卷②是"文革"时代教育浩劫的缩影。高中毕业上山下乡③，农村插队；上大学实行"群众推荐、领导批准和学校复审相结合"的办法，不用高考。那个年代的大学生后来被称为"工农兵大学生"④。

1977年，刚刚复出不久的邓小平主持召开科学和教育工作座谈会，会议做出了当年恢复高考的决定。同年10月12日，国务院正式宣布当年立即恢复高考。中断了十年的高考制度得以恢复。

1978年1月，著名作家徐迟发表了报告文学《哥德巴赫猜想》⑤（见图1-1）。它以数学家陈景润⑥为主人公，以优美的文字生动地讲述了他传奇的求学和研究经历，将一个在纯数学领域"特殊敏感、过于早熟、极为神经质、思想高度集中"的学者形象呈现在读者面前。《哥德巴赫猜想》一经问世，立即引起了极其热烈的反响，各地报纸纷纷全文

图1-1　《哥德巴赫猜想》

---

① 黄帅：她是当年的"反潮流"模范，1976年受到审查，后来出国留学，见百度百科（baidu.com）。

② 高考交白卷的张铁生曾被判刑15年，出狱后成亿万富翁。见网易订阅（163.com）。

③ 上山下乡，见百度百科（baidu.com）。

④ 工农兵学员，见百度百科（baidu.com）。

⑤ 《哥德巴赫猜想》（徐迟的报告文学作品），见百度百科（baidu.com）。

⑥ 陈景润（中国科学院院士、数学家），见百度百科（baidu.com）。

转载、广播电台连续广播。喜欢文学的和平时不太关心文学的人，都找来了这篇报告文学一遍又一遍地阅读，有的人甚至能够背诵出来。一时间，《哥德巴赫猜想》名扬神州大地，陈景润几乎家喻户晓，天天都有大量读者来信飞往中国科学院数学研究所；同样，由于《人民日报》《光明日报》的宣传扩大了《哥德巴赫猜想》的影响，徐迟也每天收到大量来自全国各地的读者来信，他非常激动，后来曾说："应《人民文学》的召唤，写了一篇《哥德巴赫猜想》，这时我似乎已从长久以来的冬蛰中苏醒过来。"

是啊，由于他的苏醒，许多读者也苏醒过来了，中国也觉醒了。这正是《哥德巴赫猜想》所产生的不可估量的社会效应和历史价值。1980年，我参加了高考，因为这篇报告文学，我毫不犹豫地选择报考数学系①，因为只知道数学，只知道皇冠，只知道明珠。报告文学中有这样一段话："数学的皇冠是数论。哥德巴赫猜想，则是皇冠上的明珠。"

1978年3月18日是一个让中国知识分子难以忘怀的日子。这一天，全国科学大会在北京隆重举行。邓小平发表重要讲话，当今世界"社会生产力有这样巨大的发展，劳动生产率有这样大幅度的提高，靠的是什么？最主要的是靠科学的力量、技术的力量"。他旗帜鲜明地指出"科学技术是生产力"，强调"必须打破常规去发现、造就和培养杰出的人才"，把"尽快培养出一批具有世界第一流水平的科学技术专家，作为我们科学、教育战线的重要任务"。这是在中国经历"十年文革"后的第一次科学大会，它在科技界乃至全社会产生了异乎寻常的反响。人们说，科学的春天来了②。

1988年，邓小平在视察北京正负电子对撞机工程时指出："现在世界的发展，特别是高科技领域的发展一日千里，中国不能安于落后，必须一开始就参与这个领域的发展。搞这个工程就是这个意思。还有其他一些重大项目，中国也不能不参与，尽管穷。因为你不参与，不加入发展的行列，差距越来越大。总之，不仅这个工程，还有其他高科技领域，都不要失掉时机，都要开始接触，这个线不能断了，要不然我们就很难赶上世界的发展。"③

1988年9月5日，邓小平在会见捷克斯洛伐克总统胡萨克时，提出了"科学技术是第一生产力"的重要论断。

1992年，邓小平在南方谈话中进一步强调："近一二十年来，世界科学技

---

① 实际上我只读了一年数学，第二年就选择转到自动控制专业了，放弃了"摘取皇冠上的明珠"的梦想。

② "科学技术是第一生产力"提出，见凤凰网（ifeng.com）。

③ 党史百年·天天读，见中共中央党史和文献研究院网站（dswxyjy.org.cn）。

术发展得多快啊！高科技领域的一个突破，带动一批产业的发展。我们自己这几年，离开科学技术能增长这么快吗？"①

科学技术是第一生产力是邓小平理论的重要组成部分。随后，几代中国领导人继承和发展了邓小平的这一科学论断。

1992年10月，江泽民在中共十四大的报告中首次提到了"创新"问题。尔后，他在中国科学院第十次院士大会和中国工程院第五次院士大会的讲话中指出："我多次说过：创新是一个民族的灵魂，是一个国家兴旺发达的不竭动力。科学的本质就是创新，要不断有所发现，有所发明。""有没有创新能力，能不能进行创新，是当今世界范围内经济和科技竞争的决定性因素。历史上的科学发现和技术突破，无一不是创新的结果。"②

1999年8月，江泽民在中共中央、国务院召开的全国技术创新大会上指出："科技创新越来越成为当今社会生产力解放和发展的重要基础与标志，越来越决定着一个国家、一个民族的发展进程。如果不能创新，一个民族就难以兴盛，难以屹立于世界民族之林。""我们必须把以科技创新为先导促进生产力发展的质的飞跃，摆在经济建设的首要地位。这要成为一个重要的战略指导思想。"③

2001年7月1日，江泽民在庆祝中国共产党成立80周年大会上的讲话中指出："科学技术是第一生产力，而且是先进生产力的集中体现和主要标志。"④

2006年1月，胡锦涛在全国科学技术大会上发表重要讲话，指出："大量国际经验表明，一个国家的现代化，关键是科学技术的现代化。""我们比以往任何时候都更加迫切地需要坚实的科学基础和有力的技术支撑。"⑤

2016年5月，习近平总书记在全国科学技术大会上更进一步指出："科技兴则民族兴，科技强则国家强"，"创新是引领发展的第一动力"。⑥

2023年9月，习近平总书记在黑龙江考察调研期间首次提到"新质生产力"。新质生产力是创新起主导作用，摆脱传统经济增长方式、生产力发展路

---

① 科学技术是第一生产力，见百度百科（baidu.com）。
② 认真学习江泽民同志的科技思想——徐冠华部长在科技界学习《江泽民文选》座谈会上的讲话，见中华人民共和国科学技术部（most.gov.cn）。
③ 《重温毛泽东邓小平江泽民关于科技和创新》，见国史网（cssn.cn）。
④ 《江泽民在庆祝建党80周年大会上发表重要讲话》，见中央电视台（cctv.com）。
⑤ 《胡锦涛在全国科学技术大会上的讲话（全文）》，见中华人民共和国科学技术部（most.gov.cn）。
⑥ 《创新是引领发展的第一动力》，见人民网（people.com.cn）。

径，具有高科技、高效能、高质量特征，符合新发展理念的先进生产力质态①。

从"科学技术是第一生产力"，到"创新是引领发展的第一动力"，再到"新质生产力"；从实施科教兴国、人才强国战略到深入实施创新驱动发展战略；从增强自主创新能力到建设创新型国家，我国的科技发展日新月异，科技实力伴随经济发展同步壮大，为我国综合国力的提升提供了重要支撑。我国已成为世界科技大国。

我国基础研究在量子科学、铁基超导、外尔费米子、暗物质粒子探测卫星、干细胞等领域取得重大突破；屠呦呦研究员获得诺贝尔生理学或医学奖，王贻芳研究员获得基础物理学突破奖，潘建伟团队的多自由度量子隐形传态研究位列 2015 年度国际物理学十大突破榜首。在我国高科技领域，神舟载人飞船与天宫空间实验室实现平稳交会对接；新一代静止轨道气象卫星、合成孔径雷达卫星、北斗导航卫星等成功发射运转；蛟龙号载人潜水器、海斗号无人潜水器创造新的最大深潜纪录；自主研发超算系统"神威·太湖之光"居世界之冠；赶超国际水平的第四代隐形战斗机和大型水面舰艇相继服役；国产大飞机、高速铁路、三代核电、新能源汽车等部分战略必争领域抢占了制高点，实现从"跟跑"到"并跑""领跑"的跃升②。

面对复杂的国际形势，中国的科技发展面临诸多挑战，市场导向依然薄弱，创新能力依然不足，从科技大国到科技强国的发展任重道远。

（二） 财富的起源和增长

有这样一句俗话，钱不是万能的，没有钱是万万不能的。

小康社会是古代思想家描绘的诱人的社会理想，也表现了普通百姓对宽裕、殷实的理想生活的追求。2021 年 7 月 1 日，习近平总书记在庆祝中国共产党成立 100 周年大会上庄严宣告，我们在中华大地上全面建成了小康社会③。社会进步的最重要的标志是共同富裕。美好的共产主义社会的第一个方面的特征是：社会生产力高度发展，物质财富极大丰富④。

那么物质财富是什么？是养殖的牛羊、土地、房屋、现金、股票，是一切所谓有价值的东西。关于财富的起源，有多种不同的观点和理论。以下是

---

① 新质生产力（生产力的类型），见百度百科（baidu.com）。
② 科技进步日新月异 创新驱动成效突出，见中国政府网（www.gov.cn）。
③ 全面建成小康社会大事记，见中国政府网（www.gov.cn）。
④ 共产主义社会主要的六项特征，见哔哩哔哩（bilibili.com）。

一些主要的观点：

（1）劳动创造财富。这是最基本的观点，认为财富是通过劳动创造出来的。劳动可以产生最基本的财富，如食物、衣物等生活必需品。

（2）交易产生财富。除了劳动，财富也可以通过交易等活动创造。随着社会的发展，交易创造的财富占比越来越高。

（3）财富的流动产生财富。财富是水，越流动越多。流动不一定是交易，而是财富流到需要它的人手里。

（4）意识产生财富。人的意识、思想、知识、技艺是价值的源泉。很多财富，来自群体意识，大家都认为有价值，就有价值了。

（5）工具的应用产生财富。时代在进步，财富总是来自传统工具和新工具的应用。也只有应用工具的人、创造工具的人，才有可能获得财富。

以上观点都对财富的起源有一定的解释力，但也可能存在局限性。牛津大学新经济思想研究所掌门人埃里克·拜因霍克教授在 2006 年出版了《财富的起源》[8]（见图 1-2）一书，中文版由浙江人民出版社于 2019 年出版发行[9]。该书对"财富到底是怎么产生的"给出了一种很独特的解释。这本书热度很高，但看得懂的人不会太多。

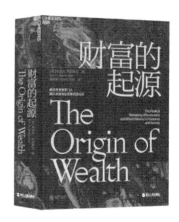

图 1-2 《财富的起源》

海尔集团董事局主席、首席执行官张瑞敏评价道："工业革命以来，人类巨大财富文明的创造过程一直闪耀着亚当·斯密《国富论》的智慧之光。万物互联时代，传统经济理论到了需要改写的关头。埃里克·拜因霍克的著作恰逢其时，堪称物联网时代的《国富论》。"①

拜因霍克教授从统计数据出发发现，人类的财富在过去 200 多年间经历了爆发式增长。如果把人类长达 250 万年的进化史当作一个整体，那么，近200 年是这段历史最后的万分之一时刻。也就是说，在历史的一瞬间，突然涌现出了现存的绝大部分财富（图 1-3、图 1-4）。

人类文明在公元 1 000 年以前，一直以一种缓慢的速度在增长，在 18 世纪中期、19 世纪初期实现了质的飞跃。1750 年以来财富的增长总量达到人类

---

① 《财富的起源》，堪称与新时代共舞的杰作！见知乎（zhihu.com）。

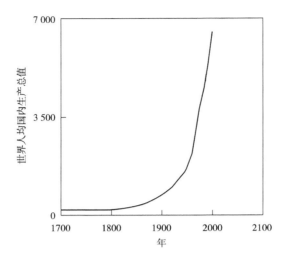

图 1-3　1750—2000 年人均 GDP 值（按美元折算）

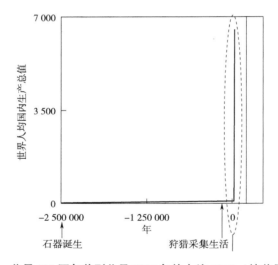

图 1-4　公元 250 万年前到公元 2000 年的人均 GDP（按美元估算）

总财富的 97%。"1750 年的英国人的物质生活水平更接近于凯撒时代的士兵，而和他的重孙子辈的生活无法比拟。"就好像说，慈禧太后的物质生活水平更接近于武则天，而与今天的人的生活无法比拟。

更重要的是，财富增长不仅表现在数量上。在南美的某个原始部落，人们的生活水平停留在 1.5 万年前人类祖先的阶段。作者估算，美国纽约人的平均收入水平是这个部族的 400 倍，差了两个数量级，算是在我们意料之中。真正让人吃惊的，是这两个经济体中商品数量的差距：原始部落中仅有几百种可供交换的商品，而纽约市则有几百亿种不同商品，差距达到了 8 个数量级！

财富为什么会出现数量和种类上的"寒武纪大爆发"① 呢？

是人类自身的智力发生了突变？《生态学与进化前沿》杂志上发表的一项研究显示，在近 200 万年的进化中，人类大脑体积增加了近 4 倍。这被认为是智力提高的标志。但越来越多的证据表明，在近几千年里，人类大脑却缩小了 10%②。从有记载的历史来看，人类的智力水平并没有发生多大的变化。古代哲人的思想在今天看来依然那么深刻和充满智慧。人类的智力在近 1 万年间没有显著变化。4 万年前，第一批先民定居在澳大利亚，到今天，他们成为遗传学上独树一帜的棕色人种。直到地理大发现和欧洲人移民到来，他们一直停留在旧石器时代。就算如此，他们依然可以很好地融入现代社会，并不会和掌握了电脑、航天飞机、核弹的民族有智力差异③。

那么，财富的大爆发有没有可能也和生命大爆发类似，是一种系统演化的结果呢？作者试图用新经济学理论来解答这个问题。作者认为，主流经济学的封闭均衡系统的观点是错误的，认为经济系统是一个复杂自适应系统，就像生物系统一样。系统中的经济体对环境的正负反馈造成经济系统的演变，反馈会是一个加速、放大和自我强化的循环，它导致系统呈现指数级增长，或者指数级崩溃。

经济学的争议和解释也不是我所关心的。我好奇的是，为什么人类财富的"大爆发"发生在近 200 多年，而不是更早？什么是财富增长的真正动力？现代经济增长的历史奥秘是一个值得深挖的主题，国内外许多经济史学家和历史学家对此有诸多颇有建树的专著推出。也是在这 200 多年的时间内，西方快速超越了东方，在技术与经济上把很多古老而繁荣的国家甩在了后面。谈到现代经济增长，绕不开工业革命带来的技术动力。即使考虑到数据的准确性问题，也可以清晰地发现工业革命是人类经济发展史的一个分水岭。

1750 年是蒸汽机发明的时代，对应了人类史上的第一次工业革命。第一次工业革命用机器代替了手工劳动，推动了工厂制的建设，生产力得到突飞猛进的发展。从此，财富开始了指数级增长。此后的 200 多年，我们又经历了三次工业革命，从电气化、信息化到智能化，技术进步以不可阻挡之势席卷全球。今天一个普通老百姓的物质生活可能要比 100 年前的皇帝还要好。

---

① 所谓"寒武纪大爆发"，是指 5 亿多年前的寒武纪，地球忽然涌现出大量生命物种。这种生命大爆发，是生物系统自然演化的结果。寒武纪生命大爆发，见百度百科（baidu.com）。

② 研究认为，在近几千年里，人类大脑体积缩小了 10%，见百度百科（baidu.com）。

③ 近一万年人类智力有明显进化吗？见知乎（zhihu.com）。

现代经济增长并非是一个一帆风顺或线性发展的过程，而是经历了各类战争和冲突，但在四次工业革命和科技力量的驱动下，人类财富依然实现了爆发式增长。因而可以推断，技术进步是财富的来源，也是财富增长最重要的推动力。

从全球看，我一直不认为思潮、主义和制度对人类发展有什么决定性的作用。我是一个"技术决定论"①的信徒。

经济基础决定上层建筑，这个观点最早是由马克思、恩格斯提出的②。经济基础与技术进步是孪生的关系。但非常遗憾的是，意识形态、主义、宗教和思潮往往被孤立出来，甚至凌驾于经济与技术之上。"文化大革命"就是这种思维下的惨痛教训。技术进步不仅是财富的来源，而且也是民族独立、国家富强之本，是人民生活美好的基石。

唐玄宗李隆基为了让自己的爱妃吃上美味的荔枝，让快马800里加急运送。当时从盛产荔枝的岭南到长安，路程大约为2 100千米，快马要跑10天左右。而今天，坐高铁不到10个小时。古代到近代，生产经营都是小规模的作坊经济，试问，没有电话、没有微信，怎么去做规模？今天的公司几万人都不稀奇了。思想没有飞跃，是技术飞跃了。

记得到了20世纪70年代，中国已经有了民用电报服务。但电报是按字数计费的。广为流传的一个段子是，一个在外的商人发现了一个不错的地方，急急忙忙给他在老家的朋友发了一折只有6个字的电报，"人傻钱多速来"。那时，要约一顿饭，得骑自行车转几个小时吧，范围还不能太大。很难想象在那个时代的技术水平怎么能够获得规模经济和实现高效管理。

对管理而言，有时候我们会奢谈管理思想、各种学派、各种奇谋。今天看，不运用最合适的技术，一切想法都是空谈。从个体经济、小作坊，到今天的大规模经济，是技术让这种变化成为可能。因此，无论你处在一个什么样的社会，技术进步在很大程度上决定了你的生活质量和工作效率，也决定了政府的能力、企业的创新和管理水平。

技术构成了一种新的文化体系。这种文化体系又构建了整个社会。因此，技术规则渗透到社会生活的各方面，技术成为一种自律的力量，按照自己的逻辑前进，支配、决定社会、文化、经济的发展。科学技术的这种决定作用在社会主义和资本主义制度下是相同的。它要求建立起相同的产业体系、教

---

① 技术决定论，见百度百科（baidu.com）。
② 经济基础与上层建筑，见百度百科（baidu.com）。

育结构、科研生产管理一体化的组织体系和相同的社会运行机制，由此导致两种社会制度逐渐趋同。野蛮的资本主义会被技术进步所淘汰。马克思主义认为，社会生产力是社会发展的基础。邓小平同志进一步提出，科学技术是第一生产力。从时代的发展看，正是科学技术决定了时代的性质。

从全球看，人类生活水平大幅提升是工业革命之后的事情，工业革命之前的人类经济发展史基本没有大的波澜，人们的生活水平都是在温饱线附近徘徊。彼时，"马尔萨斯陷阱"① 似乎很好地描述了人类社会的进程，每当收入水平提高之后，就会出现人口规模增长，把人均生活水平再次拉回到温饱水平附近。工业革命之后，人类社会才挣脱马尔萨斯陷阱的束缚，走上了收入水平持续提高之路。

不可否认，世界经济增长进入了新的阶段，资本的力量和过度金融化的发展破坏了实体经济，科技创新遭遇到国家竞争的限制，"逆全球化"思潮和伴随而来的出口管制，以及各国缺乏合作精神等，这一切都对全球人类财富的增长造成了消极的影响[10]。

人类过去的历史充斥着意识形态的纷争、文明的冲突和战争，思潮的反反复复，国家的分分合合，我们似乎永远不知道哪种状态是对的或错的。但人民对美好生活的追求依然是人类发展的主旋律，它将继续拉动技术进步，将人类社会带入更加富裕、更加自由和更加和平的未来。

（三）"耶利之问"和李约瑟之谜

世界上的不同区域、不同民族，历史的进程是不同的。历史学家贾雷德·戴蒙德提出了著名的"耶利"之问：一个名叫耶利的新几内亚人问他，"为什么你们白人制造了那么多货物将它运到新几内亚来，而我们黑人几乎没有属于我们自己的货物"。世界不同地区的经济发展为何出现了大幅分化？这绝不是一个好回答的问题。戴蒙德从 1972 年到 1996 年，用了 24 年的时间写成了《枪炮、病菌与钢铁：人类社会的命运》一书[11]，用来回答耶利问题。耶利问题的本质是什么呢？它不像看上去那么简单，它深层次的问题是人类社会发展为什么是不均衡的，为什么一部分人比另一部分人发展得会更快、更好、更先进。

在漫长的人类历史进程中，世界上某些地区发展成为使用金属工具和有文字的社会；而另一些地区成为没有文字的农业社会，或依然保留在使用石

---

① 马尔萨斯陷阱，见百度百科（baidu.com）。

器的狩猎社会。而使用金属工具和有文字的社会最终征服了或消灭了其他类型的社会。这是一个不争的历史事实。

作者在书中讲述了一个历史记载的故事：1532 年，一批 168 人的西班牙乌合之众，轻易打败了印加帝国 8 万人的部队，并生擒了帝国皇帝。因为西班牙人有钢刀、钢制盔甲、枪炮和马匹，而印加人只有石头、青铜棍、木棍、短柄斧头等。

这不禁让我想起中国的近现代史。从八国联军到抗日战争，中国经历了生死存亡的时刻。远渡重洋来到中国的八国联军，依仗军舰和大炮，将一个被法国称为"世界中心的帝国（Empire du Milieu）"、世界人口最多的国家，打得不知所措；日本军国主义在中国恣意横行，烧杀抢掠，甚至扶持建立了伪满洲国和汪伪政权。中国的近代史是一部中国人民屈辱的历史。八国联军和清朝军队战斗，与前面提到的西班牙乌合之众和印加帝国的战争多么相像啊。慈禧太后竟然愚蠢到相信义和团的刀枪不入、神灵护体。

世界近五百年的历史就是一个非正义的扩张史，是在欧洲诞生发展的殖民、资本和帝国主义以领先的技术（包括枪炮）和极具破坏性的方式摧毁世界其他文明的历史。这是一个较野蛮战胜较文明、较极端战胜较宽容文化的历史进程，弱势文化在这个过程中被摧毁和扭曲，也渐次演变成为不宽容的文化。今天，发达国家的人口不到世界人口的 20%，却占有和消费着全球 80%的资源。仅美国一国，就以不到全球 5%的人口消费着世界上 1/3 的资源。"落后就要挨打。"没有哪个国家和民族甘受"现代化"之辱，而不同样拿起"现代化"的武器反抗压迫和掠夺，重塑文化自尊的。

我们怀念毛泽东。邓小平说，如果没有毛泽东，"中国人民还要在黑暗中摸索更长的时间"。"落后就要挨打"，这是毛泽东对近代以来帝国主义侵略中国的历史得出的结论。1954 年 10 月 18 日，毛泽东在国防委员会第一次会议上指出："中国是一个庞然大国，但工业不如荷兰、比利时，汽车制造不如丹麦。有一句俗话，叫作'夹起尾巴做人'，做人就是做人，为什么还不能翘尾巴呢？道理很简单，我们现在坦克、汽车、大口径的大炮、拖拉机都不能造，还是把尾巴夹起的好。"[①]

技术发明和技术进步决定了不同区域、不同文明的经济增长、扩张和走向。谁先发明了文字，谁就占据了知识、科学的优势；谁先发明了枪炮，谁就成为征服者和掠夺者。为什么一些重要的技术发明会出现在某些区域、某

---

① 郑大华：论毛泽东的中华民族复兴思想，见人民网（people.com.cn）。

些文明，而不出现在另一些区域和文明；为什么有些社会很早进入青铜器时代，而另一些到今天仍然停留在石器时代。

戴蒙德首先排除了基因论。如果单从基因的角度看，欧洲人不一定比美洲人更聪明。他从自己与几内亚同行的交往经历中发现，他和几内亚同行的差别只是社会经验领域不同。比如说，他熟悉一辆汽车如何操作，怎么调电视频道，而几内亚同行并不熟悉这些；但跟他们行走在雨林里边，他们随手摘下一片树叶就知道这是什么、能不能吃、怎么吃、什么动物吃它等，所以他们也很聪明。

戴蒙德对"耶利之问"的回答是地理环境决定论。地理环境包括了两大方面因素，一是气候、地貌、可供驯化的植物、可供驯化的动物，它们是成就农业文明的关键。最早诞生农业文明的两个核心地段，一个是新月河谷①，一个是古代中国。二是地理位置，作者提出了一个轴线传播理论——纬度之间的传播比经度之间要容易得多。欧亚大陆的轴线是横向的，也就是纬度方向的，而非洲大陆、美洲大陆都是从北到南的长条，是经度方向的。纬度的特征在于，同纬度地区的地理环境通常相似，而不同纬度之间的地理环境通常差距很大。公元前 3000 年左右，西南亚的某一个地方的人们发明了轮子，而不到几百年的时间，全欧亚大陆都有了轮子。

自古以来，技术进步都是社会发展的核心驱动力。从技术发明和技术进步的角度，轴线方向上相近纬度的地区在交往和交流上的独特优势，成为技术繁荣的决定性力量。从有考证的历史看，在所有社会中，大部分新技术都不是当地原生的，而是从其他社会引进的。引进新技术的这些地区有最大概率综合各种不同的因素进行二度创新、三度创新，达成技术的自我催化②。

统一增长理论的创建者，美国布朗大学经济学教授奥戴德·盖勒，2022年出版了新书《人类之旅：财富与不平等的起源》[12]，进一步拓展了戴蒙德的地理环境决定论的观点。

作者举了两块草坪的例子。尽管两块草坪彼此相邻，但为什么其中一块比另一块更为青翠茂盛呢？你可能会猜测影响草坪生长的是浇水量、光照、土壤质量等和大自然相关的因素，而其实这些表面的生长差异都来自某些文化、地理的深层因素，比如，草坪背后不同社区的治理风格。对此，盖勒进一步分析指出："和两块草坪区别类似的是，各国之间财富水平的巨大差异源

---

① 新月沃地，见百度百科（baidu.com）。
② 枪炮、病菌与钢铁，见百度百科（baidu.com）。

于一系列因果关系：表面上是若干直接因素，如各国在技术和教育方面的差异；核心则是更深层与终极的因素，是一切表象的基础，包括制度、文化、地理与人口多样性等。"其中，地理特征是决定文化、制度和技术进步的部分终极因素，影响着人类发展旅程的走向[1]。

李约瑟之谜是由中国人民的老朋友、英国学者李约瑟[2]提出的，其主题是"曾经高度发达的中国科学为什么没有发展出现代科学，反倒是科学发展并不领先的欧洲取得了突破，发展出了现代科学？"[3] 14—16 世纪，一场文艺复兴从欧洲开始，在席卷了西方国家的时候，现代科学也开始由此而兴起。18 世纪，西方进入了第一次科技革命时期，人类的生活方式因此而发生了巨大的改变。"尽管古代中国人发明了指南针、火药、造纸术和印刷术，但为什么近代自然科学和工业革命都起源于欧洲，而不是中国？"

据有关资料，从公元 6 世纪到 17 世纪初，在世界重大科技成果中，中国所占的比例一直在 54% 以上，而到了 19 世纪，骤降为只占 0.4%。中国与西方为什么在科学技术上会一个大落，一个大起，拉开如此之大的距离，这就是李约瑟觉得不可思议、久久不得其解的谜题。

李约瑟认为，中国强大的封建官僚制度是最主要的原因。在这一强大的制度下，商人难以获得地位与权力，商业得不到蓬勃发展，技术发明给发明者和使用者带来的利润和地位提高有限，因此工业技术革命没有发生。林毅夫则提出，中国官僚制度中的科举制度扼杀了创造力，把人们都吸引到对四书五经的钻研上去了。这是制度角度的解释[4]。

还有研究者认为，文明间的交流是主要原因。我国最早的闭关锁国，从 14 世纪就开始了。15 世纪 30 年代明朝实施海禁，并且开始修建巩固明长城；清朝乾隆二十四年时，颁布了《防范外夷规条》，可以说是一下子与世界他国彻底断绝往来了。这与戴蒙德的关于交流和交往的理论一脉相承。

另一个被广泛接受的解释是马克·埃尔文的"高水平均衡陷阱"理论[5]，这是一个经济学角度的解释。"高水平均衡陷阱"的意思是，中国的农业技术发展得太好，人口密度过高，这反过来阻碍了科技发展，因为人口太多，劳动力的相对价格就变低了，以至于任何节省人力的技术发明都显得没什么价

---

① 《人类之旅：财富与不平等的起源》：历史齿轮下的繁荣与不平等，见百度百科（baidu.com）。
② 英国学者李约瑟：东方探路者的中国情缘，见百度百科（baidu.com）。
③ 钱学森之问，见百度百科（baidu.com）。
④ "李约瑟之谜"：中国古代科技为什么落后？见网易订阅（163.com）。
⑤ 高水平陷阱，见百度百科（baidu.com）。

值，因为只要把活儿交给人去干就可以了。

非常糟心的是，新中国已经成立 70 多年，改革开放也已经 40 多年，李约翰之谜今天依然振聋发聩。2024 年 5 月 7 日，数学大师丘成桐发出惊人之语，中国现代数学还没有达到美国 20 世纪 40 年代的水平①。虽然此话危言耸听，但事实上，除少数科技成果外，当今世界最新的科学发现和技术创新又有哪一项来自中国；自从国门打开，当今世界的最新科学技术又有哪一项没有中国人或华人的影子？中国还需要多少年才能找回科技大国的地位呢？

（四）钱学森之问

2005 年 7 月 29 日，钱学森在与国家领导人的谈话中提出："现在中国没有完全发展起来，一个重要原因是没有一所大学能够按照培养科学技术发明创造人才的模式去办学，没有自己独特的创新的东西，老是'冒'不出杰出人才。这是很大的问题。""这么多年培养的学生，还没有哪一个的学术成就能够跟民国时期培养的大师相比。为什么我们的学校总是培养不出杰出的人才？"这就是著名的钱学森之问②。

一个国家的科技实力，并不是看所有科研人员的平均水平，而是看顶尖科学家的水平③。一个众所周知的事实是，获得过诺贝尔科学奖的华人科学家李政道、杨振宁、李远哲、崔琦和丁肇中，都是出生于二三十年代的民国时期，接受的是民国时期的教育。而自新中国成立以来，培养的学生中只有屠呦呦 1 人获得了诺贝尔科学奖。

放在一个时间的跨度上，经过多年战乱的中国，从 1949 年新中国成立开始才有了一个和平的环境。1949 年以后，因为战后的各种因素，特别是受到冷战和"文化大革命"的影响，中国的科技虽然在进步，但相对比较缓慢。汇聚全国全军之力的"两弹一星"是这个时期举世瞩目的辉煌成就④。但中国的教育、科研体系历经磨难、支离破碎，杰出人才的培养又从何谈起。

改革开放以后，中国的科技界如涅槃重生，焕发出勃勃生机。中国在引进、吸收、转化国外技术上取得了巨大的成功，中国的 GDP 总量已经跃居世界第二位。虽然人均 GDP 排名还相对靠后，2022 年才位居全球第 83 位⑤。

---

① 数学大师丘成桐惊人之语，揭露真相：华数学落后美四十年代水平（baidu. com）。
② 钱学森之问，见百度百科（baidu. com）。
③ 施一公试答钱学森之问：为什么我们的学校总是培养不出杰出人才？见百度百科（baidu. com）。
④ 两弹一星，见百度百科（baidu. com）。
⑤ 世界各国人均 GDP 数据，见快易数据（kylc. com）。

技术进步源于创新，营造创新氛围是一个国家的基础性工作。在 20 世纪整个 80 年代以及 90 年代初的中国，从事脑力劳动的知识分子的收入曾经远低于从事体力劳动的人。著名学者范光陵说过这样一句广为流传的话，"一个伟大的国家，不能搞原子弹的收入不如卖茶叶蛋的，不能教书师傅的收入不如剃头师傅"[①]。如今，知识分子的地位和待遇得到了很大改善，知识分子俨然已经成为精英阶层的一部分。

中国的高等院校、科研机构从模仿苏联模式到逐渐西化，但依然保留了国家的主导地位。从 1978 年派出第一批留学生开始，各类留学人员累计超过 800 万人，其中八成在完成学业后回国发展。可以说，高等院校和科研机构中有留学经历的人员比例逐年上升，他们已经成为中国科研体系中最重要的力量。

不容忽视的是，中国的科研体系与西方发达国家相比还有很大差距。我们学习和模仿了西方科研体系中的很多东西，但很多是表面的东西，怎么提高真正的科研能力依然任重道远。今天科研体系出现的问题应该是过渡期、成长期的必然，但同时也令人担忧。

中国在科技人才培养、创新和成果转化方面的问题是硬伤、顽疾。不知从什么时候开始，科研和学术成为学术圈的事情，自娱自乐，潜规则，唯"帽子"、唯论文、唯奖项；学术圈的生态是国家拿钱供养的。某某帽子，某某级别，都有心知肚明的工资、补贴、出场费标准。会议、论坛、研讨和咨询是所谓学术大咖的常态生活。更大批的普通研究人员、教师、硕士生和博士生沦落为学术生态圈的"民工"。

社会看学术，就习惯地比作"象牙塔"，而实际上学术圈有时成了充满金钱和世俗的角斗场。可惜的是，年轻的博士进入高校、研究机构，不知不觉地就被圈子控制了，成为其中一员。什么理想、追求都化为对"帽子"、论文、奖项的追逐，迷失自我，直到同流合污。

最近让一个博士生查一下某个研究领域的 SCI 论文，检索到的 10 篇全是中国作者。在国内高级别刊物上发表论文，没有关系是没有太多机会的；在国内低级别刊物上发表论文，基本给钱就行。有不少论文代理发表机构公开在网上打广告。国外现在有些 SCI 刊物背后也是经营公司，一篇论文的版面费动辄几千，甚至几万。我们的学者每年心甘情愿地送出很多钱给这些国外公司，把成果用英文发表到国外。因为这些国外出版公司是规则透明、明码

---

① 世界电脑巨人中国范光陵赞我国领跑世界手机云电脑，见知乎（zhihu.com）。

标价。而国内的杂志社却遮遮掩掩，挡普通学者于门外。中国已经成为论文制造大国。

越来越多的中国学者论文中的错误以及数据造假、图像重复使用或不当操控等问题被曝光。2024 年 2 月 12 日，《自然》（Nature）①刊登了一篇题为"China conducts first nationwide review of retractions and research misconduct"的文章，文章指出，自 2021 年以来，已有超过 17 000 篇论文撤稿涉及中国学者，政府要求各个大学必须申报所有的论文撤稿行为，并对其中的学术不端行为展开调查②。据估计，由"论文工厂"出售的虚假和编造的论文数量就高达数十万篇，更不用说那些可能存在科学缺陷的真实论文了。

国家要扶持基础科学的研究，而企业要成为应用研究的主力军。一个封闭的学术圈自然是一个无病呻吟的学术生态，范式、八股文横行，所谓的成果有价值的不多，可转化的更少。中国正在这样一个科研发展进程中，需要改变真正的问题没人研究的状况。

企业、研究机构和高等院校都有责任。我们看到的是，大量高端研究人才流入学校、研究机构，而企业的科研力量非常薄弱，求贤若渴。研究机构、高等院校的起点工资不高，但事业单位编制，工作稳定，时间相对自由，并且更要命的是，学术圈混好了可能比企业还挣钱；而企业迫于经营压力，无力自己组织科研队伍，与研究机构、高校合作也不受待见，因为合作的成果学术圈不认，你发表不了论文，拿不到奖，也就挣不到"帽子"了。

从研究机构、高等院校大办企业到高等院校与企业脱钩，凸显了一放就乱、一管就死的问题。研究机构、高等院校的环境本可以高质量和低成本地孵化创新，而这个优势恰恰无法被利用起来。因此，混不进学术圈要么悠闲度日，要么兼职混世；兼职和创办企业的教师在学校一般被视作另类，不能得到学校的资源支持，俨然像"地下工作者"。

我们高等院校的大多数年轻教师都是"门到门"的教师，从一个校门出来，又进入另一个校门，没有社会工作阅历，对政府、企业的实际问题没有深入的了解，让他们找实际问题研究非常困难，甚至不现实。而企业的很多问题，自己解决也不现实，特别是创新性很强很不确定的项目。例如，金融科技，除了大企业有能力建研究团队，中小金融企业是可望而不可即的。

从美国的数据和实践看，科技创新植根于企业。习近平总书记指出："科

① 《自然》（1869 年首次发刊的科学杂志），见百度百科（baidu.com）。
② 史无前例：中国首次对论文撤稿和科研不端行为进行全国性审查，见网易订阅（163.com）。

技创新能够催生新产业、新模式、新动能，是发展新质生产力的核心要素"，同时强调"强化企业科技创新主体地位"①②。从我国改革开放40多年来的实践看也是如此。深圳成为全国乃至世界的创新基地，其背后的奥秘就在于6个90%：90%的创新型企业为本土企业，90%的研发人员在企业，90%的研发投入来源于企业，90%的专利产生于企业，90%的研发机构建在企业，90%以上的重大科技项目由龙头企业承担③。

但从总体看，我国企业科技创新的主体地位还不够突出。主要表现在规模以上企业研发投入强度仍显著低于发达国家水平；企业基础研究投入不足，技术"拿来主义"多；特别是与高等院校、研究机构的合作不能落实企业的主体地位，不能形成良性互动，国家对科技创新的政策和经费支持依然摆脱不了传统的科研经费管理模式。造成企业缺人才、缺经费，而以科研机构和高校牵头的科技创新管理僵化，投入产出比低，企业参与度低，经费经常沦落为自娱自乐的"论文、'帽子'、职称、学历、奖项"。研究机构、高等院校的评价机制变革仍然举步维艰。

2023年，党中央《关于强化企业科技创新主体地位的意见》指出，强化企业科技创新主体地位，要坚持系统观念，围绕"为谁创新、谁来创新、创新什么、如何创新"，从制度建设着眼，对科技创新决策、研发投入、科研组织、成果转化全链条整体部署，对政策、资金、项目、平台、人才等关键创新资源系统布局，一体推进科技创新、产业创新和体制机制创新，推动形成以企业为主体、产学研高效协同深度融合的创新体系④。

实际上，中国的一些大学变成了跟随型大学，不敢原创、不愿坐冷板凳，甚至不敢进取，只是跟随外国大学的研究和理论立课题。杰出人才脱颖而出有点困难。

2月16日，生成式人工智能模型OpenAI的AI视频模型Sora问世，生成的视频无论是在清晰度、连贯性，还是在时间上都令人惊艳，一时间，诸如"现实不存在了！"的评论在全网刷屏。Sora团队的15人中就有4位华人，可谓是当之无愧的杰出人才。这个现象需要更多的反思。2024年，美国国家人工智能科学院终身院士名单首次正式对外公布，共有38人，其中有11名华人，整体占比超25%。周志华教授是唯一入选的在国内培养和成长起来的院士。

---

① 发展新质生产力需强化企业科技创新主体地位，见百度百科（baidu.com）。
② 关于强化企业科技创新主体地位的意见，见百度百科（baidu.com）。
③ 充分发挥企业在科技创新中的主体作用，见百度百科（baidu.com）。
④ 关于强化企业科技创新主体地位的意见，见百度百科（baidu.com）。

"良禽择木而栖"，人才的脱颖而出和流动也是这样。

根据斯坦福大学的一份报告，2022 年，美国科技公司创造了 32 个重要的机器学习模型，而美国学术界只产生了 3 个，这与 2014 年形成了明显的反转，当时大部分 AI 突破都来自高等院校。美国头部科技公司对 AI 领域的"垄断"愈发严重，学术界面临前所未有的挑战。

随着元数据（Meta）、谷歌和微软等公司将数十亿美元投入 AI 领域，即使是美国最富有的高校也与它们存在巨大的资源差距。例如，元数据公司于 2024 年 1 月宣布将采购 35 万个 GPU，相比之下，斯坦福大学的自然语言处理小组只有 68 个 GPU。

大模型训练的天价成本使得高校只能与企业合作，同时硅谷的千万美元高薪正在从学术界"抢走"人才。根据 2023 年发表在《科学》杂志上的一份报告，近 70% 拥有 AI 博士学位的人才最终进入私营公司就业，而 20 年前这个比例只有 21%[1]。

反观中国的情况，2023 年中国的应届博士毕业生有 7.52 万人，近 40% 的应届博士毕业生到了高校和科研机构工作，20% 的博士毕业生到企业就业，其他人员选择了考公务员或出国[2]。

中国古代封建社会是官本位，认为"万般皆下品，唯有读书高"，读书做官才是正道，而不是去做商人。商人因此没有地位，形成轻商文化。轻商文化、"学而优则仕"的思想根深蒂固，体面、稳定和仕途在如今依然是就业的首选因素，既是家长的期望，也慢慢地影响着年轻的一代。很多 985、211 高校毕业的学生或出国深造或进了体制内，比如，政府、事业单位以及国企。最近看了一个公众号，讲了这么一个故事：

在一个充满着年节气息的大年初一，家族团聚的欢声笑语中，不可避免地演变成了一场关于职业选择的"较量"。当网友骄傲地宣布在腾讯担任算法工程师时，周围却是一片出奇的沉默，仿佛网友的话题突然按下了暂停键。紧接着，当网友旁边表叔的孩子轻描淡写地说出自己在县财政局工作时，一瞬间，长辈们的脸上绽放出比任何时候都要灿烂的笑容，纷纷竖起大拇指，夸赞"出息了！"[3]

这种择业观让我们的教育无所适从。我们分了那么多学科、专业，但优

---

① 硅谷"逼死"AI 学术圈，见知乎（zhihu.com）。
② 博士毕业生的主要去向，见百度百科（baidu.com）。
③ 腾讯员工：我在腾讯做算法一年拿 70W，还比不过在县财政局的表弟，长辈甚至对我沉默不语，见腾讯网（qq.com）。

秀的一批都去考了公务员或进了事业单位，与所学专业无关。我每年都带研究生，我问他们的第一句话大概是，你以后想干什么？如果毕业后是想考公务员、进事业单位，我就不得不放宽对他们的专业技术要求。我也不能浪费时间去耽误他们的前程。

2008年，北京大学教授钱理群在就北大110周年校庆及《寻找北大》一书出版，回答采访者时道出了一个忧虑："我前面所说的实用主义、实利主义、虚无主义的教育，正在培养一批'绝对的，精致的利己主义者'。"更糟糕的是，"他们高智商、世俗、老道、善于表演、懂得配合，更善于利用体制达到自己的目的。这种人一旦掌握权力，比一般的贪官污吏危害更大"①。

很多分析中美教育差异的学者一致认为，中国大学生的理工科平均水平是相当不错的，甚至可以比肩一些发达国家的学生。这在很大程度上归功于应试教育的成效。但是，拥有批判性思维和创新精神的拔尖学生非常缺乏，保险、可靠的择业惯性抹杀掉个性。这也就是中国教育"均值很高，方差很小"的现象②。

我们不仅需要人才脱颖而出的教育和科研氛围，而且需要良好的社会价值体系。要把讲知识、讲能力、讲事业立在讲体面、讲安稳、讲仕途的前面！

（五）科学、理论与方法

庞加莱③说过这样一段话："科学家研究自然不是因为它有用，而是因为自然让他快乐；他快乐是因为自然的美。如果自然不美的话，它也不值得去了解；如果它不值得去了解，生活也不值得去生活。当然，我这里说的不是那种刺激感官上的美、本色的美和表象的美；我这么说不是低估这些美，而是它们与科学没关系。我说的是从自然中显现的和谐秩序的深刻的美，而只有一个纯净的智慧才能去把握它。"[13]

科学发现无疑是人类文明史中最华丽的篇章。纵观漫长的人类历史，史学家考证的科学起源可以追溯到公元3000年前的埃及和美索不达米亚，后者是现在的伊拉克所在地。在古希腊时代，有一个人叫作泰勒斯，它周游了周围的国家，学习了各国的知识，并且开始探讨万物的本源。他认为，万物的本源是水。从此，他拉开了人类探索哲学和科学的大门，他也被称为"科学

---

① 钱理群之忧，见百度百科（baidu.com）。
② 施一公试答钱学森之问：为什么我们的学校总是培养不出杰出人才？见百度百科（baidu.com）。
③ 亨利·庞加莱，见百度百科（baidu.com）。

哲学之父"。

科学是什么？简单来说，科学是关于大自然的规律。这里的大自然包括了宇宙万物。1888 年，达尔文①曾给科学下过一个定义："科学就是整理事实，从中发现规律，做出结论。"宇宙的万事万物是否都有内在的规律？这是一个深刻的哲学问题。如果某个现象没有内在的规律，所有科学探索就毫无意义。上帝是全能的，是没有规律的，所以无法"科学探索"上帝。令人意外的是科学与宗教并不冲突，牛顿说："科学与上帝伟大的创造相比，不过如一个孩子在大海边偶然捡到一片美丽贝壳而已。可是大海里又有多少美丽的贝壳啊！"大科学家是宗教信徒的例子比比皆是。

从词源上说，英文 science 来源于拉丁文 scientia，意为知识和学问。19 世纪中叶，西方科学传入中国，science 被译为"格致"，是格物致知的简称，用来指研究事物而获得知识。日本明治时代学界将 science 译成"科学"，1893 年，康有为引进并使用"科学"一词，严复在翻译《天演论》时，将 science 译为"科学"，用于替代"格致"，此后一直沿用至今②。

大自然的规律是不以人的意志为转移的，它既不能被创造，也不能被消除。所以科学是发现而不是发明。数学是关于数的规律，是一门科学；而表达数与数之间的符号体系则只是一门技术，属于发明。想象一下外星人的数学，数的规律是不变的，但一定不会是阿拉伯数字了。

科学不仅是自然科学，社会科学也是科学的重要组成部分。经济学中从亚当·斯密的分工理论③、大卫·李嘉图④的比较优势原理⑤等都是对人类文明发展起到关键作用的科学发现。

科学研究是以观察、实验、推理和推断为方法描述和解释大自然的现象和规律的。这里定义的方法就是所谓的科学方法。当有人说，"你这样做是不科学的"，他实际上想说的是，你的方法不科学。

科学是基于客观事实，是可重复和可验证的。这是科学之所以为科学的根基。科学理论是用科学方法对某种现象或实体的解释和解构，是科学的延伸。如果我们把科学理解为是关于大自然规律的公理系统，那么科学理论就是从这个公理系统出发，对具体领域、具体现象和实体研究所形成的定理

① 查尔斯·罗伯特·达尔文（英国生物学家、进化论的奠基人），见百度百科（baidu.com）。
② 科学、计算科学与数据科学，见王伟的博文（sciencenet.cn）。
③ 浅析亚当·斯密的社会分工理论，见百度百科（baidu.com）。
④ 大卫·李嘉图，见百度百科（baidu.com）。
⑤ 比较优势原理，见百度百科（baidu.com）。

体系。

但不是所有的理论都是科学的。从严格意义上看，达尔文的进化论、宇宙大爆炸理论①等都不是科学，因为这些理论当中都包含了未经验证的科学事实。科学的不完备性经常允许我们以假设的方式开始工作，如果结论与客观事实是相符的，或者基本相符，那么我们可以说，这些理论有科学性，或者有一定的科学性。

从科学发现出发，科学理论的发展构建了日益庞大的科学大厦。科学理论的细分是科学繁荣的必经之路，也是科学认知的机构化过程。例如，物理学是研究物质运动最一般规律和物质基本结构的学科，它把创造新物质的问题交给了化学；化学是创造新物质的科学，研究分子、原子层次上物质的组成、性质、结构与变化规律，它把生命体的问题交给了生物学；生物学研究生物的结构、功能、发生和发展的规律，以及生物与周围环境的关系，它把疾病的问题交给了医学；医学才是研究和处置人体各种疾病或病变的学科。5 000 年以后，科学长成了一棵枝繁叶茂的大树。

《人月神话》[14] 的作者布鲁克斯在书的序言中发出感慨：在他研究计算机的年代，他可以通读到计算机领域的所有重要文献，而渐渐的，他只能读懂计算机领域的某个细分领域的某些专业文献了。

在浩瀚的科学发展史中，真理与谬误犹如一对孪生兄弟。对自然和社会的认识依赖于人的感知。借助仪器，人类不断增强自己的感知能力，可以观察到更细微或更宏大的现象。人类科学进步的历史，也是不断增强认知的能力并纠正谬误的过程。"万物的本源是水"是科学谬误的开始②。

最先研究自由落体的是古希腊科学家亚里士多德，他提出物体下落的快慢是由物体本身的重量决定的，物体越重，下落得越快；反之，则下落得越慢。亚里士多德的理论影响了其后 2 000 多年的人。直到 1638 年，这个结论才被伽利略推翻。伽利略在 1638 年写的《两种新科学的对话》一书中指出，假定大石头的下落速度为 8，小石头的下落速度为 4，当我们把两块石头拴在一起时，下落快的会被下落慢的拖着而减慢，下落慢的会被下落快的拖着而加快，结果整个系统的下落速度应该小于 8。但是两块石头拴在一起，加起来比大石头还要重，因此重物体比轻物体的下落速度要慢。这样，就从重物体比轻物体下落得快的假设，推出了重物体比轻物体下落得慢的结论。亚里士

---

① 大爆炸宇宙论，见百度百科（baidu.com）。
② 哲学开始于命题：万物的本原是水，见百度百科（baidu.com）。

多德的理论陷入了自相矛盾的境地①。

过去的科学在今天看来存在那么多的谬误，再过百年、千年，今天的科学是否也同样会让后人咋舌？是否会有颠覆性的发现，动摇我们今天坚信不疑的科学基础呢？

科学发现自身并没有规律可循。直觉、洞察力甚至运气这一类因素常常起很大的作用。不少科学家仅根据很不充分的数据和很少一点实验结果，便突然灵机一动，得出了有用的、合乎事实的论断。这样的论断，如果按部就班地通过理想的科学方法进行，可能要用上好几年的时间或者中途夭折。例如，德国有机化学家凯库勒②就是在邮车上打瞌睡的时候，突然领悟到苯的化学结构；德国神经科学家奥托·洛维则在半夜醒来的时候，突然得到了关于神经刺激化学传导问题的答案；美国生物学家格拉泽③却由于无聊地凝视着一杯啤酒，得到了气泡室的想法；最让人熟知的则是17世纪的科学家与数学家牛顿被苹果砸了脑袋，好奇心油然而生，创立了万有引力理论。有些科学发现是凭好运气得来的，而好运气恰好遇上了那些具有最好领悟力的天才④。

基础科学的进步揭示了自然界深刻的规律。特别是数学，其抽象度之高，同时与自然规律吻合性之好，不得不让我们去想一个问题，世界是不是数学的？毕达哥拉斯说，万物皆数，即宇宙万物都可以通过数学语言来描述，数是万物的本原⑤。马克思从质和量是对立统一的高度，从数学和其他学科的本质关系出发，高瞻远瞩地对科学和发展的数学的应用做出了这样的科学预见：一门科学只有当它达到了应用数学时，才算真正发展了⑥。现代科学和数学的发展充分证明了马克思的预见。现在人文科学研究也有越来越多的数学元素。

（六）需求、技术与创新

在和蜗牛创始人徐挺先生的对话中，"需求"这个词经常会从他口中出来。我大致是半个学院派、半个技术派，可能会下意识地忽略"需求"，想得

---

① 伽利略落体实验，见百度百科（baidu.com）。
② 凯库勒，见百度百科（baidu.com）。
③ 唐纳德·格拉泽，见百度百科（baidu.com）。
④ 科学方法，见百度百科（baidu.com）。
⑤ 哲学趣谈——万物皆数，见百度百科（baidu.com）。
⑥ 党史中的数学家 · 马克思，见腾讯（qq.com）。

更多的是"问题"。不断的反思中我意识到，我关注了问题，但忽略了问题的来源，问题的来源就是需求。我常常说，大多数学者都在做没用的研究，实际上学者文化也长期熏陶了我、塑造了我。我很反感研究假问题，认为是无病呻吟；但真问题不去研究需求，可能也好不到哪儿去。

受徐挺启发，我脑中出现了一个大的问号，是什么力量驱动了科学发现、理论创新和技术发明，产品和服务与技术到底有什么关系。

我大概体会到，徐挺频繁提到的"需求"是这些问题的答案。与蜗牛共处的这段时间，更深刻领会到蜗牛在徐挺的领导下的商业成功，很大程度上离不开"需求"这条主线，每当团队有所迷失时，徐挺先生都会坚定地把他们带回主线。我可能不能完全领会到徐挺的深刻之处，但至少，我在这里写下我对需求、技术和创新的思考。

从广义和深层次看，所有的需求都是个人的需求。关于个人需求，美国心理学家马斯洛[1]提出了一个有广泛影响的五级模型，通常这个模型被描绘成一个金字塔的结构。从层次结构的底部向上，需求分别为生理（食物和衣服）、安全（工作保障）、社交需要（友谊）、受尊重和自我实现。人的最迫切的需求才是激励人行动的主要原因和动力。需求是一种心理感受。

从心理感受解读，对金钱和权力角逐不过是为了获得尊重的需求，官迷心窍也只是为了自我实现。马斯洛的理论直击人性，看破人生百态。魏鹏远是 2013 年落马的一个贪官，一个国家单位的处长，骑自行车上下班，涉案财产却多达 3.4 亿元，清点时烧坏 4 台点钞机。魏鹏远在审判席上自述："我为什么收这么多钱呢？什么事情都要找人，拉关系，没钱什么事也做不了。没钱，感觉没有足够的安全感，我知道这是犯罪，但还是在这条不归路上越走越远。"[2] 看来他只能怪马斯洛的安全需求了。

马斯洛需求理论还有一个 7 层次的版本，增加了审美和求知两个层次（见图 1-5）。

狭义上理解，需求是指个人、组织和政府对产品、服务或解决方案的渴望或需要，通常源于解决问题、满足欲望或改善状况的愿望。需求可以是基本的，如食物、水、住房和办公用房，也可以是高级的，如社交媒体、虚拟现实和人工智能。需求有稳定的基本结构，但是它也在不断地提升。亚马逊的创始人贝索斯[3]在几年前提出一个概念，用户永远是不满足的，已经被满足

---

① 亚伯拉罕·马斯洛，见百度百科（baidu.com）。
② 受贿 2.1 亿司长魏鹏远自述：钱没带来安全感 肠子悔青了，见央广网（cnr.cn）。
③ 杰夫·贝索斯，见百度百科（baidu.com）。

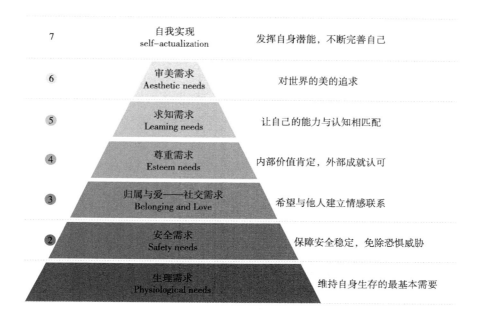

图 1-5　马斯洛 7 层次需求模型

了的需求，永远有更好的满足方法，这是最重要的原则。

技术本质上是一种改变自然现象的能力，提供解决方案满足需求，是技术、技能、流程、设计、产品等的组合，致力于创造方法、过程和工具。它有长期发展的规律和趋势，趋势就是所谓的拐点，因为技术都是从早期探索逐步进入可实用化的。有的时候会有天才的科学家突然在某个领域有颠覆性的突破，我们也必须关注。技术本身是有结构的，任何技术都是一种组合，一种原有技术的新组合，或者说是自相似。用同样的技术，通过与其他技术组合解决越来越多的复杂问题。

我们不能只看技术本身，更重要的是技术和人类需求之间的关系，和它们的紧密结合度。判断技术趋势一定要与人类需求的趋势紧密结合，这是非常重要的。在科技飞速发展的时代，技术被认为是推动发展的关键。然而，技术只是实现目标的手段，而真正的成功则取决于技术如何服务于需求。只有深刻理解和满足需求，技术才能发挥最大的作用，创造出有价值的产品和服务，实现长期的成功。

在 1997 年苹果举办的苹果电脑全球研发者大会上，乔布斯曾当场被人问到能否清晰地说明一下 Java 语言及其变种以及 OpenDoc 软件的功能。面对提问者在技术上的诘难，乔布斯坦言："我甚至可能对 OpenDoc 都不清楚。然而，最难的东西在于——技术如何去适应一个整体的、更大的构想，这样的构想可以让你每年把一样产品卖出去 80 亿、100 亿。我总是会发现一点，就是说，你必须从用户体验入手，然后再回头去开发技术，你不能从技术入手，然后试着搞清楚你会把你的东西卖到什么地方，我在这上面犯的错，可能比在座的任何人都多。"①

技术永远要和需求挂钩，需求拉动，技术驱动，在市场中实现价值。然而，在实践中，需求和技术的关系依然扑朔迷离。主要问题在于，需求方和技术方一般是不同的市场主体，有不同的认知背景，容易将它们之间的对接关系聚焦在交易上。

需求经常表现为是对某个具体方案、某种产品或某种服务的渴望，但需求的本质却是产品的功能和用户的体验。"如果我当初问人们想要什么的话，他们只会告诉我想要更快的马。"这句话经常出现在跟用户需求相关的专题讨论中，许多产品经理或设计人员从这句话中解构出用户的真实需求是"速度更快的交通工具"。再例如，买空调的客户的需求不是空调本身，而是空调所能带来的温度体验。但往往用户的真实需求已经被他们的解决方案所替代。

马斯洛需求层次理论在分析需求的工作中很少被使用，因为这种方式对正常表达和满足需求的工作没有太大指导意义。马斯洛理论对我们的启迪是，个人或代表组织的个人的需求也是不容忽视的。不能洞察当事人的心理需求就有可能造成需求沟通不畅，甚至误读需求。

除了识别真正需求的困难，技术应用不充分的情况也普遍存在。不同的行业和企业处在技术应用的不同阶段。大多数用户都是技术跟随型的，不会有时间或有能力去选择、比较或设计技术方案，而是简单地复制同行、同类企业已有的方案。这时，技术方比拼的不是方案，而是服务和价格。技术应用存在较大的行业差距是一个不争的事实。可能这是一个绕不过去的过程。

市场是需求和技术交易的场所，技术通过满足需求创造价值。今天，商业公司成为市场的主角。商业公司通过创造产品与服务，提供给客户，从而最终实现价值。从产品到供应链，从供应链到产业，是一个经济布局和经济增长的范式。市场的源头是客户，识别客户和理解客户需求是商业公司所有工作的起点[15]。先进发达的商业是现代经济发达的象征。

---

① 小鹅通 7 周年生态进化论：联结创业者的全链路"后花园"，见东方财富网（eastmoney.com）。

技术永远要与需求挂钩的第二层含义，是技术创新和需求升级之间的相互关系。人类社会的进步是在需求推动创新、创新提升需求的循环中上升的。习近平总书记精辟地指出，"创新是引领发展的第一动力"。

什么是创新？创新这个词起源于拉丁语，有三层含义：第一，更新；第二，创造新的东西；第三，改变①。创新有很多领域很多内容，我们在这里只聚焦技术创新。从源头上看，真正有价值的创新，都是从用户需求出发的。创新的根本目的，其实也是要更好地为用户创造价值。技术创新的主要形式之一是技术发明。发明人依法进行申报登记的，其发明可以享有法定的专利保护。

"需求为发明之母"是个常识性的观点。美国作家戴蒙德在《枪炮、病菌和钢铁》[11]里阐述了对于技术进步的一种非典型认识。这本书的第13章标题就叫"发明为需求之母"，和一般所认为的"需求为发明之母"大相径庭②。

戴蒙德说的是带来技术演变的那些重大的、关键性的发明，不能单从社会需求这个维度去解释。有一部分重要的发明是受到具体需求推动的，比如，造出原子弹的"曼哈顿工程"就是为赢得战争胜利这个具体目标而创立的；瓦特改良蒸汽机，是为了把水从英国的煤矿中抽出来；美国人惠特尼发明的轧棉机，也是为了从棉花中分离棉籽。

戴蒙德却认为这类情况在科技史上并不是主流，大部分发明是好奇心的产物，是妙手偶得的，一旦新发明问世，发明家必须要做的就是为它找个事做。只有在新发明"工作"了一段时间后，消费者才会觉得他们"需要"那件发明；还有一些新发明，在经过一段时间后发明的初衷被忘记了，因为消费者为它们找到了新的用途。事后才找出用途的发明并不罕见，真空电子管就属于这一类。内燃机、电灯、飞机、留声机、半导体都是这样。

戴蒙德列举的一个典型例子是爱迪生的留声机。1877年，爱迪生造出了第一台留声机，爱迪生发表了一篇文章，给出了留声机的十大用途。在他鼓吹的这些用途里，没有一个被市场所接受，而留声机后来的最大用途——播放音乐，根本不在爱迪生的考虑之内。直到20年以后爱迪生才很不情愿地承认，他的留声机的主要用途就是播放音乐。

这些发明不是一亮相就像舞台上的明星一样，幕布一拉开观众就掌声雷动——我们就是来看你的、等的就是你。没有这种事。

---

① 创新，见百度汉语（baidu. com）。

② 先有需求后有发明？非也！《枪炮、病菌与钢铁》揭开发明与需求关系，见百度百科（baidu. com）。

2023 年，OpenAI 的两位人工智能科学家肯尼斯·斯坦利和乔尔·雷曼出版了一本书叫《为什么伟大不能被计划》[16]，副标题是"对创意、创新和创造的自由探索"。他们对技术发明的偶然性和滞后性给出了另一种朴素的解释。

书中写道："有目标才有动力"，这句话听上去顺耳，但做起来糟心——海量的目标测算、评估和计量，将会侵入生活的方方面面，好似要把我们变成"目标"的奴隶，为了不可能实现的"绝对完美"奔波劳累。或许在某些时候，"目标"能为我们提供生活的意义或方向，但它同样限制了我们的自由，成为禁锢我们探索欲望的牢笼，因此，设定目标便会有代价。为了目标，我们牺牲了很多东西。伟大的成就和创新往往来自无意的探索和偶然的发现，而不是预先设定的目标。

对于大多数人而言，日常生活的小目标是必要的，它帮助我们取得进步。但小目标和伟大是不能相提并论的。如果说，你很早就有成为伟人的目标，你一定会被斥责为好高骛远，因为伟大是不能被设计的。不是说愿景完全没有，而是说日常更重要。有句老话叫，仰望星空，脚踏实地。

书中讲了这样一个例子，世界上第一台计算器用了 1.8 万只电子管。电子管又叫真空电子管，是一种引导电流通过真空容器的装置。1883 年，爱迪生在研制和改进电灯泡时，在加热的灯丝及其附近的防污染金属片间接上电流计，观察到电流计中有电流通过。灯丝与金属片并不连接，哪里来的电流？难道电流会在空中飞渡不成？敏感的爱迪生肯定这是一项新的发现，并想到根据这一发现也许可以制成电流计、电压计等实用电器。为此他申请了专利，命名为"爱迪生效应"。直到 20 年后的 1904 年，世界上第一只电子二极管在英国物理学家弗莱明的手下诞生了。这使爱迪生效应具有了实用价值。弗莱明也为此获得了这项发明的专利权。又数十年后，科学家们才第一次意识到，真空管可以用来制造计算机。尽管真空管是计算机发明道路上的一个关键的"踏脚石"，但它不是计算机发明者的设计。

与主流观点相反的是，伟大的创新者并不会窥视遥远的未来。一位真正的创新者，会搜寻附近可行的下一个踏脚石。成功的创新者会问的是，我们下一步能够走到哪里，而不是我们如何能够抵达遥远的彼岸。在历史上的任何特定时期，人类都拥有一套特定的能力和知识。这套体系包含了人类所有的科学、技术和艺术成就。通过将这套体系和能力中的某些部分结合起来，或以新的方式改变它们，做成我们的"踏脚石"。我们就能向前迈出小小的一步。

　　无论持哪种观点，不可否认的是，需求都是推动技术创新的关键动力。即使有些发现和发明是好奇心驱使所得，是某种偶然所得，它们也可能暂时毫无用处，但他们进化的方向依然是需求所决定的。没有需求的科学会发展缓慢，没有需求的技术就会被束之高阁。因为需求的背后是经济力量的支配。历史上所有的国家，贫穷和战乱都是科技发展缓慢或停滞的主要原因。一个国家、一个地区如果没有经济和人文环境，就没有创新的土壤。

　　技术创新的颠覆性尤其值得关注。因为创新不只是技术升级，有时候它是技术转型。对需求、对技术、对产业链造成深刻的不可逆的影响。做胶片的公司消失了，做打字机的公司消失了，做 BP 机的公司消失了，今天做美工设计的公司也快消失了，而实际上，需求本身并没有发生变化，只是满足需求的技术完全不同了。

　　洞察技术发展趋势是公司长期生存发展所不可忽视的，任何公司都不要被当下的繁荣所蒙蔽。在公司发展的不同阶段，正确处理好需求拉动和技术驱动之间的关系非常重要，创业型企业以需求拉动为主，现金流是主要的生存法宝；稳健型企业要更多地关注技术驱动，避免被意外颠覆。

二 | 世界是如此复杂

（一）看世界

历史上的中国人坚信儒家"声教迄于四海"，只有"天下"即"中国"观念，没有"世界"意识。鸦片战争以暴力打开了"天朝"的大门，中华天朝中心主义彻底破灭。"世界"本是旧词，源于佛经。"古往今来曰世，上下四方曰界"，世界就是全部时间与空间的总称[①]。

人类对世界的认知，是自己对所在宇宙的诠释。人类以世界作为某种格式，把宇宙划分为不同的区域、范围。如：矿物世界、植物世界、动物世界、多重世界、虚幻世界和现实世界等。世界的不同，表示不同的活动区域、时间范围。宇宙中各种不同形态的物质，它们的活动都遵循一定的规律，在自己的世界进行相互的作用，从而完成宇宙的整体运行[②]。

世界是否可以做这样一种划分，一个是抽象的世界，另一个是物质的世界。

物质的世界又可以分为无生命的世界和生命世界。

生命世界又可以划分为无智能的世界和智能的世界。

再进一步，如果将人类凌驾于其他智能体之上的话，智能的世界还可以划分为动物世界和人类世界。

抽象世界是以概念、数学和逻辑等为主要特征的，是一个精准、确定性和完美的世界。

物质世界是由分子、原子或更小的粒子组成的世界；物质无所不在。

生命将物质世界分为两个部分，一部分物质是无生命的；另一部分是有生命的。虽然很难回答什么是生命，但常识能够帮助我们区分什么是生命体，什么不是。

智能将生命世界又分为两个部分，没有思维能力的生命，诸如植物；和有思维能力的生命，如动物和人。

---

① 《楞严经》曰："云何名为世界？世为迁流，界为方位。汝今当知，东、西、南、北、东南、西南、东北、西北、上、下为界，过去、未来、现在为世。"

② 世界（人类赖以生存的地球），见百度百科（baidu.com）。

有生命的东西，有从生到死的过程，以新陈代谢为特征。它不仅包括人、动物，也包括植物。

有生命的东西不一定有智能，至少我们认为植物是不会思考的。它只是简单地繁衍，而不能有任何智能"行为"。动物和人就不一样了，他们有主动的行为。

世界的神奇在于不同世界的神奇。是否存在一个穿越这些世界共同的和本质的联系，这是一个困扰人类的重大命题。

认为世界就是一个自动机，所有都是可计算，则所有世界都是抽象世界。

认为世界是原子和分子，所有都是物质，则世界是物理世界。

"世界由两部分组成的，一部分是我所看到、所感知的世界；另一部分就是孤零零的我。"（李娟：《九篇雪》）

人从哪里来，人到哪里去，无人能够回答。如果某种全能的神灵真的存在，那人类只是苟活在神灵安排下的某种活物，带着神灵赋予的不可知的使命，浪迹地球。人类所有的发现只是神灵有意或无意泄露出来的地球秘密，就像牛顿比喻的"偶拾的海滩贝壳"。

人类最早运用神话故事解释世界。这种认识世界的方式还是比较感性的。随着时代的发展和经验的积累，一些聪明人不满足于通过这种想象的方式解释世界。他们追求更加理性的认知方式，从经验出发解释世界。泰勒斯[①]说，水是万物之源，万物都是从水中产生而后又复归于水的。中国古人也有类似的说法，认为万物都是由金、木、水、火、土 5 种元素演变而成的。

另外一批聪明人，他们意识到一个问题：在认识世界之前，必须先研究我们自身的认知能力，他们发现我们的感官是不可靠的。我们感知到的世界已经被自己的感官加工改造过了，至于世界的本来面目是什么，我们是无法通过感官认识的。巴门尼德[②]说存在是一，一是无限的、不可分的；老子[③]说世界的本源是道；柏拉图[④]说世界的本源是理念；康德[⑤]说是不可知的物自体；黑格尔[⑥]说是绝对精神；叔本华[⑦]说是意志。这就是哲学里边的本体论或

---

① 泰勒斯（古希腊哲学家），见百度百科（baidu.com）。
② 巴门尼德（古希腊哲学家），见百度百科（baidu.com）。
③ 老子（道家学派创始人），见百度百科（baidu.com）。
④ 柏拉图（古希腊哲学家），见百度百科（baidu.com）。
⑤ 康德（德国哲学家、作家），见百度百科（baidu.com）。
⑥ 黑格尔，见百度百科（baidu.com）。
⑦ 叔本华，见百度百科（baidu.com）。

者形而上学①。

"我思故我在"是笛卡尔的哲学命题②。笛卡尔认为，外部世界是一场连续不断的梦，在客观上是不存在的。虚拟现实和增加现实已经创造出可以欺骗我们感知的效果，何谓真实、何谓虚构，很可能是一个进入泥潭的争论。而梦，至今，仍然是一个人的梦，一种个体的感知，不能为其他人所共同验证。这也许是梦和现实的区别。他还认为，只有人才有灵魂，人是一种二元的存在物，既会思考，也会占空间。而植物只属于物质世界。

道家的观点很接近笛卡尔的命题。道家说，道生一，一生二，二生三，三生万物，这个世界是你理解的世界，你怎么看待世界，世界就是怎样的，你消失了，这个世界随之也就消失了。

认识的一个难点在于，除了我们尚未发现的力量或承认上帝，我们还无法解释有些物质可以有意志，有些没有。从物质世界的视角看，生命的起源似乎是一个几乎不可能的奇迹。对科学家们而言，大自然的世界缺少一个东西联系这两个世界。世界统一于物质是一个重大的哲学命题，但还不是一个科学事实。

世界的复杂有序性，特别是生命界的复杂兼有序的特性，以及生命进化表现出来的方向性，让人很难相信这种复杂精妙的特质是通过随机作用产生的，上帝是最简单和最圆满的解释。所以不奇怪，一些卓越的科学家也转为相信上帝的存在。如果有一天，人造生命出现的时候，上帝之说也就不攻自破。但这一天也许永远不会到来。

物理学家霍金③曾被问过这样一个问题："有人说，20世纪是物理学的世纪，而我们正在进入生命科学的世纪，您怎么看？"

霍金回答说："我认为，下一个世纪将是'复杂性'的世纪。"

复杂是这个世界的本质，也是人类的本质。

世界是如此复杂。

（二）迷失在科学里

大自然的神奇和生命的奥秘总是让人浮想联翩，我们回答了"十万个为什么"，但还有更多的为什么。"科学发现的过程是一系列源自好奇的旅

---

① 人类认识世界的三个阶段，从盘古开天辟地的神话说起，见百度百科（baidu.com）。
② 我思故我在（笛卡尔的哲学命题），见百度百科（baidu.com）。
③ 霍金，见百度百科（baidu.com）。

程"[17]。即使信奉神灵，我们也不能完全摆脱求知的困惑，因为我们还是想知道神灵将会泄露出什么新的秘密。

我们已经研究到了小到粒子，大到光年外的行星，但科学领域未决的问题依然很多，科学的发展愿景也不容乐观。科学知识的爆炸性增长，让我们作为个体穷尽一生也只能了解到皮毛；科学的细分也造成科学断层。实际上，物理学不能完全解释化学，化学不能完全解释生物学，生物学也不能完全解释医学。我们可能看不到科学统一的那一天。

自然科学研究与社会科学研究的路径是相似的。区别在于，自然科学中的个体——粒子、原子、分子和其组织的物质被认为是没有自由意志的；而社会科学中涉及的个体是有自由意志的。什么叫自由意志，关于自由是有争议的，而意志是指个体具有感知、思考、决策和采取行动的能力。自然科学的个体与社会科学的个体有一个桥梁关系，即有自由意志的个体是由无自由意志的个体组成的，皆是原子、分子。其中的悖论是什么样的组织产生生命，什么样的组织不产生生命。虽然绝对地看，一个石头、一颗树木是否也有某种自由意志，我们不得而知，但就今天的发现，人和石头的区别还是显著的，承认石头像人一样能够思考还是不能被接受的。

大自然的形态和物种，都是由分子、原子组成的，世界是物理的。但为什么有的有生命，有的却没有，为什么有些有智能，另一些却没有？物理学研究大至宇宙，小至基本粒子等一切物质最基本的运动形式和规律①。物理学却不能解答这些问题，为什么？是犯了过度简化的"愚蠢错误"还是宇宙另有玄机。牛顿感慨道："我愿我们能像对力学原理那样，用同样的推理导出其余的自然现象，很多原因促使我怀疑，它们可能都依赖于其他的力。"

1. 科学的极限

爱因斯坦曾说过，"宇宙最不可理解之处是它是完全可理解的"，而今天，科学展示出另一个重要特性，"一个令人惊奇的悖论，我们可以知道哪些是我们不可能知道的东西"[18]。

约翰·D. 巴罗②写了一本很有意思的书，中文书名叫《不论：科学的极限和极限的科学》（图 2-1），英文直译为《不可能性：极限的科学与科学的极限》[19]。约翰·D. 巴罗写道："哲学家和科学家都十分关注不可能性。科学家喜欢论证那些被广泛认为不可能的事物实际上都是完全可能的；与此相反，

---

① 物理学（自然科学学科），见百度百科（baidu.com）。
② 约翰·D. 巴罗，见百度百科（baidu.com）。

图 2-1 　《不论》

哲学家则倾向于说明那些被广泛认为是可能的事物实际上是不可能的。然而事实上，科学之所以成为可能恰恰在于某些事物是不可能的。"

"我们关于宇宙发展的基本知识的积累过程是相似的。一些知识实际上就是更多的观测事实、更宽广的理论以及用更先进的仪器做更精确的测量。它们的增长速度总会受到经费和现实条件的限制，我们尽力一点一滴地克服这些限制。但是，还存在着另一种形式的知识，这是一种对任何理论即使是正确的理论也存在极限的认知。"

我们也似乎一直在接近科学极限，特别是在基础科学领域，微小的进展都非常困难。波兰裔美国物理学家阿尔伯特·迈克尔逊①发表过一段著名的论断："物理学的最重要的定律和事实已经全部被发现，并被牢固地建立起来了，等待用新的发现去替代它们的可能性遥不可及。"[20] "一些科学家和哲学家采纳了下述观点：科学作为一个整体已经经历了一个黄金时代，而这个时代即将结束。的确，新的发现越来越难，小的改进已成了主要的目标。更深入的理解将需要日益艰巨的思考才能达到。"

2. 对科学本源的探索

"最伟大的科学成就来自对表观上复杂的自然进行细微的观测和优雅的简化，从而揭示其内在的简单性。而我们所犯的最愚蠢的错误却又常常是因为对现实的过度简化，接着发现它远比我们所认识的要复杂。"[21]

对很多人来说，宇宙意味着一个巨大的钟表，它的机制正在一步步地被揭秘。一旦所有的定律被发现，事物变化将能（至少在原理上）被精确地预测。但这种希望对另一些人来说，却正在坍塌。对未来的预测能力可能是永远不可达到的。自然界中的确定性和随机性并不是互相排斥的，可能是共存的[22]。

3. 还原论②

还原论认为，任何复杂的系统、事物、现象都可以将其分解为各部分之

---

① 阿尔伯特·亚伯拉罕·迈克尔逊，见百度百科（baidu. com）。
② 还原主义，见百度百科（baidu. com）。

组合加以理解和描述。简言之，整体等于部分之和。从笛卡尔、牛顿一直到近现代，还原论的研究思想一直主导着各个科学领域的研究。任何系统最终都可以分解为分子、原子和粒子等可能存在的更微小的组成，因此，所有的问题都是基础物理学的问题。还原论的思想也直接导致哲学上的决定论，从而否定自由意志。

在已有的科学领域，过去的一个世纪或更长时间里，研究重点更多地放在系统的分解上，找到组成部分，然后试图尽可能地分析它们的每个细节。特别在物理学领域，这种方法取得了足够的成功，日常系统的基本成分已经完全确定。但是这些成分共同作用所产生的总体行为依然几乎是完全的谜团[23]。

将万事万物还原成简单的基本规律的能力，并不蕴含着从这些规律重建宇宙的能力①。

拉普拉斯是法国的一位伟大的科学家。关于他流传着这么一个故事。拿破仑问他："人们说你写了一本大部头的书，讲宇宙的运动，但是你书中没有提到它的造物主。"他回答道："陛下，我不需要上帝这个假设。"

拿破仑感到很有趣，把这个问答讲给另一位法国大科学家拉格朗日，拉格朗日笑着说："这其实是一个非常省心的假设，他可以解释一切事情。"

4. 拉普拉斯之妖

1814 年，拉普拉斯写下了下面一段话，在科学和哲学界引起了轩然大波，余波至今未消，这就是著名的关于"拉普拉斯之妖"的表述。

"我们可以把宇宙现在的状态看作是它历史的果和未来的因。如果存在这么一个智慧，它在某一时刻，能够获知驱动这个自然运动的所有的力，以及组成这个自然的所有物体的位置，并且这个智慧足够强大，可以把这些数据进行分析，那么宇宙之中从最宏大的天体到最渺小的原子都将包含在一个运动方程之中；对这个智慧而言，未来将无一不确定，恰如历史一样，在它眼前一览无遗。"

拉普拉斯认为，我们这个宇宙也是一个复杂无比的钟表，我们每个人都按照既定的轨迹，孤独地奔跑着。在这个世界里，我们每个人的命运都是一开始就安排好的，每个人的所谓自由意志都只不过是一种幻象。

20 世纪物理学发生了几件大事，其中就有量子力学、混沌理论，颠覆了拉普拉斯的宇宙决定论。

混沌理论发现，在某些系统中（哪怕是一些非常简单的系统），两个无比

---

① 菲利普·沃伦·安德森，见百度百科（baidu.com）。

相似的系统，随着系统的演化也会迅速分道扬镳，变成陌路。混沌系统的普遍性超出你我的认知，它几乎是无处不在的。这样一来，基本上否决了一个可预知的未来存在的可能性。我们只能幻想一个不可预知的但是确定的未来。

20世纪量子力学的出现，震惊了世人，既是物理学界颠覆性的事件，也是科学哲学界的颠覆性事件。微观世界的粒子，不但不满足经典物理定律，甚至无法用我们熟知的经典物理概念（如速度、位置等）来描述。微观粒子有一种完全怪诞的行为模式，颠覆了人们过去的认知。不但一个"因"不一定引起一个确定的"果"，而且我们无法谈论"确定"本身了。

1925年，海森堡①提出了著名的不确定性原理②，给决定论观点以致命的打击。不确定性原理指出，当微观粒子处于某一状态时，它的力学量（如坐标、动量、角动量、能量等）一般不具有确定的数值，而具有一系列可能值，每个可能值以一定的概率出现。这种不确定性来自两个因素：首先，测量粒子的行为将会不可避免地扰乱那个粒子，从而改变它的状态；其次，因为量子世界是基于概率的，精确确定一个粒子状态存在更深刻、更根本的限制。这个发现让爱因斯坦很惊愕，他反击道："上帝不掷骰子。"

彭罗斯猜测，宇宙也许的确是有宿命论的，但同时是不可计算的[17,24]。

（三） 蝴蝶效应——动态系统的混沌现象

混沌现象的科学表述最早出现在法国数学家庞加莱③的论述中。他研究飓风等复杂的气候现象和天体物理学中的多体问题时，发现了一些对初始值极度敏感的系统。他写道："但是，即使自然规律对我们没有任何秘密，我们也只能知道系统初始状态的近似值。如果这能够使对系统接下来的状态有相同近似程度的预测，这也是我们需要的，我们可以说，现象得到了预测，这是符合规律的。但情况不总是这样。可能出现初始条件的微小差异造成最终现象的巨大差异的情形。前者的较小错误可以造成后者的巨大错误。预测变为不可能，我们有一个意外的系统。"[13]

美国气象学家洛伦茨④是公认的混沌理论⑤的创立者。1963年，洛伦茨将他的研究发现写成了一篇影响深远的论文——《决定性的非周期流》[25]。洛

---

① 沃纳·海森堡，见百度百科（baidu.com）。
② 不确定性原理，见百度百科（baidu.com）。
③ 亨利·庞加莱，见百度百科（baidu.com）。
④ 爱德华·诺顿·洛伦茨，见百度百科（baidu.com）。
⑤ 混沌理论，一种兼具质性思考与量化分析的方法，见百度百科（baidu.com）。

伦茨的发现实际上很偶然。1961 年的一天，洛伦茨使用计算机求解一个包含 12 个公式的气候模型。他已经做过一次计算，但他希望重新再计算一遍。为了节省时间，他决定从中间开始，而不是完全从头开始。他将上次执行的中间阶段数据输入系统中，开始了计算。1 个小时后，当他回来检查结果时，他惊呆了，结果与上次的完全不一样。他最终找到了原因，上一次运行的中间参数是精确到小数点后 6 位，而他只输入了小数点后 3 位。这么小的误差导致完全不同的结果[25]。

大家耳熟能详的"蝴蝶效应"也是来自洛伦茨。1972 年，洛伦茨在美国高级科学协会做了一场报告，题目是"可预测性：巴西的一只蝴蝶扇扇翅膀会在得克萨斯造成龙卷风吗?"[26] 对于这个效应最常见的阐述是"一只南美洲亚马孙河流域热带雨林中的蝴蝶，偶尔扇动几下翅膀，可以在两周以后引起美国得克萨斯州的一场龙卷风"。其原因就是蝴蝶扇动翅膀的动作产生了微弱的气流，而微弱的气流又会引起周边空气或其他系统产生相应的变化，由此引发一个连锁反应，最终导致一场龙卷风。

洛伦茨用一句话进行了精辟的概括："混沌：如果说现在决定未来，那么近似的现在不能近似地决定未来。"

混沌理论的更一般意义的结论是对于一类动态系统，即使它的各变量之间的关系是完全确定的，由于不可能精确地获得这些变量的初始值，系统的行为可能进入混沌状态而变得不可预测。"混沌"一词原指宇宙未形成之前的混乱状态，中国及古希腊哲学家对于宇宙之源起即持混沌论，主张宇宙是由混沌之初逐渐形成现今有条不紊的世界，混沌的字面意思包含了随机和不可预测。混沌（chaos）这个词到 1975 年才被美国数学家李天岩①和杰姆斯·约克②用来描述这类系统[27]。

洛伦茨提出的混沌理论对基础科学产生了深远的影响。科学家们对混沌理论评价很高，认为"混沌学是物理学发生的第三次革命"，它与相对论、量子力学同被列为 20 世纪的最伟大发现之一[22]。如果说量子力学质疑微观世界的物理因果律，而混沌理论则紧接着否定了物理因果律的实际可能性。在确定性系统中，由于确定性的规律，短期内可预测；又因为蝴蝶效应的不可预测性，长期则无法预测。

为什么某些简单的动态系统会产生混沌现象，我们看两个简单的例子。

---

① 李天岩，见百度百科（baidu. com）。

② https：//en. wikipedia. org/wiki/James_ A. _ Yorke。

1. 逻辑斯蒂方程

1838 年，比利时数学家韦吕勒①在做人口增长实证研究时提出了一个人口变动模型[28]：他假设地球或者一个特定的相对封闭的生物群落，存在一个理想的人口数量，称其为"可维持人口数"。一旦人口超过这个数量，由于资源的匮乏和紧张，人口就要减少。如果人口低于这个可维持人口数，则因为资源充裕，人口就会增加。另外，人口的变化当然还与平均生育率或者说繁殖率相关。韦吕勒提出了这么一个公式：如果把"当前人口数/可维持人口数"这个比值记为 x，繁殖率记为 r，则数学上用二阶差分方程可写成：

$$x_{n+1} = rx_n(1 - x_n)$$

公式中的 $r(1 - x_n)$ 代表了受限的实际增长率。

韦吕勒把这个公式命名为"Logistic Map"，Logsitic 来自法语中的 Logistique 一词，因为韦吕勒是比利时人，比利时的官方语言之一是法语。而法语中的 Logistique 一词，又来源于古希腊语中的同根词，在古希腊语中，这个词有"居住，住宿"的意思。因为实在不好翻译，中文音译为"逻辑斯蒂方程"②或"逻辑斯蒂映射"。这个公式如此简单，人们对它的认识也一直停留在一种直观的解读上：

当 $0 \leqslant r \leqslant 1$ 时，人口实际增长率小于 1，人口减少，其减少速率随着人口数量的减少而放缓；人口数量将趋于 0；当 $r > 1$，人口实际增长率随人口数的增加而减少，从正增长到减少，人口数量将趋于一个饱和值。

洛伦茨在 20 世纪 60 年代注意到这个公式的奇异特征，开始用其解读气候混沌现象[29]。直到 1976 年，借助计算机仿真，韦吕勒公式令人吃惊的行为才被发现。罗伯特·梅③在《自然》杂志上发表了《有非常复杂动态本质的简单数学模型》[30] 一文，揭示出韦吕勒公式蕴藏的深刻内涵。他在论文中指出，一些虽然简单和确定性方程却表现出奇异的特征，从稳点态到分叉，再到看似随机的波动。这篇论文引起学术界极大关注。研究发现，韦吕勒公式 x_n 随 r 值的变化规律表现为：

（1）$0 \leqslant r < 1$：不论初始值为多少，x_n 会越来越小，最后趋于 0。

（2）$1 \leqslant r < 2$：不论初始值为多少，x_n 会快速地趋近于 $(r-1)/r$。

（3）$2 \leqslant r < 3$：经过几次迭代，x_n 也会快速地趋近于 $(r-1)/r$，但一开始会在这个值左右震荡，而收敛速度是线性的。

---

① 韦吕勒，见百度百科（baidu.com）。

② 逻辑斯谛方程，见百度百科（baidu.com）。

③ 复杂系统先驱罗伯特·梅去世，一生跨越数理、生态和复杂性，见搜狐（sohu.com）。

（4）$r = 3$：x_n 也会趋近于 $(r-1)/r$，但收敛速度极为缓慢，不是线性的。

（5）$3 < r \leqslant 3.45$（大约）：几乎对于所有的初始值，x_n 都会在两个固定值之间震荡。这两个固定值取决于 r。

（6）$3.45 < r \leqslant 3.54$（大约）：几乎对于所有的初始值，x_n 都会在 4 个固定值之间震荡。

（7）$3.54 < r < 3.5699$（大约）：x_n 都会在 8、16、32 个……固定值之间震荡。

（8）$r \cong 3.5699$：震荡消失。针对几乎所有的初值，都不会出现固定周期的震荡，初值再微小的变化，都会随着时间使结果产生明显的差异。

（9）$3.5699 < r \leqslant 4$：周期性的震荡和非周期性的行为会穿插出现。

（10）$r > 4$：针对几乎所有的初值，x_n 最后都会超过区间 $[0, 1]$ 并且发散。

因为篇幅的原因，我们只放了一张仿真的截图（图 2-2）。当 $r = 4$ 时，x_n 呈现按周期性和非周期性震荡。

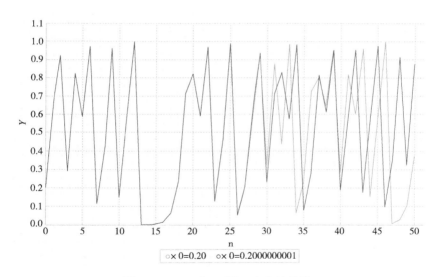

图 2-2　$r = 4$ 时，x 随 n 变化的曲线

当 r 在 3.5699 和 4 之间的时候，针对几乎所有的初始值和 r，x_n 表现出对初值极度敏感的飘忽不定的随机特征，这就是科学家发现和定义的确定性混沌。混沌理论就是研究这样一类动态系统的理论，研究这类系统在一定参数条件下展现分支、周期性震荡与非周期性震荡相互交织，通向某种非周期性随机状态的过程。

从数学奇点的概念看，混沌系统存在一个、多个和无穷多个奇点。对于我们的例子，当 r 在 3.569 9 和 4 之间的时候，r 都是函数的奇点。

2. 用计算器得到的费根鲍姆常数[①]

图 2-3　HP-65

1974 年，美国数学家米切尔·费根鲍姆[②]进入洛斯·阿拉莫斯实验室[③]，成为一名专职研究员。他关注到了逻辑斯蒂方程，开始考虑这样一个问题：在逻辑斯蒂方程中，如果给定一个固定的繁殖率参数 r，取不同的 x，进行反复迭代，将上一次的计算结果作为下一次的参数 x 进行计算，那么最终结果会如何？是否 x 会变为 0，也就是物种灭绝，还是出现某种循环状态？这个问题用现在的个人电脑可以轻易地编写出程序进行计算，但在 70 年代计算机还非常昂贵。费根鲍姆搞来了一台当时很先进的 HP-65 计算器（见图 2-3），手动进行逻辑斯蒂方程的模拟计算。他以我们今天难以想象的毅力对给定的不同的 r 值用计算器进行计算，并手工记录了全部的运算结果。费根鲍姆想到了用坐标图将结果"可视化"，最终画出的这幅图现在被称为逻辑斯蒂"分叉图"（见图 2-4）。

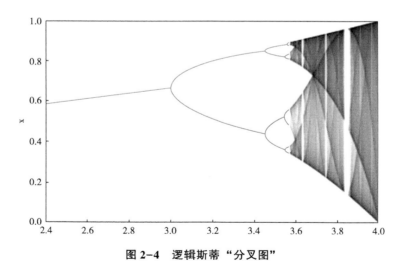

图 2-4　逻辑斯蒂"分叉图"

---

① 用计算器按出来的常数——费根鲍姆常数，见知乎（zhihu.com）。
② 米切尔·费根鲍姆，见百度百科（baidu.com）。
③ 洛斯·阿拉莫斯国家试验室，见百度百科（baidu.com）。

这幅图是这样解读的：横坐标是繁殖率参数 r，纵坐标是 x 的收敛值。如果对某个 r，最终 x 稳定在单个值上，那么就在对应的 (r, x) 位置画一点。如果是在两个值 a、b 之间震荡，则就在图中对 (r, a) 和 (r, b) 两个点画上颜色，依此类推。整幅图中，如果某区域点比较多，颜色比较深，就是 x 在非常多的值之间震荡或者混沌的区域。而颜色比较浅的区域，就是比较有规律，不怎么混沌的区域。在这幅图中，你可以清晰地看到在 $r = 3$ 之后，函数值开始在两个值之间震荡，在 3. 449 49 位置，分为 4 个叉。而右边狭长浅色区域就是 "稳定岛"。因为它是在一大片混沌区域中又出现的周期性震荡，被称为一个 "稳定岛"。

费根鲍姆的想象力还不限于此。费根鲍姆还观察到，图上映射图像发生分叉的位置，也就是 1 分 2、2 分 4、4 分 8 的位置是有规律的。这个规律就是前两次分叉之间的距离除以后两次分叉之间的距离的比值极限约为常数 4. 669 2。

$$\delta = \lim_{n \to \infty} \frac{a_{n-1} - a_{n-2}}{a_n - a_{n-1}} \approx 4.669\ 201\ 609$$

而这个 4. 669 2 的比值，就是费根鲍姆常数。1975 年，费根鲍姆发现了这个常数。1986 年，费根鲍姆获得了物理学的沃尔夫奖[1]。至于费根鲍姆常数本身，人们普遍相信它是一个像圆周率那样的超越数[2]，但真正的证明尚未出现。事实上，连这个数是不是无理数还没有肯定的回答。

费根鲍姆曾说，正是在反复按计算器观察输出结果的过程中，给了他将结果画在坐标图上的灵感。如果使用现代计算机，虽然可以一次产生海量的数值结果，但他可能会迷失在数据海洋中，而无法找到其中的规律。

他的故事也再次启示我们，真正的科学探险不单是靠丰厚的基金作为保障，攀登科学之巅离不开那些视探索自然奇观为生命的 "无意识行为"，只有个人拼命三郎般的不懈努力，才有可能抵达顶峰。

简单地将对初始条件极度敏感的系统划为混沌系统是不准确的。真正的混沌系统在于我们既不能对系统未来，也不能对其演变趋势做出精确的预测。对于一个用确定性数学公式描述的系统而言，这个结论是反直觉的，"令人称奇" 的。也许，所有自然现象的神秘都隐藏在数学中。

混沌理论暗示，自然可能是从物质组成的最简单的非线性的关系，逐级演变、分解、扩散，其不同部分又经历微小的自身或外部干扰，最终产生了今天形形色色的复杂系统。自然本身就是一个混沌巨系统。

---

① 沃尔夫奖，见百度百科（baidu.com）。

② 超越数（数学概念），见百度百科（baidu.com）。

（四） 英国的海岸线有多长?

如果混沌理论揭开了复杂性的一角，空间复杂性则是一幅尚不清晰的画卷。混沌是动态系统在时间维度上的现象，那么这个过程如果发生在空间上会形成什么样的结构?

大自然的千姿百态和鬼斧神工，是科学探索的源泉和动力。其中有一类景观，其整体形态和部分形态，部分和部分的部分……有明显的相似之处。我们称之为自相似。实际上，具有自相似性的形态广泛存在于自然界中，如连绵的山川、飘浮的云朵、树冠、花菜等。

海岸线作为曲线，其特征是极不规则、极不光滑的，呈现蜿蜒复杂的变化。我们不能从形状和结构上区分这部分海岸与那部分海岸有什么本质的不同；空中拍摄的 100 千米长的海岸线与放大了 10 倍的 10 千米长海岸线的两张照片，看上去也十分相似。如图 2-5。

图 2-5　海岸线

从整体看，这类图形处处都是不规则的。例如，海岸线和山川形状，从远距离观察，其形状是极不规则的；但在不同尺度上，图形的规则性又是相同的。上述的海岸线和山川形状，从近距离观察，其局部形状又和整体形态相似，它们从整体到局部，都是自相似的。

图 2-6 是一棵蕨类植物，仔细观察，你会发现，它的每个枝杈都在外形上和整体相同，仅仅在尺寸上小了一些。而枝杈的枝杈也和整体相同，只是变得更加小了。那么，枝杈的枝杈的枝杈呢?[①]

---

① 分形图，见百度百科（baidu.com）。

1967 年，法国数学家伯努瓦·曼德尔布罗[①]在美国《科学》杂志上发表了题为《英国的海岸线有多长？统计自相似和分数维度》的论文[31]，揭示了自相似背后的数学关系，展示了借助计算机仿真的形状构造。曼德尔布罗把这些部分与整体以某种方式相似的形体称为分形（fractal）。1975 年，他创立了分形几何学。

图 2-6　蕨类植物

曼德尔布罗是第一位使用"分形"这个词的学者。他曾经适切地说道："几何学何以经常被形容为一种晦涩的科学呢？其中一项理由是因为它无法描绘云朵、山峰、海岸以及树木的形状。云朵不是柱形，山峰不是锥形，海岸不是圆形，树皮并不平滑，光线也不是循直线前进……自然界呈现的并不是较高层次的复杂度，而是不同性质的复杂度。模式中具有无数不同刻度的长度，是一种普遍的现象。这些模式的存在迫使我们必须接受挑战，然而，数学家拒绝接受这项挑战，并故意不断回避自然界，而仅设计一些和我们视觉与感觉全然无关的理论。"[②]

曼德尔布罗集合是一种在复平面上组成分形的点的集合，使用复二次多项式进行迭代，数学上可以写为：

$$f_c(z) = z^2 + c$$

其中，c 是一个复参数。对于每个 c，我们从 $z = 0$ 开始迭代，获得序列值：$f_c(0)$、$f_c(f_c(0))$ 等。序列值或延伸到无限大，或只停留在有限半径的圆内。曼德尔布罗集合就是使以上序列不延伸至无限大的所有 c 点的集合。根据已证明的定理，这个半径值等于 2。图 2-7 是我们通过计算得到的曼德尔布罗集的图形，黑色是曼德尔布罗集合的点。

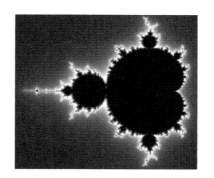

图 2-7　曼德尔布罗集的图形

如果把图片放大观看，可以看到更加细致的东西。因为分形能够保持

---

① 伯努瓦·曼德尔布罗，见百度百科（baidu.com）。
② 混沌理论与分形几何学，见百度文库（baidu.com）。

自然物体无限细致的特性，所以，放大之后，可以看见清晰的细节。分形在常规的几何变换中是具有不变性的，即标度无关性。分形函数还有一个有趣的数学特征，即处处连续但处处不可导（微）。

图2-8是一张用分形技术生成的月球表面图片。杂乱无章的分形，原来是大自然的基本存在形式，无处不在，随处可见。

图2-8　月球表面

混沌的秘密，不可思议地隐藏在分形的世界里。分形和混沌不期而遇并不是巧合。曼德尔布罗集合中的数学公式 $x_{n+1}=x_n^2+c$ 与逻辑斯蒂映像 $x_{n+1}=rx_n(1-x_n)$ 经过参数变换后被证明完全等价[22]。在非线性科学发展的过程中，分形与混沌有着不同的起源，但它们都是非线性方程所描述的非平衡过程和递归迭代的结果。它们共同的数学始祖是动力系统。换句话说，混沌是时间上的分形，而分形是空间上的混沌。

物理学家惠勒①是这样评价分形理论的："谁不知道熵概念就不能被认为是科学上的文化人，将来谁不知道分形概念，也不能称为有知识。"分形诞生在以多种概念和方法相互冲击和融合为特征的当代。中国著名学者周海中②认为，分形几何不仅展示了数学之美，也揭示了世界的本质，还改变了人们理解自然奥秘的方式；可以说分形是真正描述大自然的几何学，对它的研究也极大地拓展了人类的认知疆域。分形几何学不仅让人们感悟到科学与艺术的融合，数学与艺术审美的统一，而且还有其深刻的科学方法论意义。

分形、混沌之旋风，横扫数学、物理、化学、生物、大气、海洋以至社会科学，在音乐、美术上也产生了一定的影响③。

（五）湍流——未解之谜

还有一类称为湍流的景观也进入了科学家的视野。

烟雾弥漫、烛光闪烁、水瀑激流、云彩飞扬等都是一些让人称奇的景观，它们不仅有时间维度的模式，还有空间维度的模式。这些由大量微粒子构成的

---

① 约翰·阿奇博尔德·惠勒，见百度百科（baidu.com）。
② 周海中，见百度百科（baidu.com）。
③ 分形（几何学术语），见百度百科（baidu.com）。

系统，可以在时间维度的变化上形成奇异的空间模式及其流动。这一类现象很早就被人们关注，它也成为一个古老的科学难题，即湍流问题（图2-9）[①]。

图 2-9　湍流

　　湍流是一种流动状态，当流体的流速达到一定程度后就会产生"湍流"，湍流的中文含义可以很好地解释这个运动状态：湍急的水流。湍流的难点在"混沌"和"非线性数学"。

　　达·芬奇是一个对水着迷的画家，通过细微的观察，达·芬奇抓住了水流中的涡这一重要特性。在由法国文献研究所收藏的一幅达·芬奇的钝体绕流的绘画中，人们可以直观、明了地看到流体运动中出现了大大小小的三维涡（图2-10）。据考证，该图的文字部分提出了"eddy（涡流）"的概念。这大概是文献中首次出现"涡旋"一词。

图 2-10　达·芬奇画作

---

① 湍流（流体的一种流动状态），见百度百科（baidu.com）。

现代湍流理论认为，湍流是由各种不同尺度的涡构成的，大涡的作用是从平均流动中获得能量，是湍流的生成因素，但这种大涡是不稳定的，不断地破碎成小涡。

湍流研究不仅是一种科学探索，也有很重要的工程应用。在飞机、汽车的外形设计中，风洞实验是最为常见的，风洞实验是一种物理实验，以确定形状在空气中的阻力。同样，液体的阻力研究也是重要的工程应用。

在长期的工程实践的过程中，工程师们已经掌握了在一些特定领域把控湍流现象的技术，但并不意味着湍流问题在物理学层面得到了完全的解决。虽然空气动力学的建立可以追溯到 19 世纪中叶，但直接使用其理论和公式基本无法解决实际问题，工程师们仍然需要求助于数值仿真和物理实验。

诺贝尔奖获得者美国物理学家费曼①对这个现象百思不得其解，他将湍流称为"经典物理学中最后一个尚未解决的重大难题"[32]。

从物理学的角度，关于湍流的研究不是很令人满意，甚至有些令人沮丧。湍流问题挑战着人类智慧的极限，泰勒、普朗特、冯·卡门②、海森堡、李政道、柯尔莫哥洛夫③都曾在湍流研究上留下了自己的足迹。著名理论物理学家沃纳·海森堡临终前曾说过："当我见到上帝后，我一定要问他两个问题——什么是相对论，什么是湍流。我相信他只对第一个问题有了答案。"一方面，试图在每个细节上去描述湍流是不可能的；另一方面，动态系统理论和统计学方法也未取得实质性进展。

我们知道，从理论上解决湍流问题的重大障碍是流体力学基本方程——纳维—斯托克斯方程④公式的非线性。以前只知道这类方程的定常解不稳定，会出现分岔，至于以后会发生什么就不清楚了。1963 年，洛伦兹结合混沌理论提出了一种新的湍流发生机制。由于受到当时科学水平的限制，人们没有也不可能意识到这个设想的意义，加之论文登在一本不太出名的杂志上，所以一直过了将近 10 年，这项工作才被重视起来。人们开始认识到确定性系统的内在随机性是客观事物固有的特性，对它的研究很可能导致湍流问题的突破性进展⑤。

混沌是纯时间的动态系统，分形则是纯空间的分布，而湍流则是一个时

---

① 理查德·费曼，见百度百科（baidu.com）。
② 西奥多·冯·卡门，见百度百科（baidu.com）。
③ 安德雷·柯尔莫哥洛夫，见百度百科（baidu.com）。
④ 纳维—斯托克斯方程，见百度百科（baidu.com）。
⑤ 用混沌理论解释湍流现象，见新浪博客（sina.com.cn）。

间—空间的动态系统。混沌理论的建立给古老的湍流问题的解决带来了一线曙光。湍流的特点是"混沌"，每一次湍流的出现都是随机且混沌的，这是流体系统本身不稳定产生的必然结果。1976 年，曼德尔布罗提出应该从几何形态的视角，以分形的方法着手解决湍流问题。也许湍流也是某种分形算法的产物。

遗憾的是，虽然结合混沌理论的湍流问题的研究取得了一些进展，但远未达到预期[33]。这个情景也说明一些问题。实际上，时间上的混沌到空间的分形都是数学的发现，是自然的本质还是自然的巧合，我们没有最后的答案。

我们总是喜欢将一些事情与水、流动联系到一起。例如，时间是流动的、历史是流动的、信息是流动的、货币是流动的……复杂性系统中不断进行着能量、物质和信息的交流。这种交流就像系统的血液流动，给个体输送了动力。它们因此而产生自组织行为，并不断地通过交流进行着相互作用和影响。自组织行为不仅推动了整体系统的运转，还导致涌现、正回馈、湍流的出现。

人类的流动创造了社会；

产品的流动带来了商业；

金钱的流动带来了金融；

思想的流动带来了文明；

血液的流动维系了生命。

而它们也总是发生着类似湍流的突变，起因往往是些微不足道的小事，涌现就是最好的例证①。

（六）生命游戏——元胞自动机

1970 年，英国数学家约翰·何顿·康威②发明了"生命游戏"③，生命游戏首先出现在 1970 年 10 月《科学美国人》杂志中马丁·加德纳"数学游戏"专栏中[34]。

生命游戏没有游戏玩家各方之间的竞争，也谈不上输赢，可以归类为仿真游戏。事实上，也是因为它模拟和显示的图像，看起来颇似生命的出生和繁衍过程而得名为"生命游戏"。在游戏进行中，杂乱无序的元胞会逐渐演化出各种精致、有形的结构。形状和秩序经常能从杂乱中产生出来。

---

① 坤鹏论：与相对论媲美的科学未解之谜——湍流，见百度百科（baidu.com）。
② 约翰·何顿·康威，见百度百科（baidu.com）。
③ 康威生命游戏，见百度百科（baidu.com）。

　　生命游戏包括一个二维的无边界的网格世界，这个世界的每个方格中居住着一个活着的或死了的元胞。用黑色方格表示该细胞为"生"，空格（白色）表示该细胞为"死"。一个元胞在下一个时刻生、死和再生取决于周围活着的或死了的元胞的数量。一个元胞的周围是指与其直接相邻的 8 个元胞，或称为"邻居"。康威设计了一个精巧的规则，使得生命游戏能够达到一种动态平衡（见图 2-11）。康威的规则有 4 条：

　　（1）任何"活"元胞，如果它的"活"邻居数少于 2 个，则死去，死于孤独；

　　（2）任何"活"元胞，如果它的"活"邻居数在 2 和 3 之间，则幸存；

　　（3）任何"活"元胞，如果它的"活"邻居数多于 3 个，则死去，死于拥挤；

　　（4）任何"死"元胞，如果它恰好有三个"活邻居"，则再生。

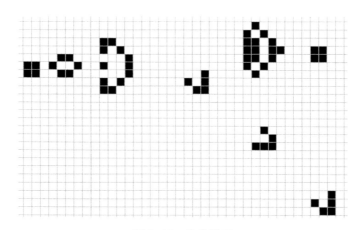

图 2-11　生命游戏

　　这个设计的精巧之处在于邻居的数量。数量设得太低，世界中会被生命充满而没有什么变化；数量设得过高，世界中的大部分元胞会因为找不到太多的活的邻居而死去，直到整个世界都没有生命。这个数目选取 2 或者 3 时，整个生命世界才不至于太过荒凉或拥挤。

　　游戏开始于一个初始模式，这个初始模式称为游戏的种子。游戏的每一步对元胞执行上面的规则，随着时间的流逝，这个分布图将一代一代的变化。图 2-12 是一个生命游戏演变到静止状态的模式。初始状态有 4 个相邻的元胞，经过 4 轮以后，游戏状态达到静止，不再发生变化。

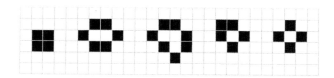

图 2-12　生命游戏的静止模式

　　康威和后续研究者设置了不同的游戏初始状态种子，观察到了很多有趣的模式形成和变化。除了静止以外，还有震荡模式和移动模式。康威起初猜测没有任何初始状态可以造成元胞数量的无限增长，他提出支付 50 美元给任何在能够于 1970 年底证明或推翻这个猜想的人。同年 11 月，麻省理工学院的比尔·高士伯（Bill Gosper）带领的研究团队推翻了这个猜想。他们发现了一种称为滑翔机枪的模式，元胞数量可以无限增长（见图 2-13）。

图 2-13　Gosper 滑翔机枪

　　进一步的研究发现，多个滑翔机枪的空间交互可以模拟出逻辑的"与""或""非"门的运算。这就意味着生命游戏具有与图灵机等价的计算能力。康威还进一步推测生命游戏可以模拟一台现代意义上的冯·诺依曼结构的计算机。这些论述都已被后人所证明[35]。

　　生命游戏竟然可以是一台计算机，这个发现不能不令人震惊。虽然用生命游戏实现一个任何有意义的计算实际上非常困难。

　　纪录片《史蒂芬·霍金之大设计》①如此介绍："像生命游戏这样规则简单的东西能够创造出高度复杂的特征，智慧甚至可能从中诞生。这个游戏需要数百万的格子，但是这并没什么奇怪的，我们的脑中就有数千亿的细胞。"

-----

　　① 史蒂芬·霍金之大设计，见豆瓣（douban.com）。

换而言之，"生命游戏"的隐喻是我们所处的世界，生命的诞生，智慧的形成，可能也是某种"生命游戏"的结果①。哲学家丹尼尔·丹尼特指出，康威生命游戏说明，复杂的哲学建构，如意识和自由意志可能就是由一些简单的物理定律触发的，而这一切本质上是决定论的②。

康威的生命游戏其实是一个元胞自动机。元胞自动机是一种时间、空间、状态都离散，空间相互作用和时间因果关系为局部的网格动力学模型，具有模拟复杂系统时空演化过程的能力。不同于一般的动力学模型，元胞自动机不是由严格定义的物理方程或函数确定的，而是用一系列元胞模型构造的演化规则构成的（见图 2-14）③。

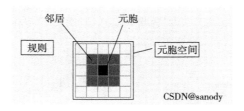

图 2-14　元胞自动机

最早发明元胞自动机模型的是约翰·冯·诺依曼④，公认的计算机之父。冯·诺依曼在研究机器人自我复制问题的时候，听取了同事乌拉姆的建议，将机器人的形状做离散化处理，从而发明了元胞自动机。冯·诺依曼的元胞自动机是一个二维的元胞网格，每个网格有 29 个状态，垂直和水平方向邻接的元胞为邻居。他给出了一个这种元胞自动机中存在一种可以无限制的自我复制模式的数学证明。这个元胞自动机又称为冯·诺依曼通用构造器[36]。自此，地球上除了生物可以自我繁殖以外，机器也可以自我复制了，至少理论上是这样⑤。

提到元胞自动机，就不得不提到史蒂芬·沃尔弗勒姆⑥的工作。沃尔弗勒姆是一位物理学家，有着"神童"的传说。20 世纪 80 年代，元胞自动机模拟的复杂的类似真实自然界中某些现象和过程的图案，激发了他对该领域强

---

① 生命游戏，见搜狐（sohu. com）。
② 丹尼尔·丹尼特，见百度百科（baidu. com）。
③ 元胞自动机，见百度百科（baidu. com）。
④ 约翰·冯·诺依曼，见百度百科（baidu. com）。
⑤ 自复制自动机，见集美百科（swarma. org）。
⑥ 史蒂芬·沃尔夫勒姆，见百度百科（baidu. com）。

烈的兴趣。简单的元胞自动机涌现出的神奇和复杂的现象使他"顿悟",所谓的自然复杂性可能就是这样产生的。沃尔弗勒姆认为,生命游戏的缺点是只研究了一种规则,他要尽可能系统地研究各种规则的元胞自动机的行为,先从一维元胞自动机的状态演变做起。

图 2-15 所示的为一维元胞网格,每个元胞有两个状态,0 和 1。网格的两端边界采用循环边界条件,直接邻接,形成回路。每个元胞状态的更新规则只与自身直接邻接的左元胞和右元胞的状态相关,因此,一共有 $2^3 = 8$ 种情形。白色代表 0,黑色代表 1。图中的每行从左到右,是一个中间元胞的更新规则。例如,图中第一行的规则是当左、中、右元胞都为 0 时,中间元胞下一刻更新为 0。

对所有 8 种情形定义更新规则,我们就得到一个规则集。沃尔弗勒姆元胞自动机一共可以有 $2^8 = 256$ 个规则的集合。

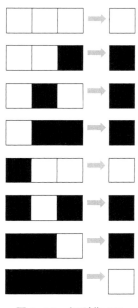

图 2-15 规则集 110

图中的规则集从上到下组成了 01101110 二进制数,等于十进制数 110。110 规则由此得名。00011110 则是 30 规则。

沃尔弗勒姆用计算机推演了所有 256 个规则,观察了每个规则集下元胞自动机状态在时间上的变化。

图 2-16 为元胞自动机在规则集 30 下的状态演变的计算机仿真图。运行参数:元胞数量 256,初始状态全部为 0,时间轴自上而下,一共运行 256 步。仿真随着时间出现了大大小小的三角块。

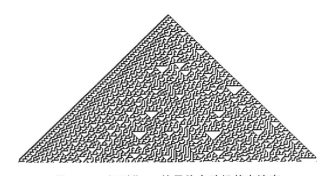

图 2-16 规则集 30 的元胞自动机状态演变

沃尔弗勒姆写道："30 规则的自动机，是我在科学上看到的最为神奇的东西……但最终，我意识到这个图片包含了可能揭开所有科学领域存在已久的神奇线索。这是自然界复杂性的来源。"

图 2-17 是 110 规则的仿真图。1985 年，沃尔弗勒姆就推测 110 规则可能是一个通用计算机，这个推测直到 20 世纪 90 年代才被他的一个研究助手所证明[37]。110 规则无疑是世界上最简单的通用计算机。但自然的复杂性都可以用 110 或其他规则来解释吗？沃尔弗勒姆是坚信不疑的。1969 年，德国计算机先驱康拉德·楚泽①出版了《计算空间》一书，书中提出宇宙的物理定律本质上是离散的，整个宇宙是一个元胞自动机的确定性计算的输出[38]。

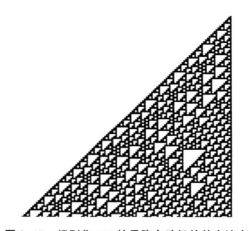

图 2-17　规则集 110 的元胞自动机的状态演变

（七）诡异的兰顿蚂蚁②

1986 年，克里斯托弗·兰顿③借鉴元胞自动机的原理设计了一个虚拟蚂蚁的实验。他假设有一只或多只蚂蚁游走在离散组织的二维网格空间中，空间网格全部初始化为白或黑。蚂蚁按以下简单规则改变网格颜色和决定运动方向[39]：

（1）蚂蚁向右行走一步。

（2）如果它站在一个白色网格上，它将网格涂黑，右转 90 度移动一格。

---

① 康拉德·楚泽，见百度百科（baidu. com）。
② 兰顿蚂蚁，见百度百科（baidu. com）。
③ 克里斯托弗·兰顿简介，见族谱网（zupu. cn）。

（3）如果它站在一个黑色网格上，它将网格涂白，左转90度移动一格。

表面上看，好像又是一个元胞自动机。它与元胞自动机的根本区别在于，其网格的状态变化不是"自动的"，而是在一个外界主体的作用下发生的；网格只是作为外界主体活动的空间而存在。开始的时候，蚂蚁走出的图形是笨拙的。图2-18是一个蚂蚁从状态0到状态7的游走图。

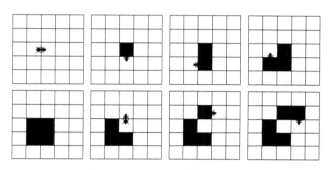

图 2-18　虚拟蚂蚁的活动图

若往下就会进入一个漫长的混乱期，我们暂且称之为混沌时代。图2-19是虚拟蚂蚁运行到1万步的结果。蚂蚁的轨迹不断扩大、网格黑白交替变化。这是一个符合我们心理预期的结果。

这么简单的系统会发生什么呢？当蚂蚁走过11 000步之后，奇怪的事情出现了，蚂蚁会按照一个104步的重复模式构筑一个无限循环的系统，假设所有格子无限大，蚂蚁就会无限重复走下去。后来人们给蚂蚁的路线起了个名字叫作"高速公路"[40]现象，如图2-20所示。

图 2-19　虚拟蚂蚁 1 万步的结果

图 2-20　虚拟蚂蚁的高速公路

在这个实验中，我们是足够幸运的，可以在可视化的环境下运行到11 000步就发现这个规律。如果在10 000步就停下来了，就会得出完全不一样的结论。有时候，科学探索需要的只是更多一点的耐心。

令人困惑的是，对于像虚拟蚂蚁这样的简单系统，其长期结果的规律性是无法预测的。

很快人们就发现了各种各样的行动规则，如格子颜色不止两种，可以设计出更多颜色的格子。在开始时蚂蚁也是混沌的，但是蚂蚁在数千步、数万步之后，还是会走出一条高速公路。而这些高速公路的长相全部是一样的，但它们都会无限循环下去，总体趋势都是向前跨越的。

当有多个蚂蚁的时候，情况稍微复杂一些，由于相互之间作用的影响，其混乱程度更高，突出"重围"的继续修建"高速公路"。如果我们将二维空间上下、左右卷起，模拟无限空间，我们还可以观察到两条高速公路相遇时的"破坏性"。图2-21是100只蚂蚁，运行了20 000步的截图。

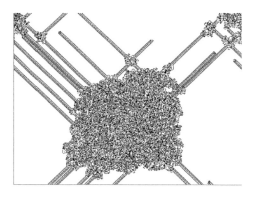

图2-21　100只蚂蚁

难道从无序混沌最终归为有序，是隐藏在整个宇宙深处的法则吗？我们生活的世界充满各种复杂的系统，社会生态、通信甚至人体自身的神经网络，都拥有着庞大复杂且无序的系统，也正因为无序和毫无规律，人类社会才会如此丰富多彩。

日本隼鸟2号发回地球的小行星龙宫的样本告诉我们，生命组成的最基本物质氨基酸在宇宙空间中随处可见，可以说宇宙中漂浮着无数生命的种子[1]。当一个特定的时机，氨基酸合成的RNA进行疯狂的自我复制，其数量

---

① 隼鸟2号小行星探测器，见百度百科（baidu.com）。

达到生命的节点时，无序便会变为有序，原始的生命便在有序的过程中逐渐形成。当然为什么会有兰顿蚂蚁现象？推动它向有序发展的根源到底是什么？至今仍然没有人能给出答案。

兰顿蚂蚁最核心的含义就是在无序之中总会存在着自发的有序存在，因为兰顿蚂蚁的规则就是如此的简单，我们也有理由去相信，人类在宇宙内并不孤单，我们注视着宇宙深空时或许它们同样如此，这就是宇宙事物存在的意义。

2000 年，兰顿蚂蚁的图灵完备性被证明[1]。

（八）计算主义

计算主义一直是一个很重要的哲学思潮。计算主义和人类文明一样久远，易经的演算和预测是最古老的计算主义，而现代计算机也正是起源于西方哲学家莱布尼茨对二进制的应用。从"万物皆数"到"万物皆算"是一脉相承的。

莱布尼茨[2]发明了世界上第一台机械式计算器，他认为，宇宙是上帝作为非凡的工程和数学家创造的一个自动化。在他的年代，莱布尼茨已经有了用初等元胞自动机表示宇宙的想法。他将这些初等元胞自动机称为单孢体。单孢体按照某种规则改变状态。细胞、器官和生物体等是自然界的自动机例子。对莱布尼茨，世界的复杂性可以通过一个自动机的单孢体网络反映。莱布尼茨也是二进制的发明人，他坚信，上帝创造了由 0 和 1 构成的数字世界。他声称，存在一个可以用机械计算解决所有问题的形式过程的通用方法论。

17 世纪英国哲学家霍布斯[3]说："思想就是计算。"计算主义（computationalism）将认知过程理解为计算的过程，认为所谓心理状态、心理活动和心理过程不过是智能系统的计算状态、计算活动和计算过程，总之认知就是计算。这个认知计算主义被称为"心智的计算理论"[4]。它是广义计算主义的最初领域，也称为狭义计算主义。

计算主义接着进入生命领域。冯·诺依曼说：生命系统可以看作是一台自动机，自动机包含程序与数据两部分，依程序化的指令对数据进行信息处理。他提出了元胞自动机的概念，元胞依其周边关系（输入数据）按简单的

---

① 走出诡异高速公路的"兰顿蚂蚁"，可能揭示宇宙存在其他生命，见百度百科（baidu.com）。
② 戈特弗里德·威廉·莱布尼茨，见百度百科（baidu.com）。
③ 托马斯·霍布斯，见百度百科（baidu.com）。
④ 心智计算理论，见豆瓣（douban.com）。

规则（程序），决定它下一步的命运（输出数据）。程序是元胞个体生命存亡和繁衍的算法，元胞族的分布数据是对生命特征的描述，如同细胞族之于生物体。人们以此研究人工生命，对自然生命的理解有了新的视角，认为生命的本质不是构成生命的物质材料，而是计算。基因科学的发展进一步丰富了计算主义的生命观。基因是生物细胞中的算法程序，如同元胞自动机的程序一样左右着生物的种类、形态和命运。信息、算法和计算成为理解生命本质的重要概念①。

德国科学家楚泽②在1969年论述到，宇宙本质上是一个离散的物理系统，整个宇宙就是一个元胞自动机，所有的演变都是元胞计算[38]。他在看到他的第一台计算机中继电器的脉冲时，想到了光量子，并提出一个深刻的问题："如果，原理上，任何东西，不管大小，都可以用量子来理解，会怎么样？"楚泽继而提出了一个深层次的哲学问题：宇宙就是计算吗？是否存在一个控制世界的程序？怎么从简单的规则产生复杂结构的自组织？[41]

沃尔弗勒姆在深入研究了元胞自动机之后，扛起了计算主义的大旗。他在2002年出版了一本长达1 280页的关于元胞自动机的专著，书名《一门新科学》[23]已经足够表现出他的雄心勃勃。他发现，自然界许多复杂的形态，如雪花、岩石和叶子，都不难用元胞自动机的机制生成，它们按照极为简单的规则并行运算，世间万象只是不同规则自动机的运行状态。他写道："我发现了这样一个令我惊奇的事实，那就是简单的规则常常产生极不简单的行为。它花了我10年的时间，现在我才真正体会到怎么从基础的东西到深刻的结论这样一个过程。这个事实颠覆了很长时间以来认为自然存在某种神秘机制的想法，它好像让自然可以毫不费力地创造出那么多那么复杂的东西。"[23]

沃尔弗勒姆总结的"计算等价性原理"有以下3点：

（1）所有都是计算。自然是一个遵从简单规则的计算机，而我们看到的输出好像那么复杂，实际它只是自然计算过程的结果。

（2）自然的计算是等价的。几乎所有不明显简单的过程都是等价复杂性的计算。

（3）通用计算机与自然的通用计算机等价。

兰顿③也表达过类似的观点："宇宙是一个处于混沌边缘的元胞自动机，它不仅可以做复杂的计算，而且可以支持生命和智能。"虽然元胞自动机也是

---

① 机器能思考吗？——2 计算主义，见搜狐（sohu. com）。
② 康拉德·楚泽，见百度百科（baidu. com）。
③ https：//en. wikipedia. org/wiki/Christopher_ Langton。

一个确定性的过程，但目前还没有数学解析的方法可以有效地分析其演变。是否存在这样的算法呢？从算法的角度，已经证明不存在一个算法可以预测元胞自动机的长期行为。

按复杂系统的定义，元胞自动机是一个物理复杂系统，因为其组成元素元胞不具有任何适应能力，只是一个简单的规则体。值得关注的是，即使这样的物理复杂系统，其局部的交互依然可以产生复杂性。我们基本可以确定，复杂系统不是什么"智能设计"的结果，而可能是由简单规则演化、进化产生的。

与过去只是冥想的哲学的猜测不同，现代计算机升级了思考者手中的纸与笔，给计算主义提供了一个工具，可供构建各种模型，在计算中考察状态的演变。它让我们可以窥探和理解基于物质之上的系统状态和变化过程。许多过去难以探究的现象，也许不过是系统在简单规则演化下，涌现出的宏观性质。到了现代，计算已经成为与实验和理论三足鼎立，支撑着各种科学的理论基础和研究方法。

我们生活的无比真实的世界实际上只是一个虚拟的计算机程序？事实上现在有许多科学家真的认为，我们生活的宇宙其实只是计算机模拟出的程序，而人类只是其中一段代码[①]。比如，来自牛津大学的哲学家尼克·博斯特罗姆[②]，他和他的团队在经过多年的推演之后，认为我们生活在一个虚拟世界中的概率是100%；埃隆·马斯克也认为，人类完全是计算机模拟的产物，就像游戏中的角色一样。我们的大脑对模拟的感觉做出反应。

宇宙是一个伟大的机制、一个伟大的计算、一个伟大的对称、一个伟大的事故，或是一个伟大的思想？[42]

（九）生命的奥秘——进化是复杂性的引擎

根据人类的约定俗成，有机生命简称为生命。一般人不难区分什么东西是有生命的，什么东西是没有生命的。但给生命下一个科学的定义却是千百年来的难题，没有完全解决。这个问题直接关系人类对自身的理解[③]。

生命的复杂性，使得生命没有一个准确定义，只能抓住生命本质的复杂性去定义生命。世上复杂的事物大致可以分为两类：一类是设计出来的；另一类是自然演化形成的[43]。计算机是设计出来的，是按照物理定律精心组合

---

① 马斯克：宇宙或许是一台计算机，是虚拟存在，人类社会只是代码？见百度百科（baidu.com）。
② 著名哲学家、牛津大学人类未来研究所创始主任尼克·博斯特罗姆，见腾讯云（tencent.com）。
③ 生命（生物体所具有的存在和活动的能力），见百度百科（baidu.com）。

而成的；水晶石很复杂，但它只是一个长时间的自然形成。生物体看上去像是一种设计，如果是的话，也不是人工设计。那它们是一种什么样的设计呢？

地球上的生命无疑是最神奇的现象，外星球上是否存在生命更让我们浮想联翩。人从哪里来，要到哪里去？对人类而言，似乎是一个永恒无解的命题。《圣经》中说，人是上帝创造的亚当、夏娃繁衍出来的；中国的神话故事则传说人是女娲娘娘用土捏出来的；据佛典中记载，人类最初是从光音天①来的。光音天又是什么呢？先不说人，"先有鸡"还是"先有蛋"也是一个让人百思不得其解的古老谜题。

令人惊叹的生命体的确每天都在为自己的利益忙忙碌碌。然而用现代物理、现代化学，甚至现代生物学却无法得出这样的结论。因此，物质到底是怎么成为生命体的？[44]

超自然的力量可以解释一切，但那些解释至今都无法被证实或证伪。很多极负盛名的大科学家都成了有神论者，因为宇宙太不可思议了。大数学家高斯②说过这样一段话："微小的学识使人远离上帝，广博的学识使人接近上帝。"

在达尔文③的进化论出现之前，除了神学、神话和哲学观点，我们对地球上的"活物"，或者叫物种，没有系统性的科学解释。很多人认为，物种的生物形态，由某种超自然力创建以后，是一成不变的。1859年，达尔文正式出版《物种起源》[45]，人类对自身的认知进入新纪元。

达尔文把这本书称为"一部长篇争辩"。它系统地阐述了生物进化的过程与法则，论证了以下两个主要观点。

第一，物种是可变的。当时大多数读了《物种起源》的生物学家都很快地接受了这个事实，进化论从此取代神创论，成为生物学研究的基石。即使是在当时，有关生物是否进化的辩论，也主要是在生物学家和基督教传道士之间，而不是在生物学界内部进行的。

第二，自然选择是生物进化的动力。自然选择是物种进化的"看不见的手"，这才是进化论的关键阐述。生物都有繁殖过盛的倾向，而生存空间和食物是有限的，生物必须"为生存而斗争"[46]。同一种群中的个体存在着变异，那些具有能适应环境的有利变异的个体将存活下来，并繁殖后代，不具有有利变异的个体就被淘汰。经过长期的自然选择，微小的变异就得到积累而成

---

① 光音天，见百度百科（baidu.com）。
② 约翰·卡尔·弗里德里希·高斯，见百度百科（baidu.com）。
③ 查尔斯·罗伯特·达尔文（英国生物学家、进化论的奠基人），见百度百科（baidu.com）。

为显著的变异。由此可能导致物种和亚物种的形成。

在科学发展史上，没有一种理论能比达尔文的进化论更深刻地颠覆了人类对自身的认知。这是一个至今都充满争议的理论。哲学家丹尼尔·丹尼特高度评价道："如果我要将一个奖颁给迄今拥有最好主意的一个人，我会把这个奖给达尔文。通过自然选择进化的理论使得生命、意义和动机的研究领域与时空、因果、机械和物理的王国达成了统一。"[47]

但是，进化论远不是一个牢固的科学体系，还缺少很多重要的拼图，大众的认同感也比较低。2009 年，在达尔文《物种起源》出版 150 周年之际，美国盖洛普咨询公司（Gallup）做了一项关于人类起源的社会调查，只有 12%～14%的被调查者完全接受没有上帝干预的进化论思想[48]。

DNA 双螺旋的发现①揭开了生命的神秘面纱，夯实了进化论的科学基础。DNA 的复制，作为生物信息被复制并传递给后代的过程，是生物遗传的基础，也是进化论中自然选择的基础。

DNA 通过选择、交叉和变异发生变化。DNA 本身并不携带自己未来的副本，也没有任何科学证据显示 DNA 具有某种有目的性的智能，驱动这种改变的力量则是，也只能是随机性。自然选择是适者生存、优胜劣汰的过程，它的长期结果使得随机的变化朝着更有利的方向发展。当然，由于变化的随机性和过程的长期性，一些物种并不总能及时顺应环境的突变而灭绝。

如果说确定性产生复杂性比较意外的话，随机性产生复杂性也很意外。从进化论到 DNA，无疑打开了人类研究生命复杂系统的一扇科学大门。用计算机去模拟生存本能、进化和适应很快引起了计算机科学家的关注。20 世纪 50 年代，冯·诺依曼在解决了机器自我复制这个问题以后，下一步想要在计算机上重现进化现象[36]，他生前未能如愿。

进化论定义了系统通过复制、微小变化和成功准则的具体的进化机制，从而摆脱了对进化含糊不清的解释。自进化论出现以来，关于"进化律"的研究远未达到预期，是"多样性增加律"还是"自然选择律"，或者两者皆有。

进化论可能不是生命起源和物种发展的全部。如果自然选择是生命的唯一来源，那么从深层意义上，所有生命、所有生物都是偶然的。从概率的角度，这个偶然性是不可思议的。"我们应该两倍地惊异：一则惊异于秩序之宏伟；一则惊异于这个秩序竟如此地出人意表，如此稀罕，如此珍贵，我们在

---

① DNA 的发现之旅，见 DNA day（thepaper.cn）。

茫茫的无情宇宙中茕茕孑立、举目无亲。"[49]

生命科学的研究还有很多空白，不断展示出生命的复杂性。生命系统的本质特征又是什么？量子力学的奠基人之一薛定谔，后来从物理学闯入生物学，在1944年出版了《生命是什么——活细胞的物理学观》一书，对此做出了大胆的推断。他写道："一个生命有机体的范围内在空间和时间中发生的事件，如何用物理学和化学来解释？今天的物理学和化学在解释这些事件时显出的无能，绝不应成为怀疑它们原则上可以用这些学科来诠释的理由。"[50]

在生命科学领域，进化是复杂性的引擎。

（十）自组织与幂律

达尔文的自然选择法并不是人类存在的全部故事。

斯图尔特·艾伦·考夫曼是一位美国医学博士，理论生物学家，主要研究地球上的生命的起源①。1963年，23岁的考夫曼在柏克莱大学读医学预科，在修了"发育生物学"课程之后，被这门课程强烈地震撼了。"这里有绝对令人震惊的现象"，他说，"从一个受精卵开始，然后这东西逐渐发育，变成了一个有秩序的新生命，然后又变成一个成熟的生命。""不知为什么，单个的受精卵能够分裂，变成不同的神经细胞，肌肉细胞和肝脏细胞，以及上百种不同的细胞，这个过程精确到万无一失。奇怪的不是生而缺憾的悲剧常有发生，而是大多数新生命一出生就完美无缺。""这至今仍然是生物学中最美丽的奥秘之一。"②

1965年，26岁的考夫曼还在医学院学习的时候，他设计了一个灯泡实验。这个实验中有100个灯泡，放置在10×10的网格中。每个灯泡连接到另外的两个灯泡上。网格中灯泡的下一状态，"亮"还是"灭"，取决于与它相连接的另外两个灯泡的状态。考夫曼设计了一个包含6条规则的规则集，其中有些规则是互斥的。

（1）灯泡关，如果其他两个都是关；
（2）灯泡开，如果其他两个都是开；
（3）灯泡开，如果其中一个是开的；
（4）灯泡关：如果至少有一个是开的；
（5）灯泡开，如果其他两个状态相同；

---

① 斯图尔特·艾伦·考夫曼，见集美百科（swarma.org）。
② 秩序和自组织，见知乎（zhihu.com）。

（6）灯泡关，如果其他两个状态相同。

考夫曼用计算机做了模拟。在运行开始时，随机设置了 100 个灯泡的状态，随机设置了灯泡的连接，随机设置了每个灯泡使用的规则（6 个当中的 1 个）。会发生什么呢？他惊奇地发现，每次运行，大多数灯泡会很快进入稳定状态，开或关；而有 10 个左右的灯泡会持久地不断地闪烁。从而他想到，随机可能不是秩序的唯一来源，还有更深层次的东西，随机性也没有影响这个东西的发生。考夫曼后来称这个现象为自组织现象，又称为"免费的秩序"。

考夫曼顿悟，"可能是我偶然发现了对生命本身的正确定义。"考夫曼宣称，秩序和自组织的力量创造了有生命的系统，就像创造了雪花这种形式。生命的故事确实是一个偶然现象和偶然事件编织而成的故事，但这也是一个关于秩序的故事：它表现了一种融于大自然经纬之中的深刻的、内在的创造力。根据达尔文的进化论，任何一种生物体的精确遗传详况都是随机演变和自然选择的产物。但生命本身的自组织，即秩序，却具有更深刻、更根本的含义①[51]。

在《宇宙为家》中，考夫曼认为，自组织可以与自然选择并列，成为生物演化的动力。根本不是什么基因、DNA 这些，只要化学物质能够建立起一个自我循环的代谢网络，生命就能够在此出现[49]。

考夫曼在这里为生物学进化提出了一个璀璨夺目的新范式，它扩展了达尔文进化论的基本概念，以适应生物学、物理学、化学和数学领域的最新发现和观点。诺贝尔奖得主菲利普·安德森说："在这个世界上，很少有人能提出正确的科学问题。而斯图尔特·考夫曼就是其中之一，他们是对科学的未来影响最深的人。"②

自组织系统是一种高级的有组织系统。自组织系统本身是个不稳定的或亚稳定的系统，它不需外力的干预，能自行建立秩序，提高有序度，从一种组织状态向另一种组织状态转变。考夫曼认为，生命起源，物种进化、人类思维、社会组织等复杂系统中都存在自组织过程。自组织的核心最初可能是随机形成的，它的微小差别可以导致最后形成大组织后出现巨大差别，物种发展就有此情况③。

状态转变发生的点又叫自组织系统的临界特性。例如，水温到 100° 时，

---

① 秩序和自组织，见知乎（zhihu.com）。
② 诺贝尔奖得主说他是"对科学的未来影响最深的人"，见腾讯（qq.com）。
③ 自组织系统，见百度百科（baidu.com）。

水达到蒸发的临界点；当磁石加热到"居里点"① 温度时，磁石的磁性就会消失。唯物辩证法的解释是，任何事物的发展都必须首先从量变开始，没有一定程度的量的积累，就不可能有事物性质的变化，就不可能实现事物的飞跃和发展。而科学家关注的是临界特性是怎么产生的。

物理学家巴克、汤超和维森费尔德设计了著名的"沙堆模型"②，观察和说明自组织临界态的形成及特点。沙堆模型模拟了一个沙堆的形成和坍塌过程。用一个二维网格表示沙堆的所在区域，每个小格子表示沙堆中的一个局部区域，而小格子中有一个数字表示这个局部地区沙粒的数目。

巴克等设计的坍塌规则是当某个小格子的沙粒超过一个特定的坍塌数值（比如4），这个小格子中的沙粒因为过于不稳定而会发生"沙崩"，所有的沙粒都会因为坍塌而平均地流向相邻的格子中。局部的"沙崩"可能引起连锁反应，如刚好让相邻格子的沙粒也超过了坍塌的数值发生了坍塌，然后又继续影响它周围的格子。我们可以根据某一个沙崩影响格子的多少来定义一个沙崩的大小。当你不断地向这个"沙堆"加入沙粒，沙堆会不断地产生"沙崩"，大的、小的不停地演化。其基本原理如图2-22所示。

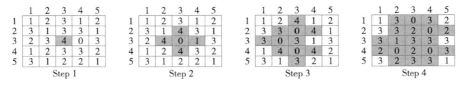

图2-22　沙堆模型示意图

实验结果产生了巴克等发现的"自组织临界"理论：沙堆达到"临界"状态后，所有沙子都处于一个整体的状态，新下落的沙子会在周围产生扰动，这些扰动虽微细，却能够在整个沙堆中传递，使得沙堆的结构产生变化，沙堆的结构将随着每粒新沙落下而变得愈加脆弱，最终发生沙堆的崩塌。在到达临界态后，沙崩规模的大小与该规模的沙崩出现的频率呈幂函数关系[52]（见图2-23）。通俗地解读，规模大的沙崩发生得少，规模小的发生得多。

---

① 居里点，见百度百科（baidu.com）。
② 沙堆模型，见百度百科（baidu.com）。

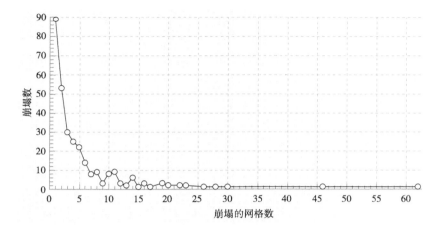

图 2-23 沙崩规模和沙崩数的关系

这种幂函数关系，我们称它为"幂律"①，又称为规模法则②。幂律的数学公式：

$$f(x) = ax^{-k}$$

幂律的一个重要属性是尺度不变性。尺度不变性，又称标度不变性。将输入 x 缩放 c 倍，导致函数本身按一个比例常数 c^{-k} 缩放，与 x 的值无关，即：

$$f(cx) = a(cx)^{-k} = c^{-k}x^{-k} = c^{-k}f(x)$$

幂律这个性质最早发现于 1932 年哈佛语言学家乔治·金斯利·齐夫③对于英语单词频率的分析，他发现真正常用的单词量很少，很多单词不常被使用，单词使用的频率和它的使用优先度是一个常数次幂的反比关系。这个发现当时叫齐夫定律。

正式提出幂律概念要到 1884 年，从工程师转变为社会学家的帕累托④通过实证发现，某个收入水平的人群数按照收入水平的平方递减。他将这个发现解释为在一个稳定的社会里，收入的不均衡是社会自组织形成的。帕累托的观点在他的年代是很超前的。他认为，应该从数据中去研究社会，社会学理论必须能解释所观察的数据，而不是仅凭借一些抽象的道德原则[53]。

从那以后，幂律在涉及诸如物理学、生物学、人口学、经济学、医学等很多领域的复杂现象中都有体现。例如，一个生物种群所占的空间与该种群

---

① 幂律，见百度百科（baidu. com）。
② 规模法则，见集美百科（swarma. org）。
③ 齐夫定律，见百度百科（baidu. com）。
④ 维尔弗雷多·帕累托，见百度百科（baidu. com）。

的寿命的比例关系[54]；发表论文的数量与发表这么多数量论文的科学家的数量之间有类似的关系[55]；在对美国 1984—2006 年之间发生的停电事故中，研究人员发现发生某一个停电事故规模之上的次数与规模也存在幂律关系。规模是指事故所影响的人数或者兆瓦损失[56]。

自组织临界揭示了为什么在自然和社会领域普遍存在的幂律。一个有稳定能量、功、人员、货币输入的系统都有可能通过自组织进入临界状态，时常导致一些"崩塌"而导致系统结构的改变，使系统维持一个"混沌的边缘"。这种自组织临界性是系统复杂性的一个动因。自组织临界不能预测单个崩塌的发生，也不能预测其规模。自组织系统让我们更进一步认识到，随机性在群体中会生成秩序。严格地说，是否随机我们未必能确定，至少它们都是自发形成、自然演化的交互系统，而不是人为的设计。

（十一）神秘的大脑

1. 宏大的研究计划

2013 年，美国国立卫生研究院①资助发起了"脑计划"②。这个研究计划的全称是"通过先进的创新纳米技术的大脑研究"。时任美国总统的奥巴马在启动仪式上说："作为人类，我们能够识别光年远方的行星系，我们能研究比原子还小的粒子，但我们仍然不能揭开位于我们两耳之间大约 3 磅物质的神秘。"

从那时起，与"脑计划"相关的捐款已经资助了大约 1 200 项研究，并产生了 5 000 篇研究成果。2021 年，加利福尼亚大学旧金山分校的研究人员破译了一名超过 15 年没有说话的瘫痪男子的大脑信号，并尝试生成了出现在屏幕上的单词③。

2022 年，"脑计划"第二阶段——脑计划全细胞图谱网络（BICAN）开始启动，目标是在未来 5 年内绘制出一个完整的人类大脑细胞类型图谱。预计到 2026 年，该机构将花费 5 亿美元④。

与美国的大脑研究计划同出一辙，也是在 2013 年，欧盟也投入巨资启动了"人脑计划"⑤。项目的目标是理解人类认知和行为背后大脑的工作机制，

---

① National Institutes of Health，NIH，https：//www.nih.gov/。
② 美国脑计划（Brain Initiative），见知乎（zhihu.com）。
③ 美国国立卫生研究院启动其大脑"人类基因组计划"的下一阶段，见百度百科（baidu.com）。
④ 投入五亿美元美国国立卫生研究院启动"脑计划 2.0"，见参考网（fx361.com）。
⑤ https：//www.humanbrainproject.eu/。

客观地诊断大脑疾病，构建基于大脑推理的新的计算技术。

欧盟"人脑计划"由近 500 名科学家参与，耗资约 6 亿欧元。项目执行期间，在人脑计划的资助下，科学家们发表了数千篇论文，并在神经科学领域取得了重大进展，如创建了至少 200 个脑区的详细三维图，开发了用于治疗失明的脑植入物，并使用超级计算机对记忆和意识等功能进行建模，并推进了各种大脑疾病的治疗。该项目未能实现模拟整个人脑的目标——许多科学家本来就认为这个目标很难实现。为期 10 年的人脑计划于 2023 年 9 月正式结束①。

2. 神秘的大脑

人脑这个 3 磅物质是由一个庞大的神经网络组成的，它包括大约 140 亿个神经元和它们之间的连接。不同区域的神经元具有不同的功能，如运动控制、视觉处理、听觉处理、情绪调节、逻辑思维等。大脑是思维的器官，是心理、意识的物质本体，是人类最重要的器官，当然同时也是结构最复杂、功能极其完善的物质。从古到今，哲学家、科学家对生命智能的探索激发了很多智慧的思考，但始终没有完美的答案。理解大脑的结构与功能是 21 世纪最具挑战性的前沿科学问题。

人类的所有经验都与对现实完全描述的某种加工相联系，因为"我们无法忍受太多的现实"。幸运的是，我们的感官对提供的信息做了取舍。眼睛仅对很窄的光频范围产生感觉，耳朵也只对在一定音量和音频范围内的声音有反应。如果我们的感官将世界上所有输给我们的信息全部接收下来，它们将不堪重负。珍贵的基因资源有倾向性地集结于器官的信息收集器上，以使器官能处理较少的信息量，而免于成为信息的牺牲品[19]。

大脑的神秘就像一个巨大的认知屏障，将世界划分为两个部分：一部分是确定性的物理和数学世界，虽然可能有时会有混沌的随机；另一部分是充满想象力的、无厘头的科学真空，其中，诸如智能、自我、心灵、意识和情感等现象仍然是人类认知的盲区，当然，神学家和不可知论者除外。在这个真空里，有很多大胆的假设，但都无法求证。"我们的大脑弱到不能理解大脑，这可能是一个命运的意外。"[57]

大脑看似具有现代计算机的所有功能，存取知识、推理、决策，但它不仅是一个计算机，还有计算机不具备的意识、自我、情感这样的东西。只要程序正确，计算机是不会犯错误的，大脑则不一样，它做的选择有时候是客

---

① 10 年，6 亿欧元，"欧洲人脑计划"成败几何？见百度百科（baidu.com）。

观的、逻辑的，有时候又会背离理性。

生物学家对大脑皮层、功能分区的研究，神经元的发现，给我们带来了关于大脑机制的一个很粗糙的模型，大量的、相互连接的神经元的交互，不仅负责计算，还负责知识的存储等。即使如此，我们也不确信，神经元是生命智能的全部。

3. 关于意识

意识是大自然的一个不经意安排，还是人类智能不可分割的一部分？或者说仅仅是自我的需要？科学解释依然不能令人信服。哲学家经常引用僵尸的例子。丹尼尔·丹尼特认为，按照哲学家的共识，一具僵尸是一个完美展示自然、警觉、饶舌、活泼行为的一个人，但事实上没有一点意识，只是一些自动化。哲学概念上的一具僵尸的全部论点在于你不能从外部特征上把他与正常人区分开来[58]。

2023 年 6 月，在第 26 届意识科学研究协会大会上，德裔美国神经科学家科赫对他和澳大利亚哲学家查默斯在 25 年前打的一场赌勉强认输，买了 5 瓶葡萄牙葡萄酒送给查默斯。25 年前，科赫和查默斯赌的是有关"主观的意识是怎样从客观的神经回路中涌现出来的"，这一被查默斯称为意识的"困难问题"可以在 25 年内得到解决。

彭罗斯在《皇帝新脑》中写道："对我来说，意识是如此重要的现象，我简直不能相信它只不过是从复杂的计算'意外'得来的。宇宙的存在正是由于意识的现象才被得知。"[24]

著名美籍听觉生理学家江渊声认为："科学家要耐心些，不要指望在最近的将来就会有一个无所不包的大统一意识理论，虽然任何有一定实验根据的意识理论都可能有助于向最终目标前进有所贡献，至少能引起人们的思考。"①

4. 关于心灵

霍夫施塔特②（中文名侯世达）的成名作《哥德尔、埃舍尔、巴赫：集异璧之大成》[57] 出版于 1979 年，将近 30 年后，2007 年，他又出版了《我是一个奇怪的循环》[59]。侯世达一直苦苦求索心灵是什么，心灵做什么，涉及心灵、大脑、模式、符号、自引用和意识等艰难的问题。受到哥德尔不完全性理论③的启发，侯世达开始有了一种信念，从一些无意义的符号的自引用，是一些无生命的物质中产生自我和心灵的秘密。在《我是一个奇怪的循环》

---

① 见知乎（zhihu.com）。
② 道格拉斯·理查·霍夫施塔特，见百度百科（baidu.com）。
③ 哥德尔不完全性定理（数理逻辑术语），见百度百科（baidu.com）。

的开篇中，侯世达编写了两个虚拟哲人的对话，反映出"我是活的"或"我知道"等是一些自我本身不能清楚解释的语句。一些被认为是"有意识的思想"实际上是一些自我反射行为。也就是说，活着、意识可能是一种假象。

动物有没有心灵？人的心灵是否有大、小之分？无论我们怎么表白为公平主义者，内心里对人的心灵是有区分的。死刑和战争都是毁灭心灵的方式，今天仍然被认为是合理的和必要的；在不远的过去，像对待牲口一样买卖奴隶曾经不认为是不道德的。一些宗教认为，无神论者、不可知论者或其他异教徒都是没有心灵的，可以处死刑。还有一些人认为，处于生命晚期没有意识的病人，虽然还活着，但他们的心灵已经离开了。那个"我"不存在了。还有人认为，刚刚受精的卵子、出生前的胚胎不具有完整的人类心灵，母亲的生命权要大于这些小生命。侯世达提出了心灵测度的概念，他认为心灵不是恒定的，是不断增长的，或消退的，可以像智商一样测量。如果平均值设为 100，每个人或高于或低于这个值。

5. 关于感受性

感受性也是哲学家经常提到的。神经学家克里斯托夫·科赫①是这样定义感受性的："对一个特别的体验有什么样的感受，就是那个体验的感受性。看到一个红色的太阳升起，中国的红旗、动脉血、红宝石、荷马的暗蓝色的海，这样一些不同的体验有共同的对红色的感受。所有这些物体的共同特征是'红色'。感受性是原始的感觉，是构成有意识的体验的成分。"[60] 意识从这个意义上包含了对自我的感受性。

6. 关于智力

智力指生物一般性的理性能力，指人认识、理解客观事物并运用知识、经验等解决问题的能力，包括以下几点：理解、判断、解决问题，抽象思维，表达意念，以及语言和学习的能力。当考虑到动物智力时，"智力"的定义也可以概括为通过改变自身、改变环境或找到一个新的环境去有效地适应环境的能力。智力也叫智能②。

智能是一个不能准确定义的术语，在大的尺度上，大家容易形成共识：人有智能，物体是没有智能的；人比动物智能，否则人类不可能到生物链顶端。但对于智能包含什么、不包含什么、怎么获得智能，怎么度量智能等问题都没有一致的意见。智商 IQ 也只是一个维度的测量。做数学多的，或看破

---

① http：//www.klab.caltech.edu/koch/。
② 微软必应词典。

案小说多了以后，我们会陷入一个误区，好像大脑是一个计算和推理机器。而事实上，大脑是不善于计算和推理的。没学过速算技巧的，可能多位数的加减法大脑都很困难。把计算和逻辑思维能力作为判断人的智商的标准是非常值得怀疑的。但这也不意外，智商的评价是建立在人脑比较困难的工作上的。

按照行为主义的观点，一个主体是否智能，应该从它的行为去判断。一个主体"智能地"行动，表现为四个方面[61]。

(1) 它所做的相对于它的环境和它的目标是合适的（正确的）；

(2) 它相对于变化的环境和目标有灵活性；

(3) 它从经验中学习；

(4) 它在感知和计算的约束下做合适的选择。一个主体不能直接地观察世界（只能通过感知），只有有限的记忆，也没有无限的时间去采取动作。

库兹韦尔对智能有一句很精辟的阐述，"作为宇宙中最重要的现象，智能能够超越自然限制，按自己的愿景来改变世界。在人类的手中，我们的智能使得我们克服了生物遗传的限制，并在这个过程中改变了我们自己。我们是唯一这样的种群"[62]。

大卫·霍金斯给出了一个记忆理论的观点：大脑不是通过计算去解决问题的。实际上，答案已经很早就在大脑的记忆中，大脑只需要关键的几步就能取出答案。而计算机可能要执行几百万步。所以大脑的行为是从记忆中对进入的数据给出预测。预测才是真正的理解。霍金斯举了一个例子，当一个人要接到一个扔过来的球时，大脑有 3 个行为反应：第一看到球以后，关于球的记忆会自动出现；第二，肢体动作的时间序列也自动出现；第三，恢复的记忆会以当前球的轨迹和自身的位置做调整。因此抓住一个球，不是大脑中的一个程序，也不是神经元的计算，而是多年实践中存储的记忆的恢复。

7. 大脑的科学探索

常识有时候也是谬误。用"心"思考就是人类史上一个这样的谬误。直到 17 世纪，在人们发现心脏只是一个为血液流动提供压力的"血泵"后，才开始确定人体中思考的中心在大脑而不在心脏。大脑才是人体的中央控制系统，是所有记忆、推理和智力的中心。

在人类对大脑功能的探寻过程中，对死后个体大脑的解剖学研究起着至关重要的作用。1909 年，德国解剖学家布鲁德曼①曾根据皮层细胞的类型，

---

① 布鲁德曼，见百度百科（baidu.com）。

以及纤维的疏密对大脑进行分区。将大脑分为 52 个区，并用数字予以标识。19 世纪 60 年代，法国医生布洛卡通过对失语症患者的解剖发现了布洛卡区①，布洛卡区受损的患者会患有运动性失语。无独有偶，1874 年，德国学者威尔尼克发现了威尔尼克区②，威尔尼克区的主要功能是分辨语音，形成语义，和语言的接受（或印入性语言）有密切的关系[63]。

随着技术的进步，越来越多的成熟的、无创的成像技术被应用于探索大脑的功能中。其中，计算机断层扫描（CT）、正电子发射型计算机断层显像（PET）、脑电技术（EEG，ERP）和磁共振成像技术（MRI）是目前应用最广泛的技术。通过这些技术，人们揭示了大量的大脑结构功能同人类行为的关联。

2006 年，美国麻省理工学院出版的《技术评论》杂志报道，艾伦脑科学研究所③的科学家绘制出了两个迄今最完整的人脑基因图谱④，为神经科学研究提供了重要的数据支撑。科学家表示，最新"出炉"的人脑基因图谱提供的数据将被广泛用于与帕金森症、精神分裂症、多发性硬化症，甚至肥胖等与神经障碍和认知功能有关的疾病的研究，以及探究健康的大脑如何工作⑤。

以今天的生物学知识和计算能力，组建和模拟生物大脑结构和功能，理论上和实践上仍然不可行。生物学家发现，大脑的神经元的一些功能是先天的，另一些功能是后天的。如果一个小孩在年龄幼小时没有进行语言的训练，长大以后他可能永远不能说活。生物神经网络，通过学习、训练，逐渐完善为每一个自我。每个人的演变都是不一样的。年龄大了以后，大脑神经网络的一些功能会衰退，如连接记忆的功能区衰退以后，可能会永远失去一些记忆。

"过去从来没有假设过思考是物质的内在属性，或者说每个物质微粒是一个思想存在。如果物质的每个部分都完全没有思想，那么物质的哪一部分能够思考呢？"[64]为了解决关于大脑的科学和哲学问题，我们需要更深入地研究大脑的机制，探索新的发现。科学界正在努力对大脑进行逆向工程，来理解生物进化是怎么造出这么个神奇的东西的。一旦得出结论，我们就能知道为什么人脑能够如此高效、快速地运行，并且能从中获得灵感来进行创新。

---

① 布洛卡区，见百度百科（baidu.com）。
② 韦尼克区，见百度百科（baidu.com）。
③ 微软元老的脑科学研究之梦，见环球网（huanqiu.com）。
④ 艾伦人脑图谱，见百度百科（baidu.com）。
⑤ 大脑（生物器官），见百度百科（baidu.com）。

（十二）群体效应、群体智慧和乌合之众

亚里士多德首次提出了"整体不仅仅是其各部分总和"的概念。

大量动物的群体运动是一个很壮观的景象，如鱼群、鸟群、羊群等。我们不能像组织阅兵一样去看待动物群体的运动，因为至少我们人类认为，它们不具备相应的智力、通信能力以及管理水平。人类群体的活动也经常是自发的、自组织的。足球比赛中观众的"人浪"也是一个壮观的景象，但其模式却源于一个简单的个体规则：看到身边的人站起来并举起双手，便立即跟着模仿。对于鱼群效应，科学家通过实验研究发现，其中的每条鱼只遵循两条规则："跟上前面的鱼"和"与身边的鱼保持同步"。这两条规则虽然简单，但却是目前已知的所有复杂的群体运动的基础。群体领域的其他研究者也发现了群体现象的类似壮举①。

在自然界，蚂蚁是一种很卑微的生命，脱离蚁群的蚂蚁个体很快就会不停地游走直至衰竭死去。而作为群体的蚁群却有更复杂的行为和更强的生命力。由成千上万蚂蚁组成的蚁群可以进行有组织的觅食、搬运、筑巢和繁衍，就像一个浩浩荡荡的蚂蚁军团；在北京这样的大城市，我们都在抱怨交通的拥堵，每天还是有几十万、上百万辆汽车行驶在路上，而几乎每辆车或早或晚都能到达目的地。这是一种混乱还是一种秩序？

早期计算机动画的制作中，模拟动物的群体运动也是一个难点。试图刻画群体中每个动物的运动轨迹既很繁杂、易错，而且效果不佳，不自然。20世纪80年代，电影动画师克雷格·雷诺兹创建了一个模拟鸟群的计算机模型Boids②，它为群体中的个体设计了简单的行为规则。当所有个体都遵循这个规则时，群体运动就能表现出有组织的、协调的现象[65]。Boids规则一共有3条。

（1）分开：与它们保持一定的距离以避免碰撞；

（2）一致：与它们的平均航向（方向和速度）保持一致；

（3）向心：向着它们的平均位置移动，避免脱离群体。

在20世纪90年代早期，Boids和其他同类软件革新了好莱坞。电影《蝙蝠侠归来》③中的企鹅和蝙蝠都是利用Boids做出的动画。其派生软件包括

---

① 简单规则如何孕育复杂行为，见百度文库（baidu.com）。
② 鸟群怎么在天上飞，鱼群怎么在水里游，见知乎（zhihu.com）。
③ 蝙蝠侠归来，见百度百科（baidu.com）。

Massive①，技术人员利用它精心设计了《魔戒》三部曲②中恢宏的战斗场面。这些成就已经足够令人惊叹，但 Boids 所创造的群体现象表明，在现实世界中，动物群体的现象也可能来自同样的机制——而非源于自上而下的命令。

单一个体所做出的决策比起多数做的决策往往会不精准，群体智慧是一种共享的或者群体的智能，以及集结众人的意见进而转化为决策的过程。它是从许多个体的合作与竞争中涌现出来的。2005 年，《纽约客》专栏作家詹姆斯·索罗维基出版了《群体的智慧》[66,67] 一书，他认为，我们要么是低估了群体的智慧，要么是高估了精英或者专家的作用。例如，在搜寻美国沉没的核潜艇"天蝎号"时，缺少信息的大众做出的方位预测精确度超过了军事专家；美国的艾奥瓦电子市场更是准确预测出施瓦辛格当选州长；好莱坞证券交易所也依靠群体的智慧预测电影的票房收入。

书的前言中讲了这么一个故事：1906 年秋天的一天，英国科学家弗朗西斯·伽尔顿来到一个猜重量比赛赢大奖的地方。一头肥壮的公牛被牵到展台上，聚拢过来的人对这头牛的重量下赌注。一共有 800 人参加。伽尔顿起初认为这个群体的平均猜测值与实际值会相去甚远。毕竟，几个非常聪明的人和一些平庸的人及一大堆愚钝者混在一起，似乎更倾向得出一个愚蠢的答案。不过，伽尔顿错了。经统计后的平均猜测值为 1 197 磅，与实际值 1 198 磅只相差 1 磅，堪称完美。

自由经济所展现的一种群体效应也是令人惊叹的。例如，顾客的消费和商品的供给在大多数文明社会都不受中央计划的控制。每一天，菜市场的商贩很早就去批发商那里进货，顾客零零星星地到来、购买，日复一日。亚当·斯密精辟地指出，自由经济中的每一个人，"他只是追求自己的收益，他这时，像在其他很多情形中一样，受到一个看不见的手指引，促进了一个不是他追求的目标"[68]。

诺贝尔经济学奖获得者托马斯·谢林③在 20 世纪 60 年代和 70 年代开发的种族隔离模型，是人文社科领域一个重要的开创性工作，其影响远超模型本身的意义。谢林的种族隔离模型描述的是生活在一个城市区域的不同肤色的居民，每个居民根据自己对周边邻居的肤色偏好决定是否搬迁，模型研究居民的动态行为对整个城区的肤色分散和聚集的影响。

谢林采用的也是网格模型，他将城区离散化处理为一个二维网格，居民抽

---

① 电影级群集动画软件 Massive 高级教学，见手机搜狐网（sohu.com）。
② 魔戒（英国作家 J. R. R. 托尔金著长篇小说），见百度百科（baidu.com）。
③ 托马斯·谢林，见百度百科（baidu.com）。

象为网格中的一个圆，颜色代表他的种族肤色，红或绿。每个网格中只有一个居民。每个居民最多有 8 个邻居，它按照颜色偏好选择是否移动（见图 2-24）。

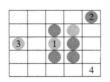

图 2-24　谢林模型示意图

居民的颜色偏好是指其邻居中与自己同颜色的比例的一个阈值。小于这个值，他就会搬离，大于等于这个值他就会原地不动。假设图中居民 1 的颜色偏好是 0.5，也就是说当他的邻居中有不少于一半是同种族肤色，他才会觉得自在而不搬迁。居民 1 有 5 个邻居，1 个红色，4 个蓝色，则颜色比例为 $1 \div 5 = 0.2$，居民 1 为满足偏好，将选择一个随机空格移动。

假设所有居民的颜色偏好是相同的，在仿真的每一步，网格中的每个居民都按照这个规则来决定留下还是移动，当所有居民都满足了自己的颜色偏好，模型运行终止。模型会怎样演化呢？[69]

我们的直觉是当居民的颜色偏好大于等于 0.5 时，种族聚集会发生，而谢林的仿真结果显示，即使颜色偏好为 25%，种族聚集也会发生。更进一步的实验表明，当红色主体与蓝色主体有不同偏好时，隔离区域更大[70]。

从谢林模型中我们可以深刻地认识到，宏观层次上发生的种族隔离可能并不是由于在微观层次上人们对周围环境的苛刻要求造成的。微观上的动机并不一定等同于宏观上的表现。

谢林在方法论上有一段很直白的陈述："一些人的行为或选择取决于另外一些人的行为和选择，这种情形，我们一般不能简单地通过个体行为的加总或推断获得整体行为。为了建立个体与整体的关联，我们需要研究个体之间的交互、个体与环境的交互，即个体与其他个体，个体与群体的交互。有时候结果是令人称奇的，有时候不太容易猜到，有时候分析很困难，也有时候是无结论的。但即使是无结果的分析，也能警示我们不要从总体观察直接得出关于个体行为的结论，也不要从个体行为直接跳到关于整体行为的结论。"[71]

2006 年，谢林在出版的《微观动机与宏观行为》[72] 中，进一步论述了个体动机、行为（或微观动机）与其所带来的总体结果（或宏观行为）之间的相互关系。它不仅探讨个体行为所导致的令人惊奇的宏观结果，也讨论宏观结果中所蕴含的个体动机或行为，以及是否可能从观察到的宏观行为中推论出微观动机。他在书的开篇中讲述了人们在参加报告会时的就座特点，大家都倾向于坐在后面。这样一个群体行为是由什么样的微观动机造成的呢？与一粒沙子不同的是，作为个体的人是有目的性和偏好的，而且他们之间会相互影响和相互作用。人类的群体行为有时呈现的是和谐和秩序，也有时候是对抗和暴乱。

谢林还举了另一个例子说明微观动机和宏观行为有时候是相悖的，违背直觉的。

如果每对夫妻生男孩和女孩的可能性都是 50%，而且每对夫妻都只想要男孩，生了女孩的还会再生，生了男孩的就不再生了，那么男孩和女孩的比例应该是多少？直觉告诉我们，男孩比例要高于女孩比例。这个直觉实际上是错误的，实际是男孩数量等于女孩数量。假设第一轮中，男孩比例是 50%，有一半夫妻还会再生；第二轮中，男孩比例仍然是 50%，如此类推，男孩数量等于女孩数量[72]。

美国经济学家布莱恩·阿瑟①在圣菲研究所工作期间，受到一个有趣现象的启发提出了著名的爱尔·法罗酒吧难题②。爱尔·法罗 ③是靠近圣菲研究所的一个酒吧，它在星期四晚间专门播放爱尔兰音乐。假设有 100 个人喜欢周四到爱尔·法罗酒吧听音乐，因为酒吧的条件有限，客人在 60 以内时比较舒服，超过 60 人则拥挤不堪，感受就不太好，所以，每个人决定周四去不去酒吧取决于他对去酒吧人数的预测。如果大多数的预测都是人数少于 60，则他们都会去，实际人数会多于 60；如果大多数人的预测数大于 60 而不去，则实际人数则会少于 60。结论是理性预测会自我否定[73,74]。

阿瑟给的前提条件是这些人除了知道过去几周去酒吧的人数外，没有其他任何信息；这些人事先也不沟通协调。阿瑟提出的问题，每周去酒吧的人数会是随机的混沌，还是有规律的震荡或收敛。正如前面解释的，这个问题不存在"一个"最优的预测模型，因为如果存在，所有的人都会做出相同的选择，结果自然会否定预测。

阿瑟给出了基于多个预测器、每个人的预测器差异化演变的解决方案。这个差异化演变采用了自然选择的方法。首先，我们设计出所有可能的预测器如下：

---

① 布莱恩·阿瑟，见百度百科（baidu.com）。
② 爱尔·法罗难题，见雪球（xueqiu.com）。
③ https://www.elfarolsantafe.com/。

（1）人数同上周；

（2）同两周前；

（3）同 5 周前；

（4）过去 4 周的平均数；

（5）过去 8 周的趋势；

（6）等等。

我们随机分配 k 个预测器给每个人，我们不需要关心哪个预测器真的有效。预测选择过程如同进化论中的自然选择。每个人可以按顺序选择预测器，如果预测正确，则保留预测器，不正确则放弃。按这个设计，就可以写一个计算机程序进行仿真了。经过仿真，阿瑟发现，参加的人数较好地收敛到 60 左右。

这个结果的意义在于，群体最终产生一种系统自组织现象。没有任何协调的情况，每个人的预测器会随着时间发生差异化，这种差异维持在一个平衡点。60 就像混沌现象中的吸引子。

法国社会心理学家古斯塔夫·勒庞[①]编著的《乌合之众》[75]，是一部有重要影响的社会心理学著作，也是一本经久不衰的畅销书，首次出版于 1895 年。勒庞还是一位物理学家。他认为，人群集体时的行为本质上不同于人的个体行为。群体有一种思想上的互相统一，勒庞称之为"群体精神统一性的心理学定律"，这种统一可以表现为不可容忍、不可抵抗的力量或不负责任。群体行为可能是突然的和极端的；智力过程可能是初步的和机械的[②]。即使一个头脑清醒的人，一旦置身于群体之中，就会瞬间失去自己独立的判断力，盲目地追随群体的观点与行动。

在许多学者看来，勒庞并未采取科学合理的研究方法，通篇充满了断言和偏见。人们对其的热捧，恰恰源于一种"第三人心理"：我读《乌合之众》，但我自己不是乌合之众中的一员。法国心理学家、认知学者迈赫迪·穆萨伊德在《新乌合之众》[③] 中，呈现了当今最新的一些大众研究成果。在他看来，群体其实远比勒庞描绘的更有智慧，即使个体的才智有限，而一旦他们共同行动，往往能"众愚成智"。不过，"众愚成智"的群体也同样具有

---

① 古斯塔夫·勒庞，见百度百科（baidu.com）。

② 乌合之众：大众心理研究（古斯塔夫·勒庞创作社会心理学著作），见百度百科（baidu.com）。

③ 新乌合之众，见豆瓣（douban.com）。

"乌合之众"的一面。这两副看似矛盾的面孔同时体现在当代的群体身上①。

那么，怎样能让"群智"而不是"群愚"出现呢？

麻省理工学院彭特兰教授②所著的《智慧社会》③描述了一系列实践：让一些不同的群体在受控的条件下完成一些类似智力竞赛的任务，然后评估哪些因素会使得群体智商更高。

1999 年，微软游戏平台向全世界发出一份邀约，邀请玩家挑战国际象棋世界冠军卡斯帕罗夫。不问棋艺如何，谁都可以参加。受到这样一个前所未见的挑战的吸引，来自 75 个国家的超过 5 万名棋手上了场。他们中既有业余棋迷，也有俱乐部选手。但不管怎么说，5 万人中没有一个跟卡斯帕罗夫属于同一个级别的。

这么多人要怎样相互配合，才能下出一盘逻辑连贯的棋？微软平台给大众队每一步 24 小时的时间，在此期间每个参赛者都可以提出自己的建议。平台收集所有建议，在一天结束之时，大多数成员共同选择的下法会体现在棋盘上。在连续 4 个月的艰苦厮杀之后，棋王卡斯帕罗夫仅余 3 子，下出了他的第 64 步……将! 大众队可谓虽败犹荣。他们不仅一直与棋王不相上下，还创造了新的国际象棋经典招式。

我们今天正逐渐认识到这一现象的内在逻辑：对于上述无论哪一类"挑战"，大家对正确答案都有一个模糊的想法。当然他们会出错，估计得太高或太低，但如果样本量足够大，个人之间的误差会相互抵消，让人们思维中的共同之处凸显出来，从而得出接近正确答案的估计。

在网络的世界里，求大众观点的平均值已经成为一种流行做法。亚马逊、美团、谷歌等众多网络聚合平台都采用类似于"群体智慧"的模式，邀请网民到自己的网站评价产品，然后通过权重算法得出一个集体的评分。通常，借助从一星到五星的量表，用户就能对一本书好看不好看、一双鞋子舒服不舒服、一款相机的像素如何给出自己的感受，并让其他网民知道④。

大量实验和事实表明：每个个体掌握的信息都非常局限。群体中的多样化，鼓励开放自我、表达自我，让信息流动起来，才能产生群体智慧，通过群体智慧，提高个人智慧。"民主"的群体产生智慧。钱学森说过这样一段话："我原来提出要搞社会思维学的一个重要原因是怎么使一个集体在讨论问

① "乌合之众"和"众愚成智"：为何"群体"有着两副矛盾的面孔？见百度百科（baidu. com）。
② 独家专访"世界可穿戴设备之父"阿莱克斯·彭特兰，见博客（thepaper. cn）。
③ 智慧社会（2015 年浙江人民出版社出版的图书），见百度百科（baidu. com）。
④ "乌合之众"和"众愚成智"：为何"群体"有着两副矛盾的面孔？见百度百科（baidu. com）。

题中能互相启发、互相激励，从而使集体远胜过一个个个人、不接触别人的简单总和。"

（十三）会"八卦"的人类

众所周知，在整个生物圈中，生物之间存在着一定的界限，每种生物基本都有天敌，老鼠的天敌是猫，草食动物的天敌是肉食动物，等等。而且每个生物链上都有一个顶级生物，即那些站在食物链顶端的生物，而位于顶端的生物就是被顶级生物抓住的对象。

老虎在森林里生存，狮子在非洲草原生存，它们都在食物链的顶端，那么老虎和狮子无敌吗？回答是否定的，当他们单独面对大象时，根本就不会赢。

在古代，人类实际上是很弱小的。在这些力量型肉食动物面前，远古人类根本不是对手，这些齿虎、恐猫等大型肉食动物也把人类当作捕猎的对象，把人类当作食物。

人类究竟做了什么，从 4 000 万个物种中脱颖而出，才成为这个星球的霸主？我们就会想到人类很多明显不过的优势。例如，有比较大的大脑，会使用工具，有超凡的学习能力，会使用语言等。众说纷纭的说法可以大致总结为几条[①]：

（1）智力和语言。人类是地球上唯一能够使用语言交流的物种。这给了人类强大的智力和认知的能力，帮助人类在恶劣的环境中存活并繁衍后代，从而脱颖而出。

（2）独特的身体结构。人类的身体结构使得我们能够直立行走和奔跑，这样的身体特征让我们可以更为高效地行动，以获取食物，逃避天敌并提高生存率。

（3）使用工具。人类利用工具，火的应用，以及后期的科技发展与应用，提高了生产力，远高于其他动物。

（4）高度社会化。人类是高度社会化的动物，发展出了非常复杂的社会系统和文化形态。这种社会化特征让人类产生了各种合作方式和工具，并创造了技术、文化和道德的繁荣，从而进一步提升了人类的生存能力。

（5）大脑发育。人类的大脑在发育过程中有明显的生物学差异，这使得我们有能力学习新知识、应对变化以及进行独立思考。这一差异意味着我们

[①] 人类怎么从 4 000 万个物种里脱颖而出，走到食物链顶端？见百度百科（baidu.com）。

可以更好地适应环境，从而更有效地获取和利用资源。

（6）能量。人是一种杂食动物，我们不仅能从草食动物、肉食动物那里得到能量，而且能从各种植物那里得到能量，因此，人类体内的能量是最充足、最强大的。能量的丰富程度代表了生物的高级程度，因此，从能量强度上说，人类也是当之无愧的生物霸主，没有天敌的出现①。

然而人类早就有这些能力，但是在过去的整整 200 万年里，人类的大部分时间却都在食物链的中间。100 万年前，人类就已经有了大容量的大脑并且会使用锋利的石器；80 万年前，人类偶尔会使用火；到了 30 万年前，尼安德特人已经可以熟练地使用火了。但是为什么直到 7 万年前东非智人的出现，人类才站在了食物链的最顶端呢？

人类社会是最为复杂的群体，经历了数万年变迁，形成了今天形形色色的组织、秩序和混乱。尤瓦尔·赫拉利②在《人类简史》[76]（图 2-25）的开篇中写道："十万年前，地球上至少有 6 种不同的人，但今日，世界舞台为什么只剩下了我们自己？从只能啃食虎狼吃剩的残骨的猿人，到跃居食物链顶端的智人，从雪维洞穴壁上的原始人手印，到阿姆斯特朗踩上月球的脚印，从认知革命、农业革命，到科学革命、生物科技革命，我们如何登上世界舞台成为万物之灵的？"

图 2-25　《人类简史》

他提出了一个很新颖的观点："智人之所以得以统治地球，是因为智人是唯一可以大规模且灵活进行合作的物种。"

智人的语言并非世界上第一种沟通系统。但是，尤瓦尔·赫拉利指出："对智人最好的描述是，他是会讲故事的动物。"意思是说，只有智人能够煞有介事地表达那些从来没有看过、碰过、听过的事物。通俗地讲，就是智人有了用语言表达抽象思维的能力。赫拉利称之为人类史上的"认知革命"。

智人之所以可以在大范围内进行灵活的合作，是因为在"认知革命"之

---

①　为什么人类能够站在食物链顶端，没有天敌？见搜狐（sohu.com）。

②　尤瓦尔·诺亚·赫拉利，见百度百科（baidu.com）。

后，智人拥有了创造及相信虚构事物和故事的能力。这些虚构事物和故事包括了神、国家、民族、企业、钱、人权等。赫拉利在书中声称，人类所有大规模合作的系统，包括宗教、政治体制、贸易、法律制度等，都由于智人独特地对"虚构事物和故事"的认知能力而产生。就算是大批互相不认识的人，只要同样相信某个故事，就能共同合作，而且效果还不止如此，只要改变所讲的故事，就能改变人类合作的方式。通俗地理解，就是智人会"八卦"。从我们对动物的观察看，动物的语言交流还是停留在"就事论事"的层面。

事实上，今天人类社会的组织和活动都是以虚构故事为基础的。

人有生物本能，如站立、走、跑和跳和各种感受等。但本能不等于能力，能力是开发本能的结果。没有本能，开发也没用，你没有飞的本能，你怎么开发也飞不起来；游泳和潜水是不是本能，也许是，或者是很早期的本能，进化以后就退化了，但还是有这个本能或潜能。

图 2-26　《语言本能》

语言是本能还是习得？大多数人认为，婴儿出生时只有一些通用的学习能力，在这种能力的基础上，婴儿通过父母、他人的教导和反馈掌握了各种技能，其中也包括语言能力，所以语言完全是后天学习所得、一种文化的产物。

1994 年，著名认知心理学家、语言学家和科普学家史蒂芬·平克①写了一本书，名叫《语言本能：人类语言进化的奥秘》[77]（图 2-26）。这是一本关于人类语言的科普类书籍，第一次提出了语言能力是人类天生本能的看法。

在使用语言的各个族群中，有经济、科技都非常发达的国家，也有处于原始社会，只能靠捕猎为生，连文字都还没有的原始部落。虽然各方面的差异如此的巨大，但是不管是发达国家还是原始部落，都能够熟练地使用各自的语言进行交流。如果语言能力是后天学习所得，那么发达国家和原始部落之间的语言能力应该是有很大差距

———————————

① 史蒂芬·平克，见百度百科（baidu.com）。

的，但是现实中却并没有太大的差距。

直到今天，人们有限的研究手段还无法发现控制语言的具体基因和器官。在科学家看来，人脑对语言的理解能力实在超乎想象。人们几乎可以"同步"完成接收和理解语言这一极其复杂的任务。不过，研究人员确实发现，一些先天的缺陷和后天的脑部损伤，会导致语言功能的损坏。狼孩不会说话的原因主要在于他们错过了语言发育的关键期。虽然被人类救了回来，但大脑发育已经定型，因此即使他们还是人类，也不会说话，也无法学会。这是语言本能的另一个有力证据。

人类的语言能力是先天具备的。至于运用这种能力学会一种语言，那是后天的习得。动物也有语言。人类语言是一种表意的符号语言，能够表达抽象概念，这是与其他动物语言的根本区别。哲学家维特根斯坦①在《逻辑哲学论》一书中明确提出："我的语言限度就是我的世界限度。"语言区别了人类和动物的心智，从而区别了人类和动物的认知。

人类学家和语言学家证明，一种语言越是抽象，就越能协调更大范围的群体行为。因此，相对弱小的智人，通过更大范围的群体行为，灭掉其他体力上更强大的猿和食肉动物，把自己的基因传播到全世界②。20世纪语言研究的另一个重大发现是，人是用语言做事的，人们不仅用语言做一切事情，而且用语言建构人类社会。这两项重大理论贡献是由牛津大学分析哲学家奥斯汀③和美国哲学家塞尔④创立的。人们用语言建构了社会、社会制度，以及社会实在性。这是迄今为止人们对人类心智和语言本质的最深刻的认识。

人类能够站在食物链顶端是人类语言进化带来的。

---

① 路德维希·维特根斯坦（分析哲学创始人之一），见百度百科（baidu.com）。
② 重新认识语言——认知科学的立场和证据，见央视网（cctv.com）。
③ 约翰·朗肖·奥斯汀，见百度百科（baidu.com）。
④ 约翰·塞尔，见百度百科（baidu.com）。

三 | 万物皆数

（一）概率与贝叶斯法则

概率，亦称"或然率"，它反映随机事件出现的可能性大小。随机事件是指在相同条件下，可能出现也可能不出现的事件。事件 A 出现的概率，常用 $P（A）$ 表示①。在概率论的发展过程中，概率出现过多种不同的定义，归纳起来有古典定义、统计定义、主观概率定义和公理化定义。

（1）古典定义：只有有限个基本事件 N，每个基本事件发生的可能性相同，若事件 A 包含有 m 个基本事件，定义 A 的概率 $P（A）= m/N$。

（2）统计定义：又称概率的频率定义，是指 A 为某实验下的一个事件，随着试验次数的不断增大，事件发生的频率在数值 f 附近摆动，定义该事件的概率为 $P（A）= f$。

（3）主观概率：指建立在过去的经验与判断的基础上，根据对未来事态发展的预测和历史统计资料的研究确定的概率。反映的只是一种主观可能性。

（4）公理化定义：由苏联数学家柯尔莫哥洛夫②提出，事件概率在 0 到 1 之间，闭区间必然事件概率为 1，不可能事件概率为 0。

例如，每次投掷硬币会出现正面或反面，"出现正面"就是一个随机事件。假设硬币出现正面或反面的机会均等，那么无论是按照古典定义还是主观概率，"出现正面"这个事件的概率均为 50%。

概率的统计定义的理论基础是大数定律。大数定律由雅各布·伯努利③提出，他是瑞士数学家，也是概率论的重要奠基人。伯努利大数定律以严密的数学形式论证了实验的频率稳定性。大数定律发表于伯努利死后 8 年，即 1713 年出版的《猜度术》，正是这本巨著使得概率论从那时起真正成为数学的一个分支④。

大数定律是说，当随机事件发生的次数足够多时，随机事件发生的频率

---

① 概率（统计学术语），见百度百科（baidu.com）。
② 安德雷·柯尔莫哥洛夫，见百度百科（baidu.com）。
③ 雅各布·伯努利，见百度百科（baidu.com）。
④ 大数定律（Law of the large numbers），见知乎（zhihu.com）。

趋近于预期的概率。大数定律的条件：①独立重复事件；②重复次数足够多。也就是说，如果我们做硬币的投掷实验，在投掷 100 次，1 000 次，n 次后，"出现正面"这个事件的频率将趋近于 50%，那么"出现正面"这个事件的统计概率也为 50%。

很多学者认为，获得一个事件的概率值的唯一可靠方法是通过实验获得。今天，当我们谈起概率，一般都是指统计意义上的概率。

概率的研究起源于赌徒的争执。17 世纪中叶，欧洲的许多国家贵族之间盛行赌博之风，掷骰子是他们常用的一种赌博方式。法国有一位热衷于掷骰子游戏的贵族叫德·梅雷，他向数学家帕斯卡①请教了一个亲身所遇的"分赌注问题"。

梅雷和赌友掷骰子，各自押注 32 枚金币作为赌注。双方约定：梅雷若先掷出 10 次"6 点"，或赌友先掷出 10 次"4 点"，就赢得全部赌注。赌博进行了一段时间，梅雷已掷出了 8 次"6 点"，赌友也掷出了 7 次"4 点"。这时，梅雷接到命令，要立即去陪国王接见外宾，于是这场赌博只好中断。只是在退还金币时梅雷不干了，他明显比赌友更接近胜利，不能接受平分金币的方案；同样赌友也不愿意将金币全部交给梅雷，因为这场赌博继续下去的话，他一样有机会反败为胜。那么，他们应该如何分这 64 枚金币才算合理呢？

这一问题引发了帕斯卡的兴趣，为解决这一问题，他与当时享有很高声誉的法国数学家费马②建立了通信联系。过程中，帕斯卡和费马一边亲自做赌博实验，一边仔细分析计算赌博中可能出现的各种问题，最终完整地解决了"分赌注问题"。他们发现，如果把掷出"4"和"6"之外的情况都看作无效局，只计算掷出"4"和"6"的有效局，那么梅雷和赌友最多还需 4 局决出胜负，这四局里可能会出现的情况合计是 16 种，也就是这些：（6666）（6664）（6646）（6644）（6466）（6464）（6446）（6444）（4666）（4664）（4646）（4644）（4466）（4464）（4446）（4444）③。

其中，梅雷再掷出 2 次"6 点"（即先掷出 10 次"6 点"）的结果有 11 种，赌友先掷出 3 次"4 点"（即先掷出 10 次"4 点"）的结果有 5 种，梅雷与赌友赢的概率之比为 11∶5。因此，应按 11∶5 的比例来分赌注，即梅雷 44 枚，赌友 20 枚。在问题得到解决的同时，概率论的雏形也得以浮现。后来，人们把帕斯卡与费马通信的日子（1654 年 7 月 29 日）作为概率论的生

---

① 布莱士·帕斯卡，见百度百科（baidu.com）。
② 皮耶·德·费马，见百度百科（baidu.com）。
③ "概率"是如何诞生的？见搜狐（sohu.com）。

日，公认帕斯卡与费马为概率论的奠基人。

概率在刚刚传入我国的时候，译名很乱。1896 年，在傅兰雅、华衡芳合译概率论的著作时，定名为《决疑数学》。后来"probability"一词又被译成不下 10 多种名词，直到 20 世纪 60 年代以后才统一称为概率。

谈到概率，首先需要理解世界的本质。世界是确定性的，还是非确定性的。如果世界是确定性的，那么概率是对认知盲区的大概估计；如果世界是随机的，或存在随机的成分，则概率是关于随机的研究。

根据我们已知的物理学定律，我们假设这些定律是精确的，那么硬币落地是正面或反面也是确定性的；如果每次投掷时的物理条件一样，则一定是正面或反面，而不是有时正面有时反面；我们实际观察到的"随机"现象，是因为我们做不到完全精确地控制实验环境；而出现正面或反面相对于实验环境是"极为敏感"的；也就是说，如果你投掷身边的其他物品，一本书、一个鼠标，您就没有像投掷硬币一样的"概率"感觉了。

世界是确定性的，还是随机的？这个争论将持续下去。科学的进步使得我们可以相信，在很大程度上，世界是有规律的、确定的；科学同时也证明，世界即使服从物理定理，在目前的观察和计算条件下，世界也是复杂的。理论上，对初始条件极度敏感的系统几乎无法预测。因此我们在做科学研究时，既有规律和确定性的想法，也要有复杂性和随机的意识。我们不可避免地要用概率描述这个世界。而概率反映的，可能是对事件的无知，也可能是事件的不确定。

因此，无论你持什么观点，概率本质是一种预测，而不是事物的固有属性。概率自身隐含了一个悖论。事件是独立的、随机的，概率却呈现出大量随机事件的隐含规律。泊松指出，一旦我们承认人类行为是随机的，它突然之间就可以被预测了。这是个悖论，完全随机的事件遵循概率分布，意味着回到了规律的约束。反过来，偏离了随机性意味着某种基本规律有待人类发现[78]。

如果多次投掷硬币，而且每次投掷都是独立的、无相关性的，那么无论已经投掷了多少次，下一次的结果与前面出现过的正面或反面的次数应该无关，仍然是 50%。而概率论告诉我们，如果前面 99 次都是正面，那么第 100 次还是正面的概率会非常非常小。

我们都知道，飞机是最安全的交通工具，但飞机失事仍然有一定的概率。如果已经保持了很长一段时间没有经历空难，那么按照概率理论，发生空难的概率会越来越大，直到真正的必然发生。显然，这是一个让我们非常困惑和悲伤的预测。因此，概率和随机性不能混为一谈，有概率的东西就不完全随机。

1. 生日悖论

概率论得出的结论有时候是反直觉的。生日悖论就是其中一个。生日悖论是指在不少于 23 个人中至少有两人生日相同的概率大于 50%。

23 个人里有两个生日相同的人的概率有多大呢？居然有 50%。一年按 365 天计算，$N=365$ 天。设房间里有 n 个人，要计算所有人的生日都不相同的概率。那么第一个人的生日可以是 365 天中的任何一天，第二个人是 365 选 364，第三个人 365 选 363……第 n 个人的生日是 365 选 $365-(n-1)$。因此，所有人生日都不相同的概率为：

$$1 - P = \frac{365}{365} \times \frac{364}{365} \times \cdots \times \frac{365!}{365^n(365-n)!}$$

在人数为 23 时，出现两个生日相同的人的概率达到 50.7%；60 人时概率达到 99%（见表 3-1）。

表 3-1　生日悖论

n	23	30	50	60
P（%）	50.7	70.6	97.0	99.4

2. 贝叶斯法则

贝叶斯定理由英国数学家贝叶斯提出，用来描述两个条件概率之间的关系。通常，事件 A 在事件 B 发生的条件下的概率，与事件 B 在事件 A 发生的条件下的概率是不一样的；然而，两者是有确定关系的，贝叶斯法则就是这种关系的陈述。

我们用 P 代表概率。

A 事件独立发生的概率记为 $P(A)$，B 事件发生的条件下 A 事件发生的概率记为 $P(A \mid B)$

B 事件发生的概率记为 $P(B)$，A 事件发生的条件下 B 事件发生的概率记为 $P(B \mid A)$

那么按照概率乘法原理，A 和 B 同时发生的概率 $= P(A)P(B \mid A) = P(B)P(A \mid B)$，则有：$P(A \mid B) = \dfrac{P(A)P(B \mid A)}{P(B)}$。

例如①，现分别有 A、B 两个容器，在容器 A 里分别有 7 个红球和 3 个白

---

① 贝叶斯公式，见百度百科（baidu.com）。

球，在容器 B 里有 1 个红球和 9 个白球，现已知从这两个容器里任意抽出了一个红球，问这个球来自容器 A 的概率是多少？

假设已经抽出红球为事件 B，选中容器 A 为事件 A。两个容器共有 20 个球，其中红球为 8 个，则有：$P(B) = 8/20$；容器一共 2 个，随机抽到 A 容器的概率 $P(A) = 1/2$；A 容器有 10 个球，其中有 7 个红球，则在抽到 A 容器的条件下又抽到红球的概率 $P(B \mid A) = 7/10$。

按照公式，则有：

$$P(A \mid B) = \frac{P(A)P(B \mid A)}{P(B)} = (7/10) \times (1/2) / (8/20) = 0.875$$

在贝叶斯提出这个条件概率公式后，很长一段时间内，大家并没有觉得它有什么作用，并一直受到主流统计学派的排斥。直到计算机诞生后，人们才发现，贝叶斯定理可以广泛应用在数据分析、模式识别、统计决策以及人工智能中。

3. 朴素贝叶斯分类

朴素贝叶斯分类法[①]是基于贝叶斯法则的机器学习算法，算法所需估计的参数少，对缺失数据不太敏感，算法实现也比较简单。

我们看一个简单的例子：小明是个大学生，假设每周校外都有活动，小明是否参加活动与天气、女朋友是否陪伴、公交是否便利三个因素有关，表 3-2 是过去 8 周小明外出参加或不参加活动的历史数据。这周周末校外有个演唱会，天气预报有雨，女朋友可以陪伴，交通还算便利，小明会不会去呢？从机器学习角度，这是个二分类问题，已知三个特征值和分类结果，通过机器学习获得小明的出行规律。

表 3-2　小明过去 8 周的历史数据

周	天气	女朋友	公交	决策
1	不好	不陪伴	便利	没去
2	不好	陪伴	不方便	没去
3	好	不陪伴	不方便	没去
4	不好	不陪伴	不方便	没去
5	好	不陪伴	便利	去了
6	好	陪伴	便利	去了

① 朴素贝叶斯，见百度百科（baidu. com）。

续表

周	天气	女朋友	公交	决策
7	好	陪伴	不方便	没去
8	不好	陪伴	便利	去了

假设某个体有 n 项特征，分别为 F_1，F_2，$\cdots$，F_n。现有 m 个类别，分别为 C_1，C_2，$\cdots$，C_m。根据贝叶斯法则，$P(A \mid B) = \dfrac{P(A)P(B \mid A)}{P(B)}$，我们有：

$$P(C \mid F_1 F_2 \cdots F_n) = P(F_1 F_2 \cdots F_n \mid C)P(C)/P(F_1 F_2 \cdots F_n)$$

贝叶斯分类器就是根据特征计算出概率最大的那个分类。在上面的公式中，$P(F_1 F_2 \cdots F_n)$ 对所有的分类值相同，可以省略，问题就变成求：

$$P(C \mid F_1 F_2 \cdots F_n) = P(F_1 F_2 \cdots F_n)P(C)$$

的最大值。更进一步，假设所有特征彼此独立，因此有：

$$P(C \mid F_1 F_2 \cdots F_n) = P(F_1 F_2 \cdots F_n)P(C) = P(F_1 \mid C)P(F_2 \mid C)\cdots P(F_n \mid C)P(C)$$

用表 3-2 的数据，我们计算两个类别，得到：

P（类别=去了 | F_1 = 天气不好，F_2 = 陪伴，F_3 = 便利）= $1/3 \cdot 2/3 \cdot 3/3 \cdot 3/8 = 1/24 = 0.04$。

P（类别=没去 | F_1 = 天气不好，F_2 = 陪伴，F_3 = 便利）= $2/5 \cdot 2/5 \cdot 1/5 \cdot 5/8 = 1/50 = 0.02$。

这两个值的最大值为 0.04，因此小明会参加校外活动[1]。

理论上，朴素贝叶斯分类法与其他分类方法相比具有最小的误差率。但是实际上并非总是如此，这是因为它假设特征值之间相互独立，这个假设在实际应用中往往是不成立的。朴素贝叶斯分类法经常用在如文本分类、垃圾邮件的分类、信用评估、钓鱼网站检测等场景中。

贝叶斯法则是如此有用，以至于不仅应用在计算机上，还广泛应用在经济学、心理学、博弈论等领域，可以说，掌握并应用贝叶斯法则，是每个人必备的技能[2]。

（二）逻辑悖论与不完全性定理

20 世纪初，数学界、物理界甚至整个科学界笼罩在一片喜悦祥和的气氛之中，科学家们普遍认为，数学的系统性和严密性已经达成，科学大厦已经

---

[1] 朴素贝叶斯分类器的应用，见阮一峰的网络日志（ruanyifeng.com）。
[2] 一文搞懂贝叶斯定理（原理篇），见知乎（zhihu.com）。

基本建成。法国大数学家庞加莱①在 1900 年的国际数学家大会上也公开宣称，数学的严格性，现在看来可以说是实现了；德国物理学家基尔霍夫②就曾经说过："物理学将无所作为了，至多也只能在已知规律的公式的小数点后面加上几个数字罢了。"英国物理学家威廉·汤姆森③在 1900 年回顾物理学的发展时也说："在已经基本建成的科学大厦中，后辈物理学家只能做一些零碎的修补工作了。"然而好景不长，时隔不到两年，科学界就发生了一件大事，这件大事就是罗素悖论的发现④。罗素悖论的提出，造成了第三次数学危机。

罗素悖论又叫理发师悖论，是英国哲学家、数学家、逻辑学家伯特兰·罗素⑤提出的。

一个理发师的招牌上写着："城里所有不自己刮脸的男人都由我给他们刮脸，我也只给这些人刮脸。"

那理发师可以给自己刮脸吗？如果他不给自己刮脸，他就属于"不给自己刮脸的人"，他就要给自己刮脸，而如果他给自己刮脸呢？他又属于"给自己刮脸的人"，他就不该给自己刮脸⑥。

罗素提出这个悖论，为的是把他发现的关于集合的一个著名悖论用故事通俗地表述出来。某些集合看起来是它自己的元素。例如，所有不是苹果的东西的集合，它本身就不是苹果，所以它必然是此集合自身的元素。考虑一个由一切不是它本身元素的集合组成的集合。这个集合是它本身的元素吗？无论你作何回答，你都自相矛盾。

德国的著名逻辑学家弗雷格在他的关于集合的基础理论完稿付印时，收到了罗素关于这一悖论的信。他立刻发现，自己忙了很久得出的一系列结果却被这条悖论搅得一团糟。他只能在自己著作的末尾写道："一个科学家所碰到的最倒霉的事，莫过于是在他的工作即将完成时却发现所干的工作的基础崩溃了。"

类似的悖论还有很多，如谎言者悖论，又称为说谎者悖论。公元前六世纪，哲学家克利特人艾皮米尼地斯："所有克利特人都说谎，他们中间的一个诗人这么说。"这就是这个著名悖论的来源。这个诗人在说谎吗？如果在说

① 亨利·庞加莱，见百度百科（baidu.com）。
② 古斯塔夫·罗伯特·基尔霍夫，见百度百科（baidu.com）。
③ 威廉·汤姆森，见百度百科（baidu.com）。
④ 罗素悖论，见百度百科（baidu.com）。
⑤ 伯特兰·阿瑟·威廉·罗素，见百度百科（baidu.com）。
⑥ 逻辑悖论，见百度百科（baidu.com）。

谎，那么不是"所有克利特人都说谎"，如果说的是真话，他作为一个克利特人就自相矛盾了。

一个图书馆编纂了一本书名词典，它列出且只列出这个图书馆里所有不列出自己书名的书。那么它列不列出自己的书名？

"我在说谎"：如果他在说谎，那么"我在说谎"就是一个谎，因此他说的是实话；但是如果这是实话，他又在说谎。矛盾不可避免。

"这句话是错的"：这句话是错的如果是事实，那么这句话就是对的，但是它是对的，就与所说的这句话是错的事实（开始设定的）不符。

"世界上没有绝对的真理"：我们不知道这句话本身是不是"绝对的真理"。

苏格拉底[①]有一句名言："我只知道一件事，那就是什么都不知道。"我们无法从这句话中推论出苏格拉底是否对这件事本身也不知道。

"言尽悖"：这是《庄子·齐物论》里庄子说的。后期墨家反驳道，如果"言尽悖"，庄子的这个言难道就不悖吗？

罗素曾经认真地思考过这些悖论，并试图找到解决的办法。他在《我的哲学的发展》第七章《数学原理》里说道："自亚里士多德以来，无论哪一个学派的逻辑学家，从他们所公认的前提中似乎都可以推出一些矛盾来。这表明有些东西是有毛病的，但是指不出纠正的方法是什么。在 1903 年的春季，其中一种矛盾的发现把我正在享受的那种逻辑蜜月打断了。"他指出，在一切逻辑的悖论里都有一种"反身的自指"，就是说，"它包含讲那个总体的某种东西，而这种东西又是总体中的一分子"[②]。

继罗素的集合论悖论发现了数学基础有问题以后，1931 年歌德尔提出了一个"不完全定理"，打破了 19 世纪末数学家"所有的数学体系都可以由逻辑推导出来"的理想。

20 世纪 20 年代，数学家希尔伯特[③]向全世界的数学家抛出了一个宏伟计划，建立一组公理体系，使一切数学命题原则上都可由此经有限步推定真伪，这叫作公理体系的"完备性"。希尔伯特的计划也确实有一定的进展，几乎全世界的数学家都乐观地看着数学大厦即将竣工。正当一切越来越明朗之际，突然一声晴天霹雳，哥德尔不完全性定理[79] 横空出世，希尔伯特的宏伟计

① 苏格拉底（古希腊哲学家），见百度百科（baidu.com）。
② 悖论（逻辑学词语概念），见百度百科（baidu.com）。
③ 戴维·希尔伯特，见百度百科（baidu.com）。

划轰然倒塌①。

哥德尔是奥地利裔美国著名数学家，正是沿着希尔伯特方案所指示的方向，哥德尔开始进行形式系统的理论研究，却得出了出乎希尔伯特[80]等人（包括哥德尔本人）所预料的结果。1931 年，哥德尔提出不完全性定理[80]。这一理论使数学基础研究发生了划时代的变化，成为现代逻辑史上重要的一座里程碑。

哥德尔不完全性定理一举打破了数学家 2 000 年来的信念。他告诉我们，真与可证是两个概念。可证的一定是真的，但真的不一定可证。哥德尔不完全性定理包括两个主要的部分，第一定理和第二定理。第一定理指出，在任何包含初等数论的一致的形式系统中，存在着一个命题及其否定都不是系统的定理，即存在不可判定命题。第二定理则表明，一个包含数论的形式系统的一致性，在系统内部是不可证明的。

这两个定理共同表明，任何一个形式系统，只要包括了简单的初等数论描述，而且是自洽的，它必定包含某些系统内所允许的方法既不能证明真也不能证伪的命题。无怪乎数学家外尔②发出这样的感叹："上帝是存在的，因为数学无疑是相容的；魔鬼也是存在的，因为我们不能证明这种相容性。"

如果仅从推翻希尔伯特规划上去理解哥德尔定理，以为它只有否定性意义，那是不正确的。哥德尔在证明不完全性定理的过程中所运用的推理方法，直接导致递归函数论的建立，而递归函数对计算机科学和人工智能的研究是至关重要的。同时，哥德尔定理只是否定了单纯依靠有穷方法证明形式系统相容性的可能性，绝没有否认一般意义的元数学研究的意义（哥德尔定理本身就是一个元数学定理）。哥德尔定理表明，一个足够丰富的形式系统的相容性的证明，只能在一个比它更丰富的元理论系统中获得。从而，每一次相容性证明都是数学认识的无穷进展的一个阶段③。

但是哥德尔不完全性定理的影响远超出了数学的范围。它不仅使数学、逻辑学发生了革命性的变化，引发了许多富有挑战性的问题，而且还涉及哲学、语言学和计算机科学，甚至宇宙学。2002 年 8 月 17 日，著名宇宙学家霍金④在北京举行的国际弦理论会议上做了题为《哥德尔与 M 理论》的报告⑤，

① 哥德尔不完全性定理（数理逻辑术语），见百度百科（baidu.com）。
② 赫尔曼·外尔，见百度百科（baidu.com）。
③ 张建军：哥德尔不完全性定理及其意义辨析，见百度百科（baidu.com）。
④ 斯蒂芬·威廉·霍金，见百度百科（baidu.com）。
⑤ 记者手记：他回到了宇宙诞生的地方，见百度百科（baidu.com）。

认为建立一个单一的描述宇宙的大统一理论是不太可能的，这一推测也正是基于哥德尔不完全性定理。

有意思的是，在现今十分热门的人工智能领域，哥德尔不完全性定理也被用来证明计算机的局限性，从而否定通用人工智能的可能。最具代表性的思想是"卢卡斯—彭罗斯论证"①。

1961 年，美国哲学家卢卡斯在《心、机器和哥德尔》[81] 一文中提道："不论我们创造怎样复杂的机器，如果它是机器，就将对应于一个形式系统，这个系统反过来将因为发现在该系统内不可证明的公式而受到哥德尔程序的打击。机器不能把这个公式作为真理推导出来，但是人心却能看出它是真的。因此，该机器仍然不是心的恰当模型。"

1989 年，彭罗斯在《皇帝的新脑》[24] 一书中支持并发展了卢卡斯的观点。虽然我们不能从公理推出哥德尔命题，却能看到其有效性。这类自我反思的洞察力，不是能编码成某种数学形式的算法。以停机问题为例，人类拥有能看出停机问题无解的洞察力，而机器没有。

哥德尔是 20 世纪最伟大的数学家和逻辑学家。在逻辑学中的地位，一般都将他与亚里士多德和莱布尼茨相比；在数学中的地位，爱因斯坦把哥德尔的贡献与他本人对物理学的贡献相提并论。

1951 年，在授予哥德尔爱因斯坦勋章时，冯·诺依曼评价说："哥德尔在现代逻辑中的成就是非凡的、不朽的——他的不朽甚至超过了纪念碑，他是一个里程碑，是永存的纪念碑。" 1952 年 6 月，美国哈佛大学在授予哥德尔荣誉理学学位时，称他为 "20 世纪最有意义的数学真理的发现者"。美国《时代》杂志曾评选出 20 世纪 100 位最伟大的人物，在数学家中，排在第一的就是哥德尔。

（三）图灵机与停机问题

艾伦·麦席森·图灵②（图 3-1），生于 1912 年 6 月 23 日，卒于 1954 年 6 月 7 日。英国计算机科学家、数学家、逻辑学家、密码分析学家、理论生物学家、英国皇家学会院士。他是当之无愧的 "计算机科学之父" 和 "人工智能之父"。"一些科学革命是一个天才的杰作，而另一些则是群体的努力。"[8] 图灵无疑是这样一个天才。

---

① 哥德尔定理：对卢卡斯—彭罗斯论证的新辨析，见搜狐（sohu.com）。
② 艾伦·麦席森·图灵，见百度百科（baidu.com）。

图 3-1 图灵

1926 年，14 岁的图灵考入伦敦谢伯恩公学，在这里受到良好的中等教育。在中学期间图灵就能读懂爱因斯坦的相对论，撰写了爱因斯坦的一部著作的内容提要，并获得国王爱德华六世数学金盾奖章。

1935 年，23 岁的图灵发表论文《论高斯误差函数》，并因此当选为国王学院的研究员，于次年获得英国史密斯数学奖。

1936 年，24 岁的图灵发表论文《论可计算数及其在判定上的应用》[82]，提出被后人称为图灵机的计算通用模型，成为当之无愧的"计算机科学之父"。

1938 年，26 岁的图灵获普林斯顿大学博士学位，回到英国工作，在剑桥大学国王学院任研究员。

1939—1945 年，应召到英国外交部通信处从事军事工作，其间破解德国密码系统恩尼格玛密码机和金枪鱼密码机，加速了盟军取得第二次世界大战的胜利。1946 年获大英帝国勋章。

1945—1948 年，图灵在伦敦泰丁顿国家物理实验室负责自动计算引擎（ACE）的研究工作，写出一份长达 50 页的关于 ACE 的设计说明书。在图灵的设计思想指导下，1950 年制出了 ACE 样机，1958 年制成大型 ACE 机①。

1950 年，38 岁的图灵提出了著名的"图灵测试"。同年 10 月，图灵发表论文《机器能思考吗》，这一划时代的作品使图灵赢得了"人工智能之父"的称号。

1951 年，39 岁的图灵由于在可计算数方面取得的成就，当选为英国皇家学会院士。

1953 年 1 月，图灵家里被盗，警方在调查案件的过程中发现了他与同性伴侣的关系，图灵被判以严重猥亵的罪名。图灵面临两个选择：坐牢或接受化学阉割，他选择了后者。持续一年的合成雌激素注射造成了他的性无能和乳房发育。1954 年 6 月 7 日，图灵被发现死于家中的床上，床头还放着一个被咬了一口的泡过氰化物的苹果。享年 41 岁。

---

① Pilot ACE，见百度百科（baidu.com）。

每当读到、想到这个情节，总有一种悲愤难抑的感觉。想到苹果公司的商标，恰恰也是缺失了一块的苹果。一个如此才华横溢的科学家竟被人祸带走。

直到 2009 年，时任首相戈登·布朗①代表英国政府就"图灵所受的骇人听闻的对待方式"做出正式道歉。2013 年，英国女王伊丽莎白二世向图灵追加了"皇家赦免令"，赦免令说："图灵对战争的卓越贡献和在科学界留下的遗产应该被后人铭记和认可。"

1. 图灵机

1936 年，图灵在论文《论可计算数及其在判定上的应用》[82]中，设计了一个抽象的计算模型装置，即将人们使用纸笔进行数学运算的过程进行抽象，由一个虚拟的机器替代人类进行数学运算。普林斯顿大学数学家阿隆佐·邱奇②在他主编的《符号逻辑杂志》上写了关于这篇论文的评论，丘奇在评论中第一次使用"图灵机"指代图灵发明的装置。他写道："一位持有铅笔、纸和一串明确指令的人类计算者，可以被看作是一种图灵机。"

图灵机有一条无限长的纸带，纸带分成了一个一个的小方格，每个方格有不同的颜色。有一个读写头在纸带上移来移去。读写头有一组内部状态，还有一些固定的程序。在每个时刻，读写头都要从当前纸带上读入一个方格的信息，然后结合自己的内部状态查找程序表，根据程序输出信息到纸带方格上，并转换自己的内部状态，然后进行移动（见图 3-2）。

图灵的基本思想是用机器模拟人们用纸笔进行数学运算的过程，他把这样的过程看作下列两种简单的动作。

（1）在纸上写上或擦除某个符号；

（2）读写头从纸的一个位置移动到另一个位置。

而在每个阶段，人要决定下一步的动作，依赖于①此人当前所关注的纸上某个位置的符号和②此人当前思维的状态。为了模拟人的运算过程，图灵构造出一台假想的机器，该机器由四个部分组成。

第一，一条想象中无限长的纸带。纸带被划分为一个接一个的小格子，每个格子上包含一个来自有限字母表的符号，字母表中有一个特殊的符号表示空白。纸带上的格子从左到右依次被编号为 0、1、2……，纸带的右端可以无限伸展。

---

① 戈登·布朗，见百度百科（baidu.com）。
② 阿隆佐·邱奇，见百度百科（baidu.com）。

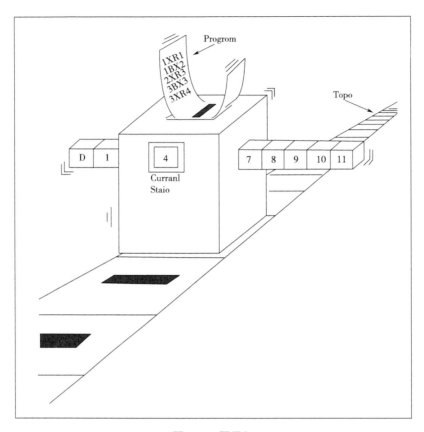

图 3-2 图灵机

第二，一个读写头。读写头可以在纸带上左右移动（一次一格），它能读出当前所指的格子上的符号，并能改变当前格子上的符号。

第三，一个状态寄存器。它用来保存图灵机当前所处的状态。图灵机的所有可能状态的数目是有限的，并且有两个特殊的状态，一个为初始状态，一个为停机状态。

第四，一个有限长度的指令表。指令表根据当前机器所处的状态以及当前读写头所指的格子上的符号，确定读写头下一步的动作，并改变状态寄存器的值，令机器进入一个新的状态。

图灵机的数据输入是预先写入纸带的符号集，算法是预先设置的指令表，输出也写入纸带，运行状态保存在寄存器中。通用图灵机向人们展示这样一个过程：程序和其输入可以先保存到存储带上，图灵机按程序一步一步运行直到给出结果，结果也保存在存储带上。更重要的是，隐约可以看到现代计算机主要构成，尤其是冯·诺依曼架构的主要构成。图灵认为，这样的一台机器就能模拟人类所能进行的任何计算过程。

计算机纸带一直沿用到 20 世纪 80 年代，我在大学时期首次接触到的国产计算机 J130① 就是使用纸带作为输入介质的。使用专门的打孔机，将程序和数据打孔在纸带上（图 3-3）。

第一台计算机出现在 1945 年前后，而在 1936 年图灵就从理论上论证了虚拟计算机。冯·诺依曼② 在 1945 年发表了《存储程序通用电子计算机方案》[83]，并参与和主持了全球第一台计算机的制造，被称为"现代计算机之父"。他生前曾多次谦虚

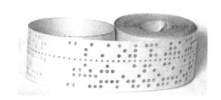

图 3-3　计算机纸带

地说，如果不考虑查尔斯·巴贝奇③ 等人早先提出的有关思想，现代计算机的概念当属于图灵。冯·诺依曼能把"计算机科学之父"的桂冠戴在比自己小 10 岁的图灵头上，足见图灵对计算机科学影响之巨大。

2. 可计算性——哥德尔、丘奇和图灵

剑桥大学数学家马克斯·纽曼回忆起图灵发明的通用图灵机时说："我相信这一切都是源于他参加了我关于数学和逻辑基础的课程。"纽曼认为，关于机器可以执行系统化程序的提议，启发了图灵去"尝试并说明一个完美的通用计算机器意味着什么"，去回答什么是可计算。经过整整一年的工作，图灵在 1936 年 4 月给了纽曼一份论文草稿。纽曼第一次看到图灵的杰作一定是一次激动人心的经历④。

可计算性问题首先是由哥德尔⑤ 提出的。哥德尔证明了在任何公理化的系统中，总存在一些函数，它们在这个系统中是不可计算的（参看本书"逻辑悖论与不完全性定理"一节）。为此，他不得不建立了一种关于"可计算函数"概念的形式理论。

直观上而言，任何一个算法或是机械程序都必须能被完整而清晰地描述。在应用这个算法解决具体的问题时无须任何创造力或是独特的发明。一般而

① 国产老计算机（七）：DJS-130，见个人图书馆（360doc.com）。
② 约翰·冯·诺依曼，见百度百科（baidu.com）。
③ 查尔斯·巴贝奇（英国发明家、电脑先驱），见百度百科（baidu.com）。
④ 图灵是如何设计出图灵机的，背后的故事和对我们的启发是什么，估计99%的人不知道，见搜狐（shisu.edu.cn）。
⑤ 库尔特·哥德尔，见百度百科（baidu.com）。

言，我们称一个算法 M 是可计算的，如果 M 满足如下几个条件：

（1）M 是用有穷多个指令（每个指令都包含有穷多个符号）描述的；

（2）如果不发生意外情况，M 将在有穷多个步骤内生成一个有效的结果；

（3）原则上说任何人可以只用纸和笔而无须其他工具实施 M 程序；

（4）在实施 M 程序的过程中，无须其实施者的任何洞见或是创造力。

尽管这 4 个条件也许还不足以唯一地框定一个精确的概念，但是至少我们已经将其变得足够清晰了①。

寻求可计算性精确定义的最直接的动机在于一阶逻辑的一个问题——可判定性。判定问题第一次出现在（也许）现代逻辑最早的著作之中，希尔伯特②将其表述如下：如果我们知道一个方法能在有穷多步之内，断定任意一个逻辑表达式的有效性或是可满足性的话，那么判定问题就将迎刃而解了。

哥德尔在此之前的 1931 年就引进了原始递归函数的概念，又在 1934 年明确给出了一般递归函数的定义，1934 年春还与同在普林斯顿大学的数学家阿隆佐·丘奇③一起讨论如何给"算法可计算性"下一个精确的数学定义的问题。哥德尔相信，每一个可计算函数都可以用最广泛意义下的递归程序定义。1935 年，丘奇在此基础上更进一步提出了，"算法可计算函数都是递归函数"的丘奇命题。算法可计算性这个直观概念才有了精确的数学刻画。

与普林斯顿大学的氛围不同，图灵几乎是靠一人之力做出他的非凡工作的。1936 年 5 月，丘奇发表的同一主题的论文很快就传到了剑桥。虽然结论相同，但图灵的分析不同于丘奇，根本不影响其价值。图灵最终于 1936 年 5 月 28 日提交了他的文章，并在 8 月份加了一个附录证明他的可计算性概念和丘奇命题的等价性。修改后的全文发表在 1936 年的《伦敦数学学会会刊》上。

图灵在他的文章中提出了一个类似丘奇论题的想法：一个数是在直观意义上可计算的，当且仅当它是可以用图灵机计算出来的。图灵给出了不同的论证支持他的断言，即图灵机可以计算所有直观上可以计算的函数，也就是"图灵论题"。

纽曼后来为图灵申请了与丘奇合作的机会。纽曼在写给丘奇的信中写道："这使得他更有必要尽快与这一行业的领军人物取得联系，这样他就不会变成一个孤僻的人。"丘奇后来成为图灵的博士论文导师。大家把丘奇和图灵合作

---

① 哥德尔与可计算性理论——哥德尔可以有丘奇—图灵论题吗，见腾讯（qq.com）。

② 戴维·希尔伯特，见百度百科（baidu.com）。

③ 阿隆佐·邱奇，见百度百科（baidu.com）。

工作的一个论题推断称为"丘奇—图灵论题"①。

这个论题断言所有计算或算法都可以由一台图灵机执行。以任何常规编程语言编写的计算机程序都可以翻译成一台图灵机，反之任何一台图灵机也都可以翻译成大部分编程语言的程序，所以该论题和以下说法等价：常规的编程语言可以足够有效地表达任何算法。这只是一个工作命题，没法进行数学证明，但从实践看，人类想出来的所有计算装置和逻辑装置都和图灵机等价②。

而哥德尔实际上只信服图灵论题。他在很多公开的场合反复地强调图灵的分析的重要性，并且认为只有图灵的分析才完全建立了对算法数学定义的正确性。在一个写于 1965 年著名的附录中，哥德尔强调了图灵工作的重要作用，并且认为只有图灵的分析提供了关于形式系统"绝对精确且毫无疑问地充分"的定义。图灵的贡献在于他给出了关于算法这个概念的分析，并且证明了它和"图灵机"等价。

3. 停机问题

假设我们有一台计算机程序 P 和一个输入 x。现在我们想知道：P 是否会在有限步骤内停止并输出结果？如果 P 可以在有限步骤内停止并输出结果，那么它是可判定的。否则，它是不可判定的。这就是图灵停机问题。具体来说，图灵停机问题可以被定义为：是否存在一个算法，可以判断任意一个程序是否会在有限步骤内停止，即输出结果或陷入死循环？

回想一下数学上的哥德巴赫猜想问题③。1742 年，哥德巴赫在给欧拉的信中提出了以下猜想：任一大于 2 的整数都可写成三个质数之和。这个猜想迄今数学家们还没有完全解决。因现今数学界已经不使用"1 也是素数"这个约定了，原初猜想的现代陈述为任一大于 5 的整数都可写成三个质数之和。欧拉在回信中也提出另一等价版本，即任一大于 2 的偶数都可写成两个质数之和。常见的猜想陈述为欧拉的版本。

哥德巴赫猜想能不能被计算机证明或证伪呢？

我们可以写一段程序，从偶数 4 开始，遍历每一个偶数，检验它是否可以是两个质数之和。如果到某一个偶数，找不到这样的两个质数，程序终止；否则程序继续。如果图灵停机命题成立，存在一个算法去判断我们这段程序能否在有限步终止，那么哥德巴赫猜想就实际上被证明了。如果该算法判断

---

① 人工智能之父——图灵的传奇人生，见百度百科（baidu.com）。
② 邱奇—图灵论题，见百度百科（baidu.com）。
③ 哥德巴赫猜想（世界近代三大数学难题之一），见百度百科（baidu.com）。

我们的程序在有限步终止，则猜想不成立；反之，则猜想成立。

遗憾的是，图灵证明了不存在这样一个算法[82]。图灵的证明既巧妙又简单。

图灵假设存在一个称为"停机预测器"的程序，该程序可以接受任何程序和输入，并预测该程序在给定输入下是否会停机。然后，他构造了一个新的程序，称为"反例程序"，该程序利用停机预测器的输出进行反向操作，即如果停机预测器预测该程序会停机，则该程序进入一个无限循环；如果停机预测器预测该程序不会停机，则该程序停止运行。

接下来，图灵让停机预测器以这个反例程序本身作为输入。如果停机预测器预测该反例程序会停机，则根据反例程序的设计，它会进入无限循环；如果停机预测器预测该反例程序不会停机，则根据反例程序的设计，会停止运行。这样，无论停机预测器给出何种预测，都会产生与预测相矛盾的结果，即停机预测器无法准确预测反例程序的行为。

（四）时间、时钟和逻辑时钟

时间是个古老的话题。没有时间，人们就无法规划、协调和共同去做一些事情。"日出而作，日落而息"，原指上古人民的生活方式，后来泛指单纯简朴的生活。实际上，这段成语引出了上古时期的时间概念。人类早期使用的计时工具包括日晷①（见图3-4）、水钟②和沙漏③等。

图3-4 太阳钟（日晷）

提到计时，让我想起"半夜鸡叫"的故事。我们那个年代的人都读过小说《高玉宝》[84]，我上小学时，书中的第九章"半夜鸡叫"收入小学课文中。这章描述了书中地主"周扒皮"为剥削长工，每天半夜里学鸡叫，然后把入睡不久的长工们喊起来下地干活。长工们对鸡叫得这样早产生了怀疑。小宝（高玉宝）发现了周扒皮半夜在鸡笼旁装鸡叫，和长工们一起设计将正在装鸡叫的周扒皮暴打了一顿。这段故事中公鸡早鸣是周扒皮用来喊长工起床干活的

---

① 日晷（古代计时仪器、天文计时领域重大发明），见百度百科（baidu.com）。
② 水钟，见百度百科（baidu.com）。
③ 沙漏（计时装置），见百度百科（baidu.com）。

计时工具。

我们知道，靠自然现象和自然力计时既不可靠也不准确，因而有了钟表的发明。1283 年，在英格兰的修道院出现了史上首座以砝码带动的机械钟。中世纪钟表在英语里被称作 wacche，后演变为 watch。英文是"看"的意思。现在我们有了各种钟表、各种带时间显示的电子设备。

时间是标注事件发生瞬间及持续历程的基本物理量。爱因斯坦在相对论中提出，不能把时间、空间、物质三者分开解释。时间与空间一起组成四维时空，构成宇宙的基本结构。时间包含时刻和时段两个概念。时间不像其他物理量，它既是存在的、普遍的，也是抽象的。它的物理量值的确定依赖于人类的认知、共识和统一标准。足够幸运还是足够智慧，经过近 300 多年来科学的进步、科学家和各国政府的努力，地球人对与时间相关的问题有了以下统一的标准[1]。

（1）历法单位：时、日、月、年、世纪的时间计量属天文学中的历法范畴。时间是物理学中 7 个基本物理量之一，符号为 t。在国际单位制中，时间的基本单位是秒，符号为 s。

（2）世界时（天体测量）：又叫格林尼治时间，格林尼治所在地的标准时间。格林尼治是英国伦敦南郊原格林尼治天文台的所在地，是世界上地理经度的起始点。

（3）原子时：未受干扰的铯-133 的原子基态的两个超精细能阶间，在零磁场下跃迁对应辐射的 9 192 631 771 个周期的持续时间为 1 秒。在这样的情况下被定义的秒，与天文学上的历书时所定义的秒是等效的。

（4）时区：将地球表面按经线划分为 24 个区域。时区的划分主要是为了照顾人们的习惯和日常认知，世界各地的人都习惯性地对每天自己所经历的日夜晨昏和具体的时间点一一对应，0 点是午夜，12 点是午时，7 点是早晨。

（5）协调世界时[2]：又称世界统一时间、世界标准时间、国际协调时间。以原子时秒长为基础，当世界时和原子时差别达到 1 秒的时候，会进行跳秒或者负跳秒。

今天，协调世界时是世界上各个国家和地区共同采用的时间标准。它是以格林尼治天文台的标准时间为基准，通过原子钟的精确计时，以确保全球时间的统一和准确。授时系统[3]则通过各种手段和媒介将时间信号送达用户，

---

① 时间（物理量），见百度百科（baidu.com）。
② Coordinated Universal Time，简称 UTC，协调世界时，见百度百科（baidu.com）。
③ 授时系统，见百度百科（baidu.com）。

这些手段包括短波、长波、电话网、互联网、卫星等。然后，用户通过自动或手动的方式校准自己的钟表或其他计时设备。

理论上和实际上，没有人能获得完美精确的世界标准时间。日常生活中，时间精确到分、秒已经足够。竞技类体育比赛的计算机计时可以精确到千分之一秒，最终成绩采取非零进一的原则，保留到百分之一秒。但对计算机系统，依赖时间的处理逻辑会遭遇一些意想不到的问题。广为人知的事件有"千年虫"问题和"闰秒"问题。

1. 千年虫①

千年虫问题的根源始于 20 世纪 60 年代。问题一：当时计算机存储器的成本很高，如果用 4 位数字表示年份，就要多占用存储器空间，就会使成本增加，因此为了节省存储空间，计算机系统的编程人员采用两位数字表示年份，没有世纪的信息；问题二：在一些计算机系统中，对于闰年的计算和识别出现问题，不能把 2000 年识别为闰年，即在该计算机系统的日历中没有 2000 年 2 月 29 日这一天。

不过，随着各行各业解决千年问题的迅速进展，上述问题几乎不可能在我们的生活中发生了。

与千年虫类似的还有"2038 年问题"，32 位的 Unix 操作系统和 Linux 操作系统将产生时间溢出。Unix 系统和 Linux 系统用 32 位存储时间，数值是从 1970 年开始的秒数。它可以表示的秒数最大为 2 147 483 647，最多可以用到 2038 年 01 月 19 日 03 时 14 分 07 秒。当时间到达这个数字的时候时间数值不会自动增加，而是会变为 -2 147 483 648，而这串数字代表的时间是 1901 年 12 月 13 日 20 时 45 分 52 秒，这会导致很多的程序出现问题，甚至崩溃。

2. 闰秒、计算机系统、取消闰秒②

现行公历中，除了有闰年，还有偶尔出现的"闰秒"。1972 年，国际计量大会决定，当"世界时"与"原子时"之间的时刻相差超过 0.9 秒时，就在"协调世界时"上加上或减去 1 秒，以保持与"世界时"一致，这就是闰秒。自 1972 年至今，闰秒已经增加了 27 次。这小小的 1 秒对于我们的生活来说也许并没有什么影响，很多人甚至察觉不到，但对于计算机来说，这 1 秒足以令系统大规模崩溃。一旦互联网上的时间突然多出 1 秒，很多程序会认为"时间没有继续向前走，而是退回去了"，这违反了计算机的内在逻辑，错

---

① 千年虫（计算机 2000 年问题），见百度百科（baidu.com）。
② 这个导致互联网崩溃的东西，2035 年取消，见博客（thepaper.cn）。

误就会由此而生。

2012 年 6 月 30 日午夜，当闰秒被添入世界原子钟时，类似贴吧的 Reddit 服务器无法与之同步，整个论坛宕机了 40 分钟。Mozilla、Gawker 以及各种 Linux 服务器都遭遇了同样的闰秒问题。

2015 年 1 月，两家澳大利亚航空公司的系统因为闰秒瘫痪了 48 分钟，工作人员被迫用纸张办理登记手续。2015 年 6 月 30 日，闰秒的增加同样产生了影响，让推特的推文时间显示出现了错误。Instagram、Pinterest、Netflix 和亚马逊等网站的服务器崩溃，多个网站离线了约 40 分钟。

2015 年 6 月 30 日，为了避免闰秒带来的更不可控的影响，美国洲际交易所集团在经历闰秒时主动停止运营了 61 分钟。

2022 年 11 月 18 日，在法国巴黎举行的国际计量大会①上，科学家和政府代表投票决定取消闰秒。这项决议到 2035 年开始实施，具体细节还在讨论中。

3. 事件顺序和逻辑时钟

对于单个人的生活，时间的准确性并没有那么重要，当你度假的时候，可能你会非常享受"日出而作，日落而息"的惬意生活。当你需要和其他人发生互动时，时间就成为一个共同的参照，就需要通过时间来协同共同的活动。计算机也一样，每台计算机都有各自的钟表，一般依赖石英晶体的振荡频率产生。单台计算机的时间也不是太大问题。在网络系统中，当一个应用分布在多台计算机上时（以下简称分布式系统②），时间有时候就成为一个棘手的问题。我们看一个简单的例子（见图 3-5）。

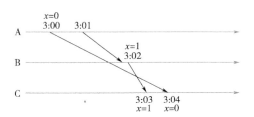

图 3-5　事件顺序问题

你可以看到，向右的箭头表示在一个分布式系统中，A、B、C 三个节点（计算机）上，实际时间流逝的时间轴。

---

① 国际计量大会，见百度百科（baidu. com）。
② 分布式系统（建立在网络之上的软件系统），见百度百科（baidu. com）。

（1）节点 A 在 3：00 的时候给 x 赋值 0，并将赋值事件发送给 C；

（2）1 分钟后，A 上的另一个事件被触发并发送给 B；

（3）B 在 3：02 的时候，将 x 赋值为 1，并将赋值事件发送给 C。

很明显，这个赋值 x 为 1 的事件实际上是在赋值 x 为 0 的事件之后产生的。由于网络的不稳定等原因，赋值 0 较赋值 1 后同步到节点 C，于是在 C 中 x 的最终值是 0，而不是 1。这显然不是我们期望的。

这里举的例子用秒为单位，网络传输通常不会有那么长的耗时，可是，造成数据不一致的原理却是一样的。两次数据变更，间隔时间可能非常小，就是来源于邻近两行代码的执行而已，这样的时间间隔，即便是最精密的物理时钟，可能都无法感知①。也就是说，节点 C 无法依赖物理时间建立正确的事件顺序。

在 1978 年的一篇开创性的论文中[85]，莱斯利·兰伯特②③引入了"因果关系"的概念，利用狭义相对论的观点解决这个问题。两个观察者在事件顺序上可能存在分歧，但如果是一个事件导致另一个事件的发生，那么就能消除模糊性。发送或接收消息可以在多个进程之间建立事件之间的因果关系。在分布式系统中，绝对时间是不存在的，也是不重要的，事件的因果关系才最重要。

"逻辑时钟"（现在也被称为"兰伯特时钟"），提供了一种标准的方法对分布式系统的事件顺序进行推理。2013 年，莱斯利·兰伯特因其在分布式系统方面的巨大贡献而获得图灵奖，被誉为"分布式系统的开创者"。

在分布式系统中，事件 A 发生在事件 B 之前，如果 A 发生在比 B 更早的时间，需要系统正确地满足规范。因此，兰伯特定义了"before"关系，而不使用物理时钟。

"before"标记为->，需要满足三个条件：

（1）如果 A 和 B 是同一进程中发生的事件，且 A 先于 B，则 A->B；

（2）如果 A 是一个进程中发送消息的事件，B 是另一个进程中接收此消息的事件，那么 A->B；

（3）如果 A->B 并且 B->C，那么 A->C。

两个事件是并发的，如果 A ≠> B 和 B ≠> A；对于任意事件 a，定义 a ≠> a。

---

① 从物理时钟到逻辑时钟，见腾讯云（tencent.com）。

② 莱斯利·兰伯特，见百度百科（baidu.com）。

③ 有没有谁知道莱斯利·兰伯特（LaTex 软件创始人）的一些轶事或者介绍，传记之类？或者推荐几本关于莱斯利·兰伯特的书，见知乎（zhihu.com）。

另一种说法是 A->B 意味着事件 A 是事件 B 的因。两个事件并发说明二者不能发生因果影响，两个事件相互独立。这就意味着分布式系统中的事件可以部分排序。

用一个通俗的例子解读并发：假设在上午 10 点左右，A 转账给 B 一笔钱，B 从账户取了一笔钱，两个事件谁先发生谁后发生无法判定，也不需要判定，我们称之为并发事件；如果 A 转账后给 B 打了个电话，B 然后从账户取钱，打电话这个信息建立了这两个事件的因果关系，必有转账事件发生在取钱事件之前。

兰伯特逻辑时钟是为了区分现实中的物理时钟而提出来的计时方法。兰伯特逻辑时钟值可以设定为从 0 到无穷大的一个单调递增的整数，每个节点的逻辑时钟的初始值都为 0。假设 A 事件发生在 B 事件之前，把 C 记为逻辑时钟值，则必有 $C(A) < C(B)$。但，$C(A) < C(B)$ 时，不能说明 A 事件发生在 B 事件之前。也就是说 $C(A) < C(B)$ 是 A 事件发生在 B 事件之前的必要不充分条件。

设置和同步逻辑时钟的算法如下：

（1）每个节点（单台计算机）有自己的一个逻辑时钟值，初始值为 0。

（2）如果事件在节点内（单台计算机）发生，每发生一次，本地节点的时间值加 1。

（3）如果事件属于发送事件，本地节点中的时间值加 1 并在消息中带上该时间值。

（4）如果事件属于接收事件，本地节点中的时间值＝本地节点的时间值和消息中携带的时间值的最大值+1。

逻辑时钟是整个分布式一致性算法的基石，所有的分布式一致性算法都有逻辑时钟的影子。逻辑时钟定义了分布式系统里面的时间概念，解决了分布式系统中区分事件发生的时序问题①。

（五）分布式系统共识：两军问题和拜占庭将军问题

荷兰阿姆斯特丹自由大学的计算机科学教授塔能鲍姆②所著的《分布式系统原理与范型》[86] 是引导我学术入门的第一本书。书中介绍了一个与网络协

---

① 时钟系列一：事件的因果和逻辑时钟，见知乎（zhihu.com）。
② 安德鲁·斯图尔特·塔能鲍姆，见百度百科（baidu.com）。

议有关的著名问题——两军问题①，可以用来说明协议设计的微妙性和复杂性。

两军问题，也叫两军悖论。假设有 A、B 两支军队将敌军围困在一个山头。如果两支军队同时发起进攻，则极有可能击溃敌军；如果一支军队独自贸然行动，后果可能不堪设想，不仅攻不下来，而且敌军有可能突围，并将这两支部队各个击破。两支军队的将军决定约定一个时间一起向敌军发起攻击。两支部队驻扎在山边的不同位置，只能通过信使进行联系。（见图 3-6）

图 3-6　两军问题

将军 A 决定派信使到将军 B 处，消息内容大致是"联合进攻定在某日的凌晨 5 点，请及时回复确认"；将军 B 收到信使消息，立即派信使回复将军 A："信息已收到，准备就绪，将在确定时间发起攻击。"联合攻击会如期展开吗？答案是不会。

如果信使往返中发生意外，被敌军截获或走失，情况会怎么样？第一种情况，将军 B 没收到将军 A 的信息，联合攻击则不会发生；如果将军 B 收到了信息，但将军 A 没收到回复，攻击也不会发生。因为这时，将军 B 会想，万一信使出意外，将军 A 没收到回复，联合攻击就变成将军 B 的独自行动了。是不是需要将军 A 派信使再往返确认一次？

该实验得出的结论：在一个不可靠的通信链路上，通过通信达成一致是没有理论解的。该结论可以用反证法证明，证明如下：

假如存在某种协议，那么协议中最后一条信息要么是必要的，要么不是。如果不是，可以删除它，知道剩下的每条信息都是至关重要的。若最后一条消息没有安全到达目的地，则会怎样呢？刚才说过每条信息都是必要的，因

---

① 简述两军问题和我的疑问，见知乎（zhihu.com）。

此，若它丢了，则进攻不会如期进行。由于最后发出信息的指挥官永远无法确定该信息是否安全到达，他不会冒险发动攻击。同样，友军也明白这个道理，所以也不会发动进攻①。

我们也许会有疑问，A、B 需要的是达成进攻时间的共识，A 知道进攻时间，B 知道进攻时间，A 知道 B 知道进攻时间，B 知道 A 知道进攻时间，那么实际上这并不需要无限轮次，前 3 次必然已经相互确认了。但真正的共识问题是"由于传递确认消息的信使可能被俘虏造成消息丢失，即使双方不断确认已收到对方的上一条信息，也无法确保对方已与自己达成共识"[87]。

看了不少战争片，信号弹是部队常用的发动攻击的信号，而不是通过信使来确认攻击时间。信号弹在一定范围内是可靠的广播通信手段，规避了两军问题中的通信不可靠问题。

虽然通信链路本质上是不可靠的，但从某种意义上说，经过三轮信息传递能够保证通信的基本可靠性。当前主流的互联网通信协议传输控制协议（TCP）② 就是一个使用"三次握手"建立连接和通信的协议，被认为是工程上一个足够好的解决方案。

拜占庭将军问题也是发明逻辑时钟的兰伯特③的杰作[88]。1977 年，兰伯特入职斯坦福研究院④，参与了美国航空航天局的一项控制飞机稳定性的项目。在进入该项目之前，兰伯特已经开始思考计算机上的"任意失效"问题。之前人们所应对的多是"故障"，也就是设备崩溃宕机，无应答。而"任意失效"，则意味着设备可能发出故意扰乱分布式计算的错误指令。"任意失效"后来被称为"拜占庭故障"，是计算机中所能发生的最坏的故障。

拜占庭将军问题是这样描述的⑤：

拜占庭帝国在攻击敌方城堡时，在敌方城堡外驻扎了多支军队，每支军队都有自己的将军，将军们只能通过信使进行沟通。为了简化问题，军队的行动策略只有两种：进攻（attack，后面简称 A）或 撤退（retreat，后面简称 R）。因此，将军们需要通过投票达成一致策略：同进或同退。如果几支军队不是统一进攻或撤退，就可能因兵力分散导致失败。在投票过程中，每位将军都将自己的投票信息（A 或 R）通知其他所有将军。这样一来每位将军根

① 闲话计算机网络中的两军问题，见 CSDN 博客。
② TCP（传输控制协议），见百度百科（baidu.com）。
③ 莱斯利·兰伯特，见百度百科（baidu.com）。
④ https://www.sri.com/。
⑤ 拜占庭将军问题，见博客园（cnblogs.com）。

据自己的投票和其他所有将军送来的信息，可以分析出共同的投票结果（简单多数）而决定行动策略。然而其中的一些将军可能是叛徒，就会阻止将军们达成一致的行动计划；另外，传递消息的信使也可能是叛徒，他们可以篡改和伪造消息。

之所以叫"拜占庭将军问题"，背后还有一段故事。詹姆斯·尼古拉·格雷①也是一位图灵奖得主，他提出过"中国将军问题"，兰伯特生了效仿的心，改成"阿尔巴尼亚将军"。当时的阿尔巴尼亚是封闭的社会主义国家，与外界绝少交流，他觉得这很安全，不会触怒任何人。但他的同事不同意，说还得考虑移民在外的阿尔巴尼亚人，要尊重人家的民族自尊心。于是，兰伯特干脆就改成一个业已不存在的国家"拜占庭"。

首先把问题简化一下，假设只有 3 个拜占庭将军，分别为 A、B、C，他们要讨论的只有一件事情：明天是进攻还是撤退。为此，将军们需要依据"少数服从多数"的原则投票表决，只要有两个人的意见达成一致就可以了。

举例来说，A 和 B 投进攻，C 投撤退：那么 A 的信使传递给 B 和 C 的消息都是进攻；B 的信使传递给 A 和 C 的消息都是进攻；而 C 的信使传给 A 和 B 的消息都是撤退。

如此一来，3 个将军就都知道进攻方和撤退方二者占比是 2∶1 了。显而易见，进攻方胜出，第二天大家都要进攻，三者行动最终达成一致。

但是，如果稍微做一个改动：假设 A 和 C 是忠诚将军，B 是叛徒，那么叛徒会怎么做而让其他两个忠诚的将军做出相反的决定呢？

进攻方和撤退方现在是 1∶1，无论 B 投哪一方，都会变成 2∶1，一致性还是会达成。但是，作为叛徒的 B，必然破坏这个一致性，于是他让一个信使告诉 A 的内容是"进攻"，让另一个信使告诉 C 的则是"撤退"。

至此，A 将军看到的投票结果是进攻方∶撤退方 = 2∶1，而 C 将军看到的是 1∶2。第二天，忠诚的 A 冲上了战场，却发现只有自己一支军队发起了进攻，而同样忠诚的 C，却早已撤退。最终，A 的军队败给了敌人。

可以看到，在一致性达成的过程中，叛徒将军甚至不需要超过半数，就可以破坏占据多数的忠诚将军的一致性的达成；更糟糕的是，在大多数将军都是忠诚的情况下，也无法抓出这个狡猾的叛徒，有兴趣的读者可以自己推

---

① 詹姆斯·尼古拉·格雷，见百度百科（baidu.com）。

演一下。实质上，"拜占庭将军"问题的可怕之处，恰恰在此①。

莱斯利·兰伯特证明了如果存在 m 个叛徒将军，当将军的总人数大于等于 $3m+1$ 时，将军们可以达成共识；当将军总数小于或等于 $3m$ 时，叛徒便无法被发现，整个系统的一致性也就无法达成，拜占庭将军问题无解。直观结论是需要 2/3 以上的忠诚将军才能达成共识，而不是简单多数；换言之，如果有 1/3 以上的叛徒将军，那仗就没法打了。

我们用莱斯利·兰伯特的共识算法演示一个达成共识的过程。假设 $n=4$，$m=1$，即 4 个将军，其中一个是叛徒。每个将军知道自己部队的人数，但不知道其他将军部队的人数，并且知道可能有叛徒。算法的目的是将军们对每个将军（除去叛徒将军）的部队人数达成共识。

第一步：每个将军向其他将军报告自己的部队人数。忠诚的将军报告一个真实的数据，而叛变的将军向其他的每一个将军报告一个不同的谎言，分别假设为 x，y，z。经过这一步的通信后，每个将军得到 4 个数值如下：

将军 1：1 000，2 000，x，4 000

将军 2：1 000，2 000，y，4 000

将军 3：1 000，2 000，3 000，4 000

将军 4：1 000，2 000，z，4 000

第二步：要求每个将军将获得的数据报告给其他将军，同样，忠诚的将军如实报告，而叛变的将军每次又制造一个不同的谎言。经过这一步以后，每个将军就会获得新的三组数据，以将军 1 为例：

将军 1：1 000，2 000，y　　4 000

a，　b，　　c，　　d

1 000，2 000，z，　4 000

第三步：从简单多数规则，将军 1 可以得到（1 000，2 000，不确定，4 000）。

以此类推，最后忠诚的将军 1、2 和 4 能够达成共识：（1 000，2 000，不确定，4 000）。

因此叛徒的谎言不能阻止忠诚的将军达成一致，虽然叛徒将军的部队人数是无法确定的。很容易看出，当 $n=3$，$m=1$ 时，则无法达成共识。这个结论对管理的启示是，在一个组织中，如果有 1/3 以上的问题成员，简单多数的投票就不太可靠了。

---

① 拜占庭将军：分布式领域的幽灵，见知乎（zhihu.com）。

在分布式系统中，不同的节点通过通信交换信息达成共识而按照同一套协作策略行动。但有时候，系统中的节点可能出错而发送错误的信息，用于传递信息的通信网络也可能导致信息损坏，使得网络中不同的成员关于全体协作的策略得出不同结论，从而破坏系统一致性。拜占庭将军问题被认为是分布式公式问题中最难的问题类型之一。

兰伯特一生都在企业的研究院中工作，从未在大学任教。他觉得在企业中，有一大好处，就是能够从产业中抓获真正的问题。"最有价值的问题，是产业中还未意识到，而你已经先人一步看到的问题。"兰伯特说。

（六）无处不在的计算

计算与数学一样古老，起源于人类早期的生产活动。古巴比伦人从远古时代开始已经积累了一定的数学知识，并能应用于解决实际问题。在中国古代，数学就叫作算术，又称算学，最后才改为数学①。人类的大脑并不擅长于计算，却擅长于发明工具。

人类计算工具的历史是从中国的算盘②开始的，其历史可以追溯到东汉时期（公元 25—220 年），算盘的使用在宋代得到了广泛的普及和推广。明代以后，中国珠算传到了日本、朝鲜、东南亚各国，并逐渐流行于美洲。在计算器和计算机出现之前，算盘一直是中国主要的计算工具。西方历史上有代表性的计算工具有 1612 年发明的纳皮尔筹，1642 年发明的滚轮式加法器（帕斯卡计算器）和 1672 年第一台莱布尼茨步进计算器③。

机械计算时期已经出现了现代计算机的一些基本概念。查尔斯·巴贝奇④提出了差分机与分析机的设计构想，支持自动机械计算。人类历史的第一个程序员是诗人拜伦之女艾达，她为巴贝奇差分机编写了一组求解伯努利数列的计算指令。这套指令也是人类历史上第一套计算机算法程序，它将硬件和软件分离，第一次出现程序的概念。艾达也被誉为第一位程序员，因深度学习训练出名的英伟达 A100 芯片也是为了纪念艾达的，A 是指 Ada⑤。

直到 20 世纪上半叶，出现了布尔代数、图灵机、冯·诺依曼体系结构和晶体管。这四个现代计算技术的科学和技术基础。其中，布尔代数用来表达

---

① 数学（学科），见百度百科（baidu.com）。
② 算盘，见百度百科（baidu.com）。
③ 计算设备的简史：计算器的起源与发展（一），见百度百科（baidu.com）。
④ 查尔斯·巴贝奇（英国发明家、电脑先驱），见百度百科（baidu.com）。
⑤ 艾达，诗意的科学家，见新浪网（sina.com.cn）。

二进制数据和计算逻辑；图灵机是一种通用的计算模型，将复杂任务转化为自动计算；冯·诺依曼体系架构则提出了构造计算机的程序存储执行原理，和由运算器、控制器、存储器、输入设备、输出设备五个基本单元组成的体系结构；电子管则作为计算机的基本线路。

世界上第一台通用电子数字计算机是埃尼阿克（ENIAC），诞生于 1946 年 2 月 14 日。它占地约 170 平方米，重达 30 吨，耗电功率约 150 千瓦，每秒钟可进行 5 000 次运算。埃尼阿克的诞生标志着电子计算机时代的开始①。IBM 公司的创始人托马斯·沃森曾说："我想，全世界只需要 4、5 台计算机就够了"。

今天，手机、平板、PC、电子手表，哪一种不是计算机？随着互联网、云计算、物联网的普及和发展，一个人、物结合的数字时代正在到来，计算无处不在。人们无论走到哪里，无论什么时间，都可以根据需要获得计算能力和所需要的服务，且不用关心这些服务是怎样得到的。

计算融入环境或日常生活中，使人们更自然地、更方便地和计算机交互，形成了越来越多的智能应用。计算机可以感知周围的环境变化，从而根据环境的变化做出自动的基于用户需要或者设定的行为，再把这些行为通过嵌有计算机的工具表达出来。例如，智能家庭的窗帘可以根据阳光和日照的变化发出信息给用户手机，用户则根据需要通过手机下达打开窗帘的指令。手机也可感知环境而自动切换为静音或各种其他操作模式，并且自动从互联网上搜索用户需要的各种信息。人们不用为了使用计算机而去寻找计算机。

1991 年，马克·维瑟在《科学美国人》杂志上发表文章《21 世纪的计算机》[89]，正式提出了普适计算②的概念。"最具深远意义的技术是那些消失在我们视野里的技术。它们将自己融入人们的日常生活中以致不易被察觉。""在全世界范围内我们尝试着去孕育一种全新的思考计算机的方式，一种考虑到让计算机融入人们的日常生活环境中，并且允许计算机本身消失在周遭环境中的方式。"③ 计算机将会适应人类的生活方式而不是反过来。从心理学角度上说，当人对一件事物充分了解之后，便不会意识到其存在。就是仅当事物以这种方式消失之后，我们才能够自由地不加思考地使用它们，也能够专注于在它们基础上的目标。

普适计算的通俗翻译即为"无处不在的计算"。普适计算是一个强调和环境融为一体的计算概念，计算机遍布在我们周围，但我们意识不到它们的存

---

① ENIAC，见百度百科（baidu.com）。
② 普适计算，见百度百科（baidu.com）。
③ 马克·维瑟：21 世纪的计算机（The Computer for the 21st Century），见豆瓣（douban.com）。

在，而计算机本身则从人们的视线里消失。在普适计算的模式下，人们能够在任何时间、任何地点，以任何方式进行信息的获取与处理，也使数据收集达到前所未有的规模。

普适计算的核心思想是小型、便宜、网络化的处理设备广泛分布在日常生活的各个场所，计算设备将不只依赖命令行、图形界面进行人机交互，而更依赖"自然"的交互方式，计算设备的尺寸将缩小到毫米甚至纳米级。

马克·维瑟最早研究的普适计算产品实际上是一个挂在钥匙扣上的计算机，即很小的计算机终端产品。以后的很长一段时间，科研人员都把注意力集中在终端智能设备的研制上。例如，各种智能电话、掌上电脑等，都是当时普适计算研究的产物。因此，终端产品一直是普适计算研究的重点。

与一般的终端产品相比，普适计算的终端产品形态更加多样化。从带有条形码和处理器的电子书包，带有处理器的电子手表，到具有计算处理功能的咖啡机、空调、灯具等，都是普适计算的终端产品。如果你有机会到美国西雅图参观一下微软公司的"未来之家"，从走进大门的那一刻起，你碰到的每一件产品都是具有计算功能的普适计算终端产品。

与一般计算机终端不太一样，普适计算的终端产品很少有像一般计算机那样的大显示屏和键盘，也很少由终端用户安装和卸载软件。它们的软件都是事先嵌入产品中的，或者由管理人员从网络或后台安装设置。

普适计算终端产品的输入多依靠传感器采集信息。例如，为小朋友读书的阅读机要靠光电传感器阅读文章，智能电表或道路交通控制设备等都要依靠各种传感装置采集信息。事实上，情境感知、人机交互、主动服务的每一个环节和功能都离不开传感科技。

普适计算强调的"无所不在"和"透明"两个特性包含了通信网络，强调了计算和通信网络的无缝整合。普适计算主要有两大关键。

第一，各种通信网络的无缝整合。这些网络既包括各种无线网、广播网、互联网，也包括各种特殊的专用网。甚至，不仅各种先进的新型网络要能被整合，各种还在使用的旧的通信网络也要被整合。现在人们经常提到的"三网合一"① 只是这种整合的一个开始。这种整合使人们在享受计算服务时得以跨越网络平台，而且这种跨越还是"不知不觉"的，也就是"透明"的。

第二，对软件平台的无缝整合。这涉及不同操作系统之间的应用软件如何对接。那么，不同设备之间的应用软件如何对接？例如，用手机上网访问

---

① 三网融合（电信广电互联网的融合），见百度百科（baidu.com）。

传统的网站时，不同的显示方式能否自由转换等。

　　20世纪90年代初的计算机则显得无比笨重，界面单调（大部分是命令行），即使要实现一个很小的功能都需要许多额外的工作；网络条件也不具备，不同的系统互联非常困难。不少人觉得普适计算是无稽之谈，但是经过多年的硬件开发、基础设施建设和应用创新，如智能手机和可穿戴式电脑、无线局域网以及感知和控制设备的兴起，普适计算成为可能，正在成为现实。以自动驾驶汽车为例。自动驾驶汽车可以通过智能手机识别其授权乘客，声控自动驾驶，在必要时自行停靠和充电，并通过与基础设施交互有效地处理紧急响应、收费和快餐支付。

　　1. 算力的增长：摩尔定律

　　纵观计算机技术近80年的发展史，计算机从巨型机到大型机、小型机、PC和各种智能终端，算力增长和微型化的趋势得益于集成电路技术的"摩尔定律"。如图3-7所示。

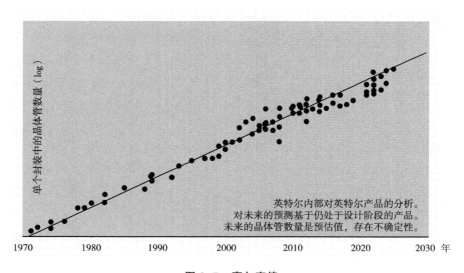

图 3-7　摩尔定律

　　1959年，美国著名半导体厂商仙童公司[①]首先推出了平面型晶体管（即芯片），紧接着于1961年又推出了平面型集成电路。这种平面型制造工艺是在研磨得很平的硅片上，采用一种"光刻"技术形成半导体电路的元器件，

――――――――――

　　① 仙童半导体公司，见百度百科（baidu. com）。

如二极管、三极管、电阻和电容等。只要"光刻"的精度不断提高，元器件的密度也会相应提高，从而具有极大的发展潜力。因此平面工艺被认为是"整个半导体的工业键"，也是摩尔定律问世的技术基础。

1964 年，仙童半导体公司创始人之一戈登·摩尔[1]博士，应邀为《电子学》杂志 35 周年专刊写了一篇观察评论报告，题目是《让集成电路填满更多的元件》。摩尔以三页纸的短小篇幅，发表了一个奇特的定律，集成电路上能被集成的晶体管数目，将会以每 18 个月翻一番的速度稳定增长，并在今后数十年内保持这种势头。摩尔所作的这个预言，因后来集成电路的发展而得以证明，其所阐述的趋势一直延续至今，且仍不同寻常地准确，被誉为"摩尔定律"。这一定律揭示了信息技术进步的速度，成为新兴计算机产业的"第一定律"。1968 年，摩尔和诺伊斯共同创办了今天全球领先的半导体和计算创新公司——英特尔公司[2]。

在过去 50 多年的时间里，芯片上的晶体管数量增加了 130 多万倍，从 1971 年推出的第一款英特尔 4004 微处理器[3]的 2 250 个晶体管，增加到今天最新酷睿处理器 i9 的 30 亿个晶体管。计算机的处理能力保持指数级增长[4]。也有人从网络带宽、系统软件两个角度考察摩尔定律的正确性。

网络带宽方面，1997 年，被称为"数字时代三大思想家"之一的乔治·吉尔德[5]提出了吉尔德定律。吉尔德定律认为，在未来 25 年，主干网的带宽每 6 个月增长 1 倍，其增长速度是摩尔定律预测的计算能力增长速度的 3 倍，并预言将来上网会免费。正是遵循着这样的规律，我们的上网速率越来越快，而资费也越来越便宜；1998 年，雅各布·尼尔森博士在网络上发表了一篇标题为《互联网宽带的尼尔森定律》的文章[6]，该文指出，高端用户带宽将以平均每年 50% 的增幅增长，每 21 个月带宽速率将增长 1 倍。40 多年来，带宽增长趋势与该定律神奇吻合。如图 3-8 所示[7]。

系统软件方面，Basic 语言[8]解释器软件的源代码在 1975 年只有 4 000 行，20 年后发展到大约 50 万行；微软的文字处理软件 Word，1982 年的第一版含

---

① 戈登·摩尔，见百度百科（baidu.com）。
② 英特尔（美国科技公司），见百度百科（baidu.com）。
③ Intel 4004，见百度百科（baidu.com）。
④ 革新升级：I9-13900K 配置服务器的性能为何超越前代处理器？见快快网络（kkidc.com）。
⑤ 乔治·吉尔德，见百度百科（baidu.com）。
⑥ https：//www.nngroup.com/articles/law-of-bandwidth/。
⑦ 通信业的九大定律，最后一个扎心了，见搜狐（sohu.com）。
⑧ BASIC（初学者通用符号指令代码），见百度百科（baidu.com）。

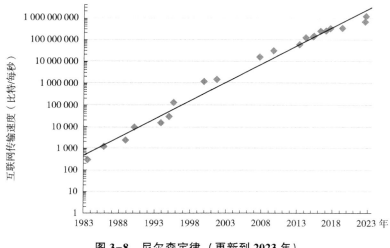

图 3-8　尼尔森定律（更新到 2023 年）

有 27 000 行代码，20 年后增加到大约 200 万行。有人将其发展速度绘制成一条曲线后发现，软件的规模和复杂性的增长速度甚至超过了摩尔定律。系统软件的发展反过来又提高了对处理器和存储芯片的需求，从而刺激了集成电路的更快发展[①]。

　　由于集成度越高，晶体管的价格越便宜，由此就引出了摩尔定律的经济学效益，20 世纪 60 年代初，一个晶体管要 10 美元左右，但随着晶体管越来越小，小到一根头发丝上可以放 1 000 个晶体管时，每个晶体管的价格只有千分之一美分[②]。

　　从技术的角度看，随着硅片上线路密度的增加，其复杂性和差错率也将呈指数增长，同时也使全面而彻底的芯片测试几乎成为不可能。一旦芯片上线条的宽度达到纳米（10^{-9} 米）数量级时，相当于只有几个分子的大小，这种情况下材料的物理、化学性能将发生质的变化，致使采用现行工艺的半导体器件不能正常工作，摩尔定律也终要走到尽头。

　　然而，也有人从不同的角度看问题。美国一家名叫 CyberCash[③] 公司的总裁兼 CEO 丹·林启说："摩尔定律是关于人类创造力的定律，而不是物理学定律。"持类似观点的人也认为，摩尔定律实际上是关于人类信念的定律，当人们相信某件事情一定能做到时，就会努力去实现它。摩尔在当初提出他的

---

①　摩尔定律，见百度百科（baidu. com）。

②　什么是摩尔定律？见百度百科（baidu. com）。

③　https：//en. wikipedia. org/wiki/CyberCash。

观察报告时，实际上是给了人们一种信念，使大家相信他预言的发展趋势一定会持续①。

2. 计算机网络和国际互联网

现代计算机网络是一些相互连接的、以共享资源为目的的、自治的计算机的集合。它诞生于 20 世纪 60 年代末。1957 年，苏联发射了人类第一颗人造地球卫星斯普特尼克 1 号②。作为响应，1958 年，美国国防部组建了高等研究计划局③（ARPA），负责研发用于军事用途的高新科技，其宗旨是"保持美国的技术领先地位，防止潜在对手意想不到的超越"。

1967 年，高等研究计划局正式启动筹建"分布式网络"阿帕网（ARPANET)④。最初的阿帕网只有 4 个节点，是一个通过通信处理机和通信链路构成的"局域网"。1969 年底，阿帕网正式投入运行，从而诞生了全球第一个计算机网络。

阿帕网无法做到和其他计算机网络互联，这一点引发了研究者的思考。1973 年春，温顿·瑟夫⑤和鲍勃·康恩⑥开始思考如何将阿帕网和另外两个已有的网络相连接，一个是卫星网络⑦，另一个是基于分组无线业务的 ALOHA 网⑧，瑟夫设想了新的计算机通信协议，最后创造出传送控制协议/互联网协议（TCP/IP)⑨。该协议成为一个事实的工业标准，后来被国际互联网所采用，其重要性不言而喻。

传送控制和互联网协议能够迅速发展起来，是它恰好适应了世界范围内数据通信的需要。它有四个特点。

（1）协议标准是完全开放的，可以供用户免费使用，并且独立于特定的计算机硬件与操作系统。

（2）独立于网络硬件系统，可以运行在局域网、广域网、无线网上。

（3）网络地址统一分配，网络中每个设备和终端都具有一个唯一地址。

（4）高层协议标准化，可以提供多种多样的可靠网络服务。

---

① 摩尔定律是什么，见电子发烧友网（elecfans.com）。
② 斯普特尼克 1 号，见百度百科（baidu.com）。
③ 美国国防部高级研究计划局，见百度百科（baidu.com）。
④ ARPA 网络，见百度百科（baidu.com）。
⑤ 温顿·瑟夫，见百度百科（baidu.com）。
⑥ https://en.wikipedia.org/wiki/Bob_ Kahn。
⑦ https://en.wikipedia.org/wiki/SATNET。
⑧ https://en.wikipedia.org/wiki/ALOHAnet。
⑨ TCP/IP 协议，见百度百科（baidu.com）。

20 世纪 80 年代中期，为了满足大学促进其研究工作的迫切要求，美国国家科学基金会① （NSF） 在全美国建立了 6 个超级计算机中心，供 100 多所美国大学共享它们的资源。这个主干网络就是 NSFNet②，它也采用传送控制和互联网协议与阿帕网互联。

阿帕网和美国国家科学基金会网最初都是为科研服务的，其主要目的是为用户提供共享大型主机的宝贵资源。随着接入主机数量的增加，越来越多的人把它们作为通信和交流的工具。一些公司还陆续在上面开展商业活动。随着这个互联网络的商业化，其在通信、信息检索、客户服务等方面的巨大潜力被挖掘出来，并最终走向全球，诞生了今天的国际互联网。

1989 年，欧洲粒子物理研究所③由蒂姆·伯纳斯·李④领导的小组提交了一个针对国际互联网的新协议和一个使用该协议的文档系统，该小组将这个新系统命名为 WWW，中文译为"万维网"。1993 年是国际互联网发展过程中非常重要的一年，人们在国际互联网上所看到的内容不仅有文字，而且有图片、声音和动画，甚至还有电影。国际互联网演变成一个文字、图像、声音、动画、影片等媒体交相辉映的新世界，它以前所未有的速度席卷了全世界。

1994 年，一条 64K 的国际专线从中国科学院计算机网络信息中心接入互联网，中国成为国际互联网的第 77 个成员。2024 年 3 月，中国互联网络信息中心发布的第 53 次《中国互联网络发展状况统计报告》显示，截至 2023 年 12 月，我国现有行政村全面实现"村村通宽带"，我国备案网站超过 380 万个，网民规模达 10.92 亿人，互联网普及率达 77.5%。中国建成全球规模最大、技术领先的网络基础设施。IPv6 改造全面完成，国家顶级域名注册量全球第一⑤。

20 世纪 90 年代至今的计算机网络，局域网技术发展成熟，并出现光纤等高速网络技术以及蓝牙、WIFI、4G/5G 等无线网技术，基础设施趋于完善，应用开发不断深入，现在，人们的生活、工作、学习和交往都已离不开网络了。

3. 计算机语言与软件系统

语言是沟通的工具。计算机语言是人和计算机沟通的工具。软件是用计

---

① 美国国家科学基金会，见百度百科 （baidu. com）。
② NSFNet，见 360 百科 （so. com）。
③ 欧洲核子研究组织，见百度百科 （baidu. com）。
④ 蒂姆·伯纳斯·李，见百度百科 （baidu. com）。
⑤ 全功能接入国际互联网 30 周年——中国向网络强国迈进，见百度百科 （baidu. com）。

算机语言编写出来的。

20 世纪 40 年代，当计算机刚刚问世的时候，程序员必须手动控制计算机和用机器语言编写程序。机器语言使用绝对地址和绝对操作码，即由"0"和"1"组成的二进制代码串。不同的计算机都有各自的机器语言，即指令系统。用机器语言编写程序，程序员要首先熟记所用计算机的全部指令代码和代码的含义。在编写程序时，程序员要自己处理每条指令和每一数据的存储分配和输入输出，还得记住编程过程中每步所使用的工作单元处在何种状态。这是一件十分烦琐的工作①。下面是一段用机器语言的代码示例（见图 3-9）。

```
1  10110000 01100001 00000000 00000000  ; 将值1存储到寄存器AL
2  10110000 01100010 00000000 00000001  ; 将值2存储到寄存器BL
3  10000000 01100000 01100001  ; 将寄存器AL的值和寄存器BL的值相加
```

图 3-9　机器语言代码示例

为了减轻使用机器语言编程的痛苦，人们进行了一种有益的改进：用一些简洁的英文字母、符号串替代一个特定的指令的二进制串。如，用"ADD"代表加法，"MOV"代表数据传递等，这样一来，人们很容易读懂并理解程序在干什么，纠错及维护都变得方便了，这种程序设计语言被称为汇编语言，即第二代计算机语言。然而计算机是不认识这些符号的，这就需要一个专门的程序，专门负责将这些符号翻译成二进制数的机器语言，这种翻译程序被称为汇编程序②。图 3-10 是上面例子用汇编语言写的代码。

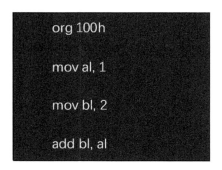

```
org 100h

mov al, 1

mov bl, 2

add bl, al
```

图 3-10　汇编语言示例

---

① 机器语言，见百度百科（baidu. com）。

② 计算机语言，见百度百科（baidu. com）。

汇编语言的实质和机器语言是相同的，都是直接对硬件操作，只不过指令采用了英文缩写的标识符，更容易识别和记忆。它同样需要程序员将每一步具体的操作用命令的形式写出来。现在，除了计算机的极个别领域，用汇编语言的场景越来越少了，取而代之的是今天称之为高级语言的计算机语言。对计算机专业的教学来说，汇编语言不再是必修课了。

计算机高级语言，也可以理解为某种宏指令系统，将不断重复重用的汇编语言代码段，用一条宏指令来取代。事实上，计算机高级语言比宏指令要复杂得多，它将宏指令的调度逻辑用规定的语法和语义加以实现。计算机高级语言更接近自然语言，而与机器语言越来越疏远。计算机之所以能够执行高级语言编写的程序，是因为人们发明了编译系统软件，这个软件负责用高级语言写的程序转化为机器语言的代码集合。随着计算机处理能力的提升，编译系统对运行效率的影响已经变得微不足道了。

高级语言的发展也经历了从早期语言到结构化程序设计语言，从面向过程的语言到面向对象的语言的过程。相应的，软件的开发也由最初的个体手工作坊式的封闭式生产，发展为产业化、流水线式的工业化生产。2023 年最值得学习的计算机语言排行榜前五位的是 Python、C、Java、C++、C#[①]。

计算机软件是与特定应用相关的计算机程序、规程、规则，以及可能有的文件、文档及数据的总称，部署到计算机和网络上后能够达成用户的特定应用需求。计算机软件是计算机系统的灵魂，决定了计算机能够执行哪些任务和功能。它可以是一个特定的程序，比如，一个浏览器；也可以是一组功能联系紧密，可以互相协作的程序集合，如微软的 Office 软件；也可以是一个由众多独立程序组成的庞大的软件系统，比如，数据库管理系统。不同的软件一般都有对应的软件许可，软件的使用者必须在同意所使用软件的许可证的情况下合法地使用软件。

今天，无处不在的计算实际也是无处不在的软件。

4. 云计算[②]——一点接入、即取即用

对用户来说，普适计算是形形色色的终端，而提供功能和服务的却是用户看不到的终端背后的网络和服务器。

对于一家企业来说，当一台计算机的运算能力不能满足需求时，公司就要购置一台运算能力更强的计算机，也就是服务器；而对于规模比较大的企

---

① IT 行业 2023 年最值得学的编程语言 TOP 5，Python 再度夺冠！见 CSDN 博客。

② 云计算（科学术语），见百度百科（baidu.com）。

业来说，一台服务器的运算能力显然是不够的，那就需要企业购置多台服务器，甚至演变成为一个具有多台服务器的计算中心。除了高额的初期建设成本之外，运行维护的成本可能要比投资成本还要高，这些总的费用是中小型企业难以承担的，于是云计算的概念便应运而生了。

"云"实质上就是一个网络服务，使用者可以上"云"，随时获取"云"上的资源，按需求量使用，并且可以看成是无限扩展的，只要按使用量付费就可以。"云"就像自来水厂一样，我们可以随时接水，并且不限量，按照自己家的用水量，付费给自来水厂就可以了。

云计算不是一种全新的网络技术，而是一种全新的一体化算力服务体系。云计算的核心概念就是以互联网为中心，为服务提供商提供快速且安全的云计算服务与数据存储，让他们可以便捷地、经济地和安全地使用网络上的庞大计算资源与数据中心。

云计算是继互联网、计算机后在信息时代又一种新的革新，云计算是信息时代的一个大飞跃，未来的时代可能是云计算的时代。虽然目前有关云计算的定义有很多，但总体上来说，云计算虽然有许多的含义，但云计算的基本含义是一致的，即云计算具有很强的扩展性和需要性。云计算的核心是可以将很多的计算和存储资源协调在一起，因此，使服务提供商通过网络就可以获取到需要的资源，同时获取的资源不受时间和空间的限制。

云计算一般由第三方提供，按需配置，按使用收费。华为云、阿里云、腾讯云等都是国内著名的云服务提供商，它们以标准化、模块化服务为个人和企业提供云平台。使用云服务，服务提供商不再需要自己做设备采购、安装调试、配置管理和运行维护，既改变了投入模式，从重资产到轻资产，同时降低了使用成本。算力就像水、电一样"一点接入、即取即用"。

服务提供商也可以自建云计算平台，部署在互联网上，或私有网络上，这种建设一般都是基于安全性、技术性和经济性的综合考量。这样的云计算我们称之为私有云。

（七）软件工程的噩梦

20 世纪 60 年代以前，计算机刚刚投入实际使用，软件往往只是为了一个特定的应用而在指定的计算机上设计和编制，采用依赖于计算机的机器代码或汇编语言，软件的规模比较小，基本上是个人设计、个人使用、个人操作的小作坊生产方式。到 60 年代中期，随着大容量、高速度计算机和高级编程语言的出现，软件开发急剧增长，规模越来越大，复杂程度越来越高，软件可靠性问题也越来越突出。软件危机开始爆发①。

　　1968 年，北大西洋公约组织②在联邦德国的国际学术会议上创造了"软件危机"一词，并同时提出软件工程的概念，正式启动了以产业化、流水线式的工业化生产软件的逐梦进程。

　　IBM System/360③操作系统软件 OS/360 被认为是一个典型的案例。到现在为止，它仍然被使用在 360 系列的主机中。这个经历了数十年，极度复杂的软件项目甚至产生了一套不包括在原始设计方案之中的工作系统。OS/360 是第一个超大型的软件项目，它使用了 1 000 人左右的程序员。弗雷德里克·布鲁克斯④在 1975 年出版的大作《人月神话》[14]中承认，在他管理这个项目的时候，每年投入数亿美元的资金，但最终交付仍然延期，并在系统使用后发现了 2 000 个以上的错误。

　　在《人月神话》（见图 3-11）中，"人"指的是人力资源，"月"则代表工作时间，一个人一个月内可能完成的工作量。书名的含义是以人月为单位衡量开发工作的规模是一个危险和带有欺骗性的神话。

　　"一头大象悠然自得地在草原上散步。夕阳的余晖洒下，大象觉得有些口渴了，它看到旁边有一个水洼，于是它慢悠悠地走到水洼前饮水。当它喝足准备离开时，突然发现自己被陷住了，这竟是一个蓄有一点水的沥青湖！大象抬起笨重的象腿想要抽身，却发现越是挣

图 3-11

　　① 软件危机，见百度百科（baidu.com）。
　　② 北大西洋公约，见百度百科（baidu.com）。
　　③ 1964 年以前，计算机厂商要针对每种主机量身定做操作系统，而 IBM System/360 的问世则让单一操作系统适用于整系列的计算机。这项计划的投入规模空前，IBM 特为此招募了 6 万名新员工，建立了 5 座新工厂，当时的研发费用超过了 50 亿美元，是美国研制第一颗原子弹曼哈顿工程的 2.5 倍，直到 1965 年首台 System/360 才开始出货。在当时被视为是一场商业豪赌，然而 System/360 上市后全球各地的订单蜂拥而至，1966 年底 IBM 公司年收入超过了 40 亿美元。纯利润高达 10 亿美元，跃升美国十大公司行列，从而确立了自己在电脑市场的世界霸主地位，被称为蓝色巨人。改变人类生活的伟大发明：50 亿豪赌下的产品——IBM360！见百度百科（baidu.com）。
　　④ 弗雷德里克·布鲁克斯（布鲁克斯 1999 年获美国计算机领域最高奖图灵奖），见百度百科（baidu.com）。

扎，越是下陷得厉害。大象预感到了死亡的来临，它的眼中渐渐浮现出惊恐与绝望。"

首先，布鲁克斯将软件系统开发比作吞噬了恐龙、大象等巨兽的焦油坑。各种团队，大型的和小型的，庞杂的和精干的，一个接一个淹没在了焦油坑中。表面上看起来好像没有任何一个单独的问题会导致困难，每个都能被解决，但是当它们相互纠缠和累积在一起的时候，团队的行动就会变得越来越慢且很难看清问题的本质。

其次，布鲁克斯提出了一种颠覆性的观点：编写系统产品开发的工作量是供个人使用的、独立开发程序的 9 倍。这一观点对传统的软件开发观念产生了深远影响，引领了软件工程领域对于工作量评估和计划制订的重新认识。

再次，系统测试的时间总是被预估得很低。理论上，故障（bug）的数量应该为 0，但由于我们的乐观主义，实际的故障数量比预料的要多得多，系统测试的进度安排常常是编程中最不合理的部分，但如果不为测试安排足够的时间简直就是一场灾难，因为故障会没有任何预兆，很晚才出现在客户和项目经理面前。

最后，200 个平庸的程序员组成的队伍很可能不如 25 个优秀程序员组成的队伍效率高。我们很早就认识到优秀程序员和较差的程序员之间生产率的差异，但实际测量出的差异还是令我们所有的人吃惊。一份 1968 年的研究报告对一组具有经验的程序人员进行测量，在该小组中，最好的和最差的表现在生产率上平均为 10∶1。

布鲁克斯书中的一些经典语录今天依然具有现实意义。

"添加人力使一个延期的项目更加延期的法则。"

"在软件项目中，唯一不变的就是变化本身。"

"在大型编程项目中，一半以上的工作是管理，而管理工作的 3/4 是对人的问题进行处理。"

"一个无法实现的计划比没有计划的混乱更为糟糕。"

"在软件项目中，只有真正需要的东西才会被认真设计。"

从提出软件工程的概念到今天，50 多年过去了，软件工业化生产的愿景依然如海市蜃楼，可望而不可即。编程语言、设计方法、开发工具、部署和运维技术、项目管理技术不断迭代，但却不能驾驭日益增长的软件规模和复杂性。即使在中规模、小规模的项目上，软件的开发、交付和运维也常噩梦不断。根据 1995 年的一份研究报告，以美国境内 8 000 个软件项目作为调查样本，调查结果显示，有 84% 的软件计划无法于既定时间、经费中完成，超过 30% 的项目于运行中被取消，项目预算平均超出 189%[①]。

中国的软件行业更是堪忧[②]。我们不但落后于欧美，与印度、日本等国家的软件业相比也有不小差距。世界顶尖软件企业中很难见到国产厂家的身影。国内的软件企业大部分停留在小作坊阶段，只注重短期利益，赚点小钱，干不下去就关门倒闭。程序员在工作 10 多年后技术水平成熟，行业经验丰富，但是由于年龄稍大成本更高便很难获得青睐。在国外 60 多岁的程序员多的是，在国内 30 多岁不转管理的程序员就是失败者。这样的程序员就是软件民工，"码农"，这些人写代码尚可，但听懂客户需求，做系统设计则很难。

"软件和教堂在很大程度上是一样的，我们建造它，然后我们祈祷。"塞缪尔·雷德温在这里做了一个很贴切的类比。软件工程主要有 4 个特点。

（1）软件需求总在变化；

（2）软件系统是内在复杂的；

（3）缺陷是不可避免的；

（4）不可能同时管控质量、进度、成本三个要素。

一个好的软件架构是软件项目成功的一半，而一个差劲的架构则可以毁掉一个好系统。系统架构就像建筑蓝图，但它的重要性往往被低估。优良的系统架构设计则凸显了架构师的能力，但"架构师"并非是一个明确的岗位，因为架构本身没有明确的对与错，只有因地制宜的架构设计，架构更多的是一种能力的体现。架构师应该是在研发团队中具有系统把控力的大师，而近些年来，架构师被玩坏了：

（1）有些架构师只会画框，缺乏实际编程的能力；

（2）有些架构师只会分任务，缺乏系统解耦的能力；

（3）有些架构师只会催任务，缺乏风险判断的能力；

（4）有些架构师只会 PPT，缺乏业务洞察的能力。

上面 4 点并不是说拥有左边的能力不好，而是拥有了右边的能力才会发挥架构真正的魅力。在今天快节奏的生活和日益丰富的工具支持下，软件开发从传统的"瀑布式"按阶段的开发过程[③]，转向敏捷软件开发，以用户的需求进化为核心，采用迭代、循序渐进的方法进行软件开发[④]。但恪守基本规

---

① 软件危机，见百度百科（baidu.com）。

② 中国软件业面临的问题和困境，见百度百科（baidu.com）。

③ 搜索智能精选，见百度百科（baidu.com）。

④ 敏捷开发，见百度百科（baidu.com）。

程和敏捷软件开发是不冲突的，敏捷软件开发不等于野蛮作业。图 3-12 是转载的阿里巴巴敏捷开发过程的示意图。

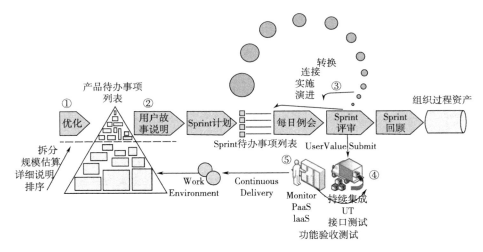

图 3-12　阿里巴巴敏捷开发过程

资料来源：我整理了阿里巴巴日均亿级访问架构设计与重构方法（纯硬核），见搜狐（sohu.com）。

敏捷宣言①是一份由 17 位软件开发和项目管理的先驱者，于 2001 年在美国犹他州的雪鸟度假村制定的。这份宣言和随后产生的 12 条原则为敏捷软件开发方法论的基础，强调更轻便、更灵活、更人性化的软件开发模式。敏捷宣言强调的敏捷软件开发的四个核心价值是：

（1）个体和互动高于流程和工具；

（2）工作的软件高于详尽的文档；

（3）客户合作高于合同谈判；

（4）响应变化高于遵循计划。

阿里巴巴公司日均亿级访问系统的设计、开发和运行的技术原则总结为 8 点，值得学习和遵守。

（1）将应用服务器和数据库服务分离并单独部署；

（2）对数据库进行主从服务设置，将应用进行读写业务分离；

（3）将应用服务进行无状态化改造并进行分布式负载均衡，支持柔性扩展；

（4）对应用服务进行改造，基础业务下沉，做服务隔离；

---

①　敏捷宣言，见百度百科（baidu.com）。

（5）进行数据缓存架构设计，并将缓存服务化；

（6）所用业务以及服务系统进行集群化设置并保证服务一致性；

（7）进行关键时刻流量控制、服务降级设计，确保主服务稳定；

（8）对各项服务进行线上监控和运行时检测确保服务稳定。

我也是一个"码农"，从1980年起就写代码，直到现在还坚持写代码。在我的职业生涯中，参与过10多个项目的软件开发和管理，有成功的经验也有失败的教训。我的深刻体会是，软件项目管理是一个与客户共同成长、共同成功的过程，再严谨的商业合同都无法保障软件项目的成功。

在这里也分享一下《阿里巴巴Java开发手册》《码出高效》的作者，曾任阿里集团高级架构师的孤尽讲过的一段话："最浪费时间的事情就是给年轻人讲经验，该走的弯路其实一步也少不了，我们并不是希望大家不走弯路，而是希望大家能够意识到自己正在走弯路。"①

（八）安全威胁与防护

安全是第一位的。无论是对个人还是对社会整体而言，安全都是生活的基本保障，没有安全，其他一切都显得不那么重要。安全问题的一个突出特点就是内容包罗万象。

数字时代，当更多的人的生活和工作从线下走入线上，计算机与网络安全问题日益突出。20世纪70—80年代，重要的安全问题是限制计算机的访问权限，弱密码和简单访问控制方式容易受到黑客攻击；随着互联网快速普及，90年代，防火墙成为网络安全的重要组成部分。2000年后，网络攻击变得既普遍又复杂，加密技术、虚拟专用网络（VPN）、网络流量分析等新安全防御方式出现。

但是我们不要忘了，人是安全的核心和主体，也是研究一切安全问题的出发点和归宿。人既是保护对象，又可能是保障条件或者是危害因素，没有人的存在也就根本不存在安全问题。计算机与网络一样，如果人是可靠的和安全的，那么也就不存在网络安全问题了。我们花大气力建设的防御系统很大程度上都是为了防御不安全的人。系统是人设计开发的，人的知识、技术水平决定了系统的可靠性；系统是人运营的，人的可靠性直接影响到整个系统。这一点在网络安全的研究中经常被忽略掉了。

相比于线下活动，线上活动的很多环节是由计算机自动完成的，参与的人要少很多很多。从这个意义上说，线上活动本质上有更高的安全性。实际

---

① 阿里大咖首次分享：软件工程危机真来了？见百度百科（baidu.com）。

上，虽然今天网络安全事件频发，在没有网络的时代，侵犯隐私、诈骗和非法交易也是相当普遍的。但网络安全事件一旦发生，受害者的数量之多和危害之大是线下情形无法相比的。

安全问题是一个人人都觉得重要，但在安全事件发生之前人人都不太关心的问题。我们知道，一般的系统都要求有数据和系统的双机热备份、日志和脱线备份，重要的系统还要求建立异地备份、异地灾备中心，但实际上一些系统开发投入使用以后因为疏于管理，直到数据丢失才发现没有备份；防火墙是当前安全系统的一个标配，但常常是直到网络被攻击才发现它只是一个摆设。大多数网络安全问题都是因为不遵守安全的基本规范，疏于管理造成的。

网络安全有两个层面的威胁：一是软件、硬件和场地环境的缺陷；二是人为的恶意攻击。根据《2023 全球网络安全前瞻调研报告》[90]，受访企业中的 91%经历过至少 1 次安全事件，55%经历过 6 次以上事件。安全是第一位的，但保障安全也要考虑经济成本。防范可能发生的安全事件要花多少钱？

1. 网络安全预算

在编制和优化网络安全预算之前，首先需要了解网络安全预算中哪些支出能带来最大的业务价值。网络安全预算在数字化总体支出中的占比过低是一个常见错误，问题的根源是企业缺乏基准测试和量化风险，安全预算与业务增长正相关性被忽视，网络安全依然被作为成本进行管理和度量。导致网络安全预算被严重低估。

根据国际组织 IANS① 的《2023 年安全预算基准综合报告》[91]，全球 2023 年安全预算基准在数字化总预算中占比达到 11.6%（见图 3-13）。

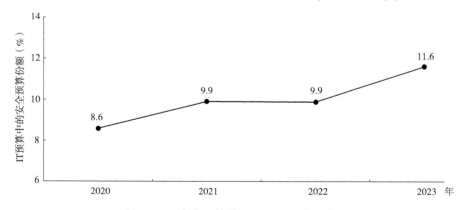

图 3-13　安全预算基准值趋势（全行业）

---

① 　https：//www.iansresearch.com/who-we-are/about-us。

按行业划分，高科技、消费品和服务、金融和商业服务行业的安全预算基准高于这个平均水平（见图3-14）。

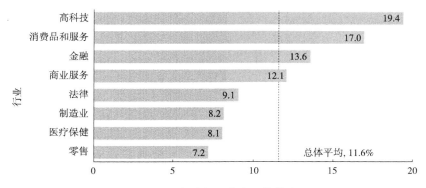

图 3-14　2023 年分行业安全预算基准（%）

在这个预算中，主要的预算科目前三项有"员工工资和补助（staff and compensation）"为38%，"云端防护软件（off-premises software）"为21%，"外包（outsourcing）"为11%（见图3-15）。

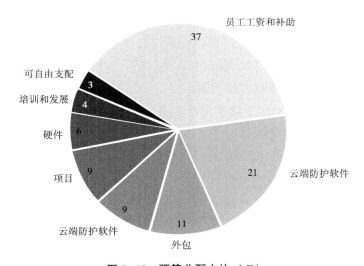

图 3-15　预算分配占比（%）

网络安全预算是企业的一项基础性工作，需要企业自身评估可能的安全威胁和可能造成的损失，但实际上，预测和量化风险是非常困难的，最终企业应结合自身发展战略和业务特点参照同行业的基准合理进行预算安排，预防可能发生的风险和减少风险发生后的损失。

2. 网络安全等级保护制度2.0

《中华人民共和国网络安全法》（2017年6月1日起实施）第二十一条规定：国家实行网络安全等级保护制度。2019年5月13日，国家市场监督管理总局、国家标准化管理委员会发布了3个网络安全领域的国家标准（2019年12月1日起实施），标志着我国进入等级保护2.0时代。

根据国家相关规定，网络安全保护等级以信息系统重要程度为标准进行划分。等级划分为1~5级，级别越高，要求越严格①。

【等级保护一级】为"用户自主保护级"，是等级保护中最低的级别，该级别无须测评，提交相关申请资料，公安部门审核通过即可。

【等级保护二级】为"系统审计保护级"，是目前使用最多的等级保护方案，所有"信息系统受到破坏后，会对公民、法人和其他组织的合法权益产生严重损害，或者对社会秩序和公共利益造成损害，但不损害国家安全"范围内的网站均可适用，可支持到地级市各机关、事业单位及各类企业的系统应用，如网上各类服务的平台（尤其是涉及个人信息认证的平台）、市级地方机关、政府网站等。

【等级保护三级】为"安全标记保护级"，级别更高，支持"信息系统受到破坏后，会对社会秩序和公共利益造成严重损害，或者对国家安全造成损害"范围内的系统和网站，适用于"地级市以上的国家机关、企业、事业单位的内部重要信息系统"，如省级政府官网、银行官网等。三级等级保护也是我们能制作的最高级别等级保护网站。

【等级保护四级】适用于国家重要领域，涉及国家安全、国计民生的核心系统，如中国人民银行就是目前唯一四级等级保护的中国央行门户集群。

【等级保护五级】是目前我国最高级别，一般应用于国家的机密部门。

根据《中华人民共和国网络安全法》，必须完成三级等级保护测评才能上线运行的包括金融、电信、能源、交通、水利、公共服务等行业的重要信息基础设施和相关信息系统。除此之外，也有一些企业自愿进行三级等级保护测评以加强信息安全保护。

3. 灾难备份的技术指标

无论是因为软件、硬件、其他环境缺陷还是受到人为攻击，对发生的安全事件我们一般统称为灾难。灾难的最直接结果一般是造成服务中断，所有

---

① 等级保护详解，见知乎（zhihu.com）。

灾备方案的设计都是围绕着系统的高可用性的两大指标[①]。

恢复时间目标（recovery time objective，RTO）：恢复时间目标是指在灾难性事件（如自然灾害、硬件故障、数据泄露等）发生后，组织需要多长时间恢复其关键业务功能。恢复时间目标是一个时间窗口，表示从系统中断开始到业务完全恢复所需的时间。恢复时间目标是确保业务在一定的时间内恢复正常运营，以减小潜在的损失和影响。恢复时间目标以小时、天或更长的时间单位表示，具体取决于组织的需求和业务特性。

恢复点目标（recovery point objective，RPO）：恢复点目标是指在灾难性事件发生时，组织可以接受的数据丢失的最大时间段。换句话说，恢复点目标确定了在灾难性事件发生后，系统和数据可以回滚到的时间点。如果恢复点目标为 1 小时，意味着组织可以接受在灾难事件发生前最多丢失 1 小时的数据。因此，恢复点目标反映了组织对数据完整性和可用性的要求。

企业和组织需要分析各种可能发生的灾难，以灾备方案的设计和实施达到相应的技术指标要求。这是业务要求和成本的一个平衡（见表 3-3）。

表 3-3　灾备方案技术指标设计（例）

灾难等级	灾难	恢复时间目标（RTO）	恢复点目标（RPO）
1	机房火灾等	2 天以上，7 天以内	1 天至 7 天
2	网络攻击等	24 小时以内	1 天至 7 天
3	服务器故障	24 小时以内，12 小时以上	数小时至 1 天
4	超负荷运行等	数分钟	0

从表 3-3 的第一行可以看出，我们需要一个异地灾备中心，数据每周异步备份一次；启用异地灾备中心需要 2 天以上 7 天以内的事件。

4. 网络安全的核心技术

随着网络基础设施的改善、硬件和软件质量的不断提升，运行环境的保护不断加强，由此类缺陷所造成的安全威胁得到一定程度的缓解。因其本质的简单性，只要得到足够重视，其风险和损失是基本可控的。

而另一方面，网络攻击威胁持续上升，防护技术和攻击手段的争斗日趋激烈。高价值网站成为犯罪个人和组织的攻击目标，2023 年十大网络安全事件中的 5 个都是由 "黑客" 勒索所为[②]。

---

① RTO（恢复时间目标）和 RPO（恢复点目标），见 rpo-CSDN 博客。
② 2023 年最具影响力的十大网络安全事件，见百度百科（baidu.com）。

任何系统，尤其是网络，都有两大最重要的安全领域，系统入口和系统信息的完整性。针对第一个领域的最有效防范办法是访问控制；针对第二个领域的最有效防范办法是加密、数字签名和信息摘要。现在网络安全的攻防主要集中在这两个领域①。

第一，访问控制可分成三个主要方面：防火墙、鉴别与授权。防火墙主要是借助硬件和软件作用于内部和外部网络的环境间产生一种保护的屏障，从而实现对计算机不安全网络因素的阻断。鉴别指向系统验证用户或反之向用户验证系统，鉴别是访问控制安全的核心。一旦用户经验证并允许进入系统，再由授权处理允许他们做些什么。

防火墙是一种最重要的网络防护设备。从专业角度讲，防火墙是位于两个（或多个）网络间，实施网络之间访问控制的一组硬软件集合。防火墙对流经它的网络通信进行扫描，能够过滤掉一些攻击，以免其在目标计算机上被执行。防火墙还可以关闭不使用的端口，禁止特定端口的流出通信，封锁特洛伊木马。防火墙可以禁止来自特殊站点的访问，从而防止来自不明入侵者的所有通信。防火墙能记录所有访问并做出日志记录，同时能提供网络使用情况的统计数据。当发生可疑动作时，防火墙能进行适当的报警，并提供网络是否受到监测和攻击的详细信息。防火墙部署在网络的出入口，是网络通信的大门，因此要求防火墙的部署必须具备高可靠性。只有在防火墙同意的情况下，用户才能够进入计算机内，如果不同意就会被阻挡于外。通过防火墙的用户才可以进入鉴别环节②。

系统一般凭三类项目验证用户的身份：

（1）个人的有关东西，如指纹、声波纹、手书签名、眼扫描、人脸等；

（2）个人所拥有的东西，如身份证（识别卡）、身份键（密钥）或存有个人相关数据的智能卡；

（3）个人所知道的东西，如口令、数字证书、手机验证码或个人专有信息。

在高安全级别的系统中，单一项目验证是不可靠的。用户身份认证常常要组合三类信息。当登录网站时，使用口令；在执行关键业务时，需要增加人脸识别。系统设计常犯的愚蠢错误是将用户的这些信息通过非加密通道传输，并以明文的方式保存在数据库或文件中，一旦系统发生数据泄露，则再

---

① 访问控制与加密，见夏冰加密软件技术博客（jiamisoft. com）。

② 防火墙（计算机术语），见百度百科（baidu. com）。

复杂的身份认证都会化为乌有，而且会发生复杂的法律纠纷。

鉴别的另一层含义是向用户验证系统。这一点往往被忽略。现在很多诈骗案件都是使用钓鱼网站，因为用户无法验证网站的真伪。银行 ATM 机就是反向验证的一个例子。用户插入带有芯片的银行卡，该卡可以与 ATM 机进行保密通信，验证该机是否是合法的系统。

第二，加密的核心是密码。密码①有悠久的历史，在古代和近现代为军事和外交所广泛使用，今天密码已成为网络安全不可缺少的手段。计算机密码是通过一系列的算法和操作进行加密和解密的，加密将明文转化为密文，解密将密文还原为明文。登录网站、电子邮箱和银行取款时输入的"密码"，其实严格讲应该仅被称作"口令"。

大多数密码系统中都会使用密钥。密钥是密码算法的一个重要参数。通俗的解读是，密钥是密码和明码之间的对应替代关系。如以 00、01、02、03 代替字母 A、B、C、D，那么 00 译成 A、01 译成 B、02 译成 C、03 译成 D 就是密钥②。在网络安全中，密码算法一般是公开的，密钥成为密码真正要保护的秘密。

用同样的钥匙锁门和开门是一个常识。今天使用相同密钥加密和解密的密码算法叫单钥密码或对称密码。这是因为在 1976 年，美国斯坦福大学的著名密码学家迪菲和赫尔曼提出了一种崭新的构思——公开密钥密码，这在密码学界具有划时代的意义。公钥密码又叫非对称密码或双钥密码③。

单钥密码中密钥的分发和管理是极为困难的。公钥密码的提出实现了加密密钥和解密密钥之间的独立，由公钥和私钥形成一个密钥对，其中公钥向公众公开，私钥归密钥持有人单独保管，从而缓解了密钥的分发和管理问题。例如，现在有 A 和 B 两个人，A 要给 B 传递机密的信息，为了避免信息泄露，B 事先生成了一对公钥和私钥，并且将公钥事先给了 A，私钥则自己保留，A 给 B 传递消息的时候，先使用 B 给的公钥对消息进行加密，然后再将消息传递给 B，B 拿到加密后的消息，可以通过私钥对消息进行解密，消息在传递过程中就算被他人获取了也没关系，没有私钥就没办法对消息进行解密。

非对称密码还可以作为数字签名使用。

第三，数字签名与不可否认性。在上面的使用场景中，还有一个遗留问

---

① 密码（符号系统），见百度百科（baidu.com）。

② 密钥，见百度百科（baidu.com）。

③ 深入理解对称加密和非对称加密，见知乎（zhihu.com）。

题。公钥一般都是公开的，会同时给多个人，那么如果这个时候还有一个人 C 获取了这个公钥，他通过公钥对消息进行加密，想冒充 A 给 B 发信息，那么 B 接收到信息之后，能够通过私钥对消息进行解密，但是无法确认这个信息到底是不是 A 发的，为了区分发送者的身份，那么这个时候我们就用到数字签名①。

A 用户为了区分自己的身份，同样也生成了一对公钥、私钥，事先将公钥给 B，发送消息的时候，先用公钥对消息进行加密，然后用 A 自己的私钥生成签名，最后将加密的消息和签名一起发给 B，B 接收 A 发送的数据之后，首先使用 A 用户的公钥对签名信息进行验签，确认身份信息，如果确认是 A 用户，然后再使用自己的私钥对加密消息进行解密。这样一来就能够做到万无一失了②。

不可否认性又称抗抵赖性，是网络安全领域中的一个重要概念，旨在确保任何在计算机上执行的动作，如电子商务的交易信息，不能被执行者虚假地否认。传统的方法是靠手写签名和加盖印章实现信息的不可否认性的。在网络环境下，数字签名加上其他附加信息可以保证信息的抗抵赖。

2019 年，中国颁布《中华人民共和国密码法》③，用以规范密码应用和管理，促进密码事业的发展，保障网络与信息安全。密码法将密码分为核心密码、普通密码和商用密码。核心密码、普通密码用于保护国家秘密信息，国家密码管理部门对核心密码、普通密码实行严格统一管理；商用密码用于保护不属于国家秘密的信息。公民、法人和其他组织可以依法使用商用密码保护网络与信息安全。

第四，信息摘要和不可篡改性。接着前面的使用场景，A 和 B 已经达成了保密性、不可否认性，最后一个问题是 B 怎么能确认数据传输过程中没有被他人篡改或者出现损坏。实际上，因为传输的是密文，如果能够使用公钥解密，同时也证明了文件并没有中途被篡改。对于传输数据很大的情形，为了证明文件的不可抵赖性和不可篡改性，需要对整个文件进行加密，由于非对称算法效率较低，这样做的代价太大，当不需要对传输的数据整体进行加密时，只需要保障数据在中途没有被篡改或损坏。这时候我们就需要用到信息摘要技术。

---

① 数字签名，见百度百科（baidu. com）。
② 接口数据使用了 RSA 加密和签名？一篇文章带你了解——接口 RSA 加密，见 CSDN 博客。
③ 中华人民共和国密码法，见百度百科（baidu. com）。

信息摘要技术就是使用某种哈希算法①将数据明文转化为固定长的字符，这个固定长的字符叫信息摘要。信息摘要有 4 个特点。

（1）无论输入的数据有多长，计算出来的消息摘要的长度总是固定的；

（2）用相同的摘要算法对相同的消息求两次摘要，其结果必然相同；

（3）一般的，只要输入的数据不同，所产生的摘要也几乎不可能相同；

（4）哈希函数是单向函数，即不可逆的，无法从摘要中恢复出任何原文数据，即当原文用公钥加密后，这一条能保证摘要的泄露不影响原文的保密性。

一般的，我们将信息的摘要也称作信息的指纹。如同指纹的含义，相同的信息一定会是相同的指纹。区块链②技术采用信息摘要保证分布式账本的不可篡改：区块链中的每个区块就是账本的每一页，记录了一个批次的交易条目，并记录了上一页的一个信息摘要，一个交易的篡改会导致后续所有区块摘要的修改，考虑到还要让所有人承认这些改变，这将是一个工作量巨大到近乎不可能完成的工作。正是从这个角度看，区块链具有不可篡改的特性。

新技术引发了网络安全新风险。首先，新场景引发新挑战。在线支付、在线购物、在线教育、AI 大模型等都离不开网络安全技术，随之而来的网络安全风险也不断增加。根据公安部公布的最新数据，2022 年全国共破获电信网络诈骗案件 46.4 万起，同比上升 5%。其次，网络诈骗手法不断翻新，封装 App、群发邮件"引流"、AI 语音视频造假诈骗等花招层出不穷。最后，勒索软件的活跃程度再度飙升，近年来，所有国家的政府、金融、医疗、交通等行业均受到影响。2022 年，攻击事件数量同比增长 13%，超过以往 5 年的总和。Lapsus $ 黑客组织③通过多重勒索已攻击了微软、英伟达、优步等知名企业，一旦受害者拒绝支付赎金，该组织就会将窃取的数据发布到网上组织非法售卖④。

数字中国需要"筑牢可信可控的数字安全屏障"⑤。"没有网络安全就没有国家安全，就没有经济社会稳定运行，广大人民群众利益也难以得到

---

① SHA 家族，见百度百科（baidu. com）。

② 区块链（数据结构），见百度百科（baidu. com）。

③ Lapsus $ ，见百度百科（baidu. com）。

④ 【专家观点】新时代网络安全的发展趋势、面临挑战与对策建议，见国家发展和改革委员会（ndrc. gov. cn）。

⑤ 数字中国建设整体布局规划，见百度百科（baidu. com）。

保障。"①

（九）拥抱数字化

无处不在的计算将世界带入一个数字化的时代，数据驱动的思考、决策和行动成为一种新的生活和工作状态。数字化，有时又叫数智化，是我们这个时代正在进行的一场最伟大、最深刻和最广泛的技术变革。现在你出门，什么都可以不带，手机不能不带。从个人购物、餐饮、旅行、医疗等生活的各方面，数字化已经包揽了一切。不管你愿意不愿意，它已经在眼前。

一个数字化的生态是一个计算平台，这个计算平台有前端，与用户的交互；有后端，提供服务的功能。交互可以是鼠标、键盘和触摸屏，后端就是网络、服务器。一个数字化的生态通过良好定义的体验和能力满足用户需求，并以互联互通进一步推动大规模的应用创新。

对企业而言，数字化不只是建几个微信群，开开腾讯会议，数字化转型②已经成为企业发展的必经之路，无论你置身哪个行业、哪个组织，都必然感受到这股转型的强大推动力。企业的外部环境正在发生着深刻的变化。数字化转型是进一步触及公司核心业务，以新建一种商业模式为目标的高层次转型。它可以为企业的降本增效带来巨大的价值，包括提高生产效率、降低人力成本、加速产品创新迭代、提升用户服务体验等。数字化转型既是机遇也是挑战。

成长型股权公司 PSG 的董事、总经理安东尼·爱德华兹将数字化转型分为三种类型：

（1）使其产品或服务更加数字化的企业。

（2）采用数字技术的企业改变了它们与客户互动的方式，无论它们的产品是数字产品还是现场产品。

（3）企业正在改造内部基础设施，以改变其工作方式。

电动汽车制造商特斯拉无疑是数字化转型成功的突出案例之一。通过将技术注入驾驶体验的各方面，该公司将自己定位为汽车行业的变革推动者。从特斯拉汽车接收空中软件更新（OTA）到公司为客户体验设定高标准，特斯拉在许多方面颠覆了传统的汽车世界。特斯拉的成功可以归功于三个广泛的技术驱动选择：消除汽车购买过程中的中间人，广泛使用数字技术重新定义

---

① 习近平出席全国网络安全和信息化工作会议并发表重要讲话，见中国政府网（www.gov.cn）。
② 数字化转型，见百度百科（baidu.com）。

汽车的制造和市场、销售和服务方式。如今，特斯拉的市值约为 8 300 亿美元，在全球电动汽车销量中占有 18%的市场份额。爱德华兹说："我们要向特斯拉学习的是，要有创意。任何说数字与他们的市场或类别无关的人都应该三思，再试一次。"①

2023 年上市公司年报季收官，零售行业中，重庆百货有多项数据领跑行业。年报显示，重庆百货实现营业收入 189.85 亿元，同比增长 3.72%；归母净利润 13.15 亿元，同比增长 48.84%；扣非后净利润 11.29 亿元，增幅达到 41.73%。数据背后，重庆百货数字化转型等方面进行了积极探索和大胆实践。2023 年，重庆百货实现了业务、会员、管理、服务等环节的数字化，构建起覆盖百货、超市、电器、汽贸等业态的线上运营平台，线上交易规模实现大幅增长。与此同时，重庆百货加强线上线下的深度融合，推进智慧门店建设，运用大数据、人工智能等新技术，优化客流引导、商品推荐、营销互动等环节，不断提升门店运营效率和顾客体验②。

1. 计算机的角色演变：辅助管理、辅助决策、与人协同

对组织、企业而言，从 20 世纪 70 年代开始的信息化，到今天的数字化和人工智能，计算机所扮演的角色经历了辅助管理、辅助决策和今天正在发生的与人协同的三个重要阶段。机器取代人不再是危言耸听的科幻，而是正在进行时。

（1）辅助管理阶段的主要特征是将业务数据进行数字化、输入计算机里，优化和再造业务流程，实现高效、大规模业务处理和信息共享。其中，采集、录入和维护数据是一个工作量很大的事情。

（2）辅助决策是利用大量的数字信息，通过模型和计算，帮助管理者做决策。就像今天的导航系统，能够有效地指导驾驶员到达目的地。数据和算法是这个阶段的特征。

（3）与人协同，机器可以在一些场景里自主决策。例如，自动驾驶系统。机器在一些领域开始达到和接近人类的中等以上的智力水平，甚至达到人类最好的智力水平，并实现超越。

对于不同行业、类型的企业，数字化水平处在计算机应用的不同阶段。但技术的进步和普及速度如此之快，没有一个行业和企业能够像以往一样的

---

① 企业数字化转型的七个成功案例，见 51CTO.COM。
② 财报季收官！重庆百货净利润逾 13 亿大增 49%，混改效果持续显现，见网易订阅（163.com）。

生存和发展。今天，计算机的角色围绕着三个技术点展开①：

连接：万物互联，解决人和人、人和物、物和物的连接问题。

数据：连接后产生集成和协同，协同过程自然会产生数据。

智能：数据经过加工和提炼，形成智能化分析应用。

数字化转型需要企业和组织具备一定的驾驭技术的能力，数字化技术的复杂性和不确定性给数字化转型带来很大的挑战。

2. 数字化的必要性

客户期望始终是数字化转型的主要推动力量。它始于一系列新技术的推出，使人们能够以全新方式获取全新类型的信息和能力，如移动设备、社交媒体、物联网、云计算和人工智能。先驱者，也称为颠覆者，他们通过采用这些技术开展诸如电子商务、电子交付、供应链管理、新功能开发、情境化客户评论、个性化推荐等新的活动，从竞争对手那里抢占市场份额。如今，客户希望无论何时何地，使用何种设备，都能够完全以数字方式开展业务，可以即时获得所有支持信息和内容。归根结底，数字化转型就是为了满足这些不断提升的期望②。

数字化的进程已经不可逆转，成为我们现代生活的一部分。我们已经想象不出没有计算机的时代。如果金融支付系统崩溃，在外的人们都无法回家了，就不说其他的事情了。数字化，对企业来说，不是一个选项，而是一种必然。卖早点的小摊贩都要接美团的电子订单才能生存下去。是被动的接受，还是积极的应对，是关系到企业的生存和发展的大选项。

（1）数字化首先是降本增效的需要。面对日益激烈的市场竞争，用数字化优化流程，降低人工成本，提高服务水平是很多企业的必选项。你的商业模式可能没问题，但可能输在成本上。

（2）数字化是重塑商业模式的需要。数字化直接冲击企业的传统商业模式。假如你是一个大型商超，你等待客户上门；面对电商的竞争，你就需要重新思考产品、服务和商业模式。商业上慢半拍你可能就倒闭了。

（3）数字化是企业发展的需要。数字化改变了传统的时空概念，只要你的产品和服务有市场，你就可以想象在一个更大的空间运作，甚至服务全球客户。

银泰公司董事长陈晓东说："我们公司已经是一家科技公司，只不过凑巧

---

① 什么是数字化转型？企业数字化转型包括哪些方面？见搜狐（sohu.com）。
② 数字化转型——什么是数字化转型，见 IBM。

还有 60 家商场。"①

3. 为什么我们要提企业的数字化转型

2012 年有个颠覆性的事件，就是深度学习模型在图像识别领域第一次战胜了传统算法，引爆了人工智能的新时代。与传统算法不同的是，深度学习不再依赖领域知识，计算机靠数据和算力战胜了传统算法，也战胜了人类最为自豪的所谓智力。这也就是我们所谓的颠覆性创新。做传统算法的被大批淘汰。

因为技术进步加速，新的业态不断涌现，老的业态不断被淘汰。如果我们和企业只谈数字化进程，可能在很大程度上弱化了被颠覆的风险。埋头走路还是抬头看路，是我们要做的思维切换。数字照片出现以后，胶片公司慢慢都崩溃了。胶片企业不是信息化做得不好，也不是管理无效，而是被颠覆了。

我们开始觉得，精细化管理产生的效益，与技术变革产生的效益相比，慢慢变得微不足道。几个点的纯利润增加，无法抗衡竞争对手的业态升级和大规模业务增长；靠信息不对称的经营模式也失去了竞争力。在互联网环境下，所有企业都有同等获得和分享信息的能力，突然，所有企业都出现在同一条起跑线上。如果企业想长期生存下去，就必须主动作为。人们对数字技术的依赖程度不断增加，不进行数字化转型可能会导致企业被边缘化。

数字化转型就是通过新一代数字技术的深入运用对传统管理模式、业务模式、商业模式进行创新和重塑，提升企业核心竞争力，实现业务成功，所以说到底，数字化转型的本质是业务的转型。企业要在新的数字化环境里转换思维模式，重新审视商业模式、业务和管理问题，重新审视收入和成本问题。

4. 实现数字化转型

数字化转型无法通过单个简单的解决方案实现。所有企业的数字化转型都始于企业高层管理团队的意识和承认变革的需求。

每个企业的起点都各不相同，世界上没有通用的数字化转型框架、操作手册或路线图。你无法依靠某个专家委员会或某个框架实现变革。你的企业可能需要重新思考产品、服务、商业模式、业务流程和人员职责，从头开始建设；或者，你可能已经拥有良好的数字化架构基础，只需添加几个新功能

---

① 银泰商业陈晓东：数字化提供了底层逻辑的重构机会，见数字经济智库平台（jnexpert.com）。

即可。

实现数字化是一项长期战略，而非短期战术。你必须不断地进行文化和技术调整，才能取得持久的成功。这种调整不一定非得是革命性或颠覆性的，渐进式、增量式和迭代式的进步也是进步。你的目标应该是在市场要求你做出改变之前先主动适应变化，因为市场迟早会要求应势而变。不管你的业务是开商超的还是卖报纸的，你总会面临颠覆性威胁。策略不外乎三个，跟跑、并跑和领跑。一般来说，你的市场地位和能力决定了你的策略。

数字化转型存在的普遍问题有 3 个：场景论证不充分、技术应用不深入、智慧化程度不高。管控数字化转型有很多挑战，失败或未达到预期的例子很多。由于业务和技术的沟通往往在自说自话的层面上，无法有效地合作起来，经常会造成项目的超工期和超预算。关键的摩擦点在于：

（1）产品、服务和流程的设计人员要懂多少技术？

（2）技术人员要懂多少产品、服务和流程？

（3）怎么评估？

与其他类型的项目一样，数字化转型最终会回到管理的问题上。数字化转型的主要任务有三项：

（1）建立"以客户为中心"的理念，从客户旅程切入，全面、体系化提升客户体验。在一切都变得越来越难以确定的情况下，客户需求相对而言是企业更抓得住的东西，而数字化提供了企业更快、更好地理解和服务客户的有效手段。

（2）建立"数字化运营"体系，利用各环节产生的海量数据，可以帮助企业对消费者需求进行预测，同时打通跨企业实体之间的数据，形成共享与交易机制，提升沟通效率，重构供应链体系，再造运营流程，形成高效有竞争力的数字化运营体系。

（3）建立"数字化组织"的文化，需要企业真正体现"以人为本"的组织管理，组织成员具备更强的组织学习能力以及自主行动创造的能力，一种健康的文化可以为企业数字化提供方针、行为准则，引导所有员工采取恰当的行动。同时数字化建设对于吸引数字化人才尤为重要，很多大型成熟的企业往往采取更为新颖的方法吸引、发展和留住人才，从而推进企业的数字化建设。

5. 数据要素资产化——数据资产入表

2023 年，财政部制定印发了《关于加强数据资产管理的指导意见》（财资〔2023〕141 号，以下简称《指导意见》）。随着大数据、人工智能、云计算等数字技术的快速发展和应用，数据量呈爆炸式增长，数据的价值日益凸显。数据已经成为继土地、劳动力、资本、技术之后的第五大生产要素。《指导意见》明确提出推进数据资产合规化、标准化、增值化，有序培育数据资产评估等第三方专业服务机构，依法依规维护数据资源资产权益，探索数据资产入表新模式等要求。财政部印发了《企业数据资源相关会计处理暂行规定》，出台了《数据资产评估指导意见》，确立了数据资产作为经济社会数字化转型中的新兴资产类型①。

数据资产是指由组织合法拥有或控制的数据，以电子或其他方式记录的结构化或非结构化数据，可进行计量或交易，能直接或间接带来经济效益和社会效益。数据资产可以包括客户数据、交易数据、风险数据、市场数据等。不同类型的数据资产基于数据应用目标进行相应的成本与价值计量，并进行有效的管理和利用，帮助企业提高数据价值和运营效率②。

2023 年 10 月，浙江省温州市大数据运营有限公司的数据产品"信贷数据宝"完成了数据资产确认登记。这是温州市的首单数据资产确认登记，同时也是国内有公开报道的、财政指导企业数据资产入表的第一单。这款产品基于温州政务区块链的"数据资产云凭证"体系研发，主要功能是在确保隐私和数据安全的前提下，为金融机构提供信贷业务相关的数据服务，从而简化申贷材料和流程，提高授信审批效率和银行核查精准度③。此后，北京、贵州、山东、广东、上海、四川等省市陆续完成数据资产入表第一单。

数字化转型不仅是一次技术革命，更是一次认知革命，是思维模式和经营模式的革命，涉及战略、组织、人才、运营等系统的变革和创新。在这一转型过程中，企业管理人员应"以用户为核心，以数据为驱动，连接企业内外部资源"的数字化理念为指导，打破企业数字化转型困局，寻找到正确的路径方向，才可以最终实现企业数字化转型降本、增效、高质量发展的核心目的。企业的数字化转型绝非一朝一夕的事情，而是一场从认知到落地的持久攻坚战，愿越来越多的企业数字化转型成功④。

AI 时代已经开启。AI 时代的交互方式是通过传感器、物联网、互联网将

---

①　财政部资产管理司有关负责人就印发《关于加强数据资产管理的指导意见》答记者问，见中国政府网（www.gov.cn）。

②　浅谈和辨析数据资源、数据资产、数据要素的区别，见知乎（zhihu.com）。

③　全国首个数据资产入表案例温州与桐乡的成功实践，见搜狐（sohu.com）。

④　这四大难题，成为企业数字化转型过程中的拦路虎，见百度百科（baidu.com）。

所有交互的未来空间全部打开，任何交互形式都可以做，自然语言对话、视觉、自动体系、机器人等，未来产业发展的空间非常大；人工智能的核心技术从芯片开始，到底层软件、操作系统、开发工具，全部要有新的，发展机会也很大；自动驾驶、机器人、智能场所、零售、学校、医院等，每个领域都将是未来一个大的、相互交融的产业生态。数字化将最终创造出真实世界的数字孪生世界[1]。

---

[1] 陆奇：看清未来的大趋势，要明白技术和人类需求之间的关系，见搜狐（sohu.com）。

四 | 人工智能

（一）机器人的梦想

人类在利用工具征服大自然的过程中，很早就有了创造智能机器的想法，特别是对于人形机器人情有独钟。古希腊哲学家亚里士多德曾想象过机器人的功用，他写道："如果每一件工具被安排好甚或是自然而然地做那些适合于它们的工作……那么就没必要再有师徒或主奴了。"可能是人类的好奇心使然，再精巧的机器，如果它没有人形或者拟人的成分，我们都不认为它是有智能的。所以智能从一开始就与人类自身紧密联系着。

制造机器人是人类社会智能机器研究者的梦想，代表了人类重塑自身、了解自身的一种强烈愿望。机器人到底是什么时候开始出现的？在计算机出现之前，这些机器人长得什么样？有哪些功能？我们在这里根据网上的一些资料做一个简短回顾①。

1. 漏壶（公元前 1400 年）

巴比伦人发明了漏壶，这是一种利用水流计量时间的计时器，也被认为是历史上最早的机械设备之一。在后来的几百年里，发明家们不断对漏壶的设计进行改进。公元前 270 年左右，古希腊发明家克特西比乌斯②发明了一种采用活灵活现的人物造型指针指示时间的水钟，他也因此成名。（见图 4-1）

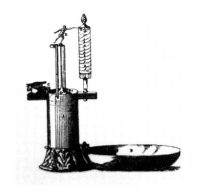

图 4-1　滴漏计时器

2. 会跳舞的机器人（公元前 100 年）

西汉时期，汉高祖在平城，被匈奴单于冒顿围困。汉军陈平命令工匠制作了一个精巧的木机器人。给木机器

---

①　史上最完整的机器人发展史梳理，50 个节点还原机器人，见搜狐（sohu.com）。

②　克特西比乌斯，见百度百科（baidu.com）。

人穿上漂亮的衣服，打扮得花枝招展，并把它的脸上擦上胭脂，显得更加俊俏。然后把它放在城墙的短墙上，发动机关，这个机器人就婀娜起舞，舞姿优美，招人喜爱。匈奴冒顿单于的阏氏（妻子）在城外对此情景看得十分真切，误把这个会跳舞的机器人当成人间美女，怕破城以后冒顿专宠这个中原美姬而冷落自己，因此率领她的部队弃城而去了。平城这才化险为夷①。

图 4-2　会赚钱的机器人

图 4-3　达·芬奇 "骑士"

3. 会赚钱的机器人（700 年）

唐朝时，我国杭州有一个叫杨务廉②的工匠，研制了一个僧人模样的机器人，它手端化缘铜钵，能学和尚化缘，等到钵中钱满，就自动收起钱。并且它还会向施主躬身行礼。杭州城中市民争着向此钵中投钱，来观看这种奇妙的表演。每日它竟能为主人捞到数千钱，真可谓别出心裁，生财有道（见图 4-2）。

4. 达·芬奇 "骑士"（1495 年）

11 世纪，伊斯兰著名学者加扎利③（Jazari）发明了分段齿轮。到了 1495 年，"文艺复兴后三杰"之一的达·芬奇④根据加扎利留下的资料加以改进，耗时 15 年，终于造出了一个机器骑士。这个骑士可以依靠风能和水能驱动，并完成包括张嘴、摇头、摆手、坐起等动作（见图 4-3）。

5. 僧侣机器人（16 世纪）

16 世纪的西班牙工匠设计出了一种能够自动祈祷的僧侣机器人。通过藏在底座里的发条装置，它们会自动地把手放到胸前，向天主祈祷——教徒们利用这种装置，创造所谓的 "神迹"，吸引教众（见图 4-4）

---

① 古代机器人，见百度百科（baidu. com）。

② 杨务廉，见百度百科（baidu. com）。

③ 加扎利，见百度百科（baidu. com）。

④ 达·芬奇（意大利博学家，文艺复兴后三杰之一），见百度百科（baidu. com）。

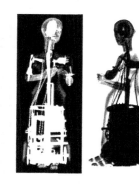

图4-4　僧侣机器人

6. 沃康松的鸭子和"长笛演奏者"（1738年）

1738年，法国技师雅克·沃康松发明了一只机器鸭，它会嘎嘎叫，会游泳和喝水，还会进食和排泄。这只机械鸭子非常精致，它的每个翅膀都有400多个活动零件，因此它才可以完成多个动作，但最让人感到神奇的是，这只机械鸭子竟可以排便，当我们给这只机械鸭子喂吃玉米粒，不一会这只鸭子就会排出绿色的粪便，虽然听着比较恶心，但这正是这只鸭子的神奇之处（见图4-5）。

看到机械鸭子后，很多人都认为这只鸭子是雅克·沃康松的代表作品，但事实并非如此。雅克·沃康松真正的代表作是"长笛演奏者"。这件作品真人大小，手持长笛，坐在一块岩石上，它的手指和嘴唇连着操作杆，而操作杆和鼓风机相连，在机械的驱动下，它就可以像真人一样演奏①。

图4-5　沃康松的鸭子

7. 土耳其机器人（1769年）

匈牙利作家兼发明家沃尔夫

---

① 沃康松曾经设计一只机械鸭，可是你不知道，他真正的杰作是这个，见搜狐（sohu.com）。

冈·冯·肯佩伦①建造了"土耳其机器人"。它由一个枫木箱子与箱子后面伸出来的人形傀儡组成，傀儡穿着宽大的外衣，戴着穆斯林的头巾。这台装置诞生后一度名声大噪，其气势与今天的阿尔法围棋（AlphaGo）②颇为类似。但最终谜底揭开，机器人之所以会下棋是因为箱子里藏着一个人（见图4-6）。

图4-6　土耳其机器人

8. 人形机器人埃里克（1928年）

1928年，埃里克是第一个严格意义上的人形机器。铁皮人一样的四肢，脑袋上有铝做成的五官，可以播放事先录好的声音，做出最基本的鞠躬、起立、坐下这样的动作。埃里克的第一次亮相是在1928年的伦敦工程展览会上，当时的主题演讲人临时来不了了，主办方一想，反正是关于机械的展会，干脆找个机器来讲话吧。（见图4-7）

根据当时报纸的描述，埃里克体型很大，脸上没有任何表情，让它看起来糟透了。它还以毫无生气的眼神看着观众。伴随着噪声，埃里克突然起身，用自己的机械臂示意观众要安静下来，然后它暗淡的眼神突然亮起了黄色的灯光，埃里克说话了！埃里克一下子就征服了全场的观众，被誉为"未来科技"。

9. 机器人特利沃克斯和依莱克罗（1937年）

1927年，美国西屋公司③的罗恩·温斯利发明了一个名叫赫尔伯特·特

---

① 土耳其行棋傀儡，见百度百科（baidu.com）。
② 阿尔法围棋（围棋机器人），见百度百科（baidu.com）。
③ Westinghouse China，见西屋中文官网。

I am to public speaking。Bowing elaborately, Eric

图4-7　人形机器人埃里克

利沃克斯①的机器人（见图4-8）。从本质上看，这个机器人就是一个电路板，可以根据声音控制开关，完成一些动作。只不过，这个电路板套了一个人形，就被当作机器人售卖了。不过，如此丑陋又缺乏实用价值的机器人实在是没有任何卖点，连广告公司都拒绝为其做广告。面对这种尴尬的境况，西屋公司不得不花心思为特利沃克斯进行美容，不仅给它加上了手脚，还给它套上了一张华盛顿的脸。这种策略果然奏效。一番包装之下，一块简单的电路板就摇身一变，成了一件引人关注的高科技产品，甚至连美国军方也对其表达了关注。

特利沃克斯的意外成功让西屋公司认识到了温斯利的才干。很快，他就得到了提拔，并有了自己的研发团队。经过多年的努力，温斯利团队在1937年推出了机器人依莱克罗②（见图4-9）。与特利沃克斯相比，依莱克罗有了很大的进步。它已经可以根据操控员的语音指令完成包括走路、抽烟、数数在内的26种动作。尽管在现在看来，这些动作都十分呆板，且语音指令只能按固定的脚本进行，但在当时看来，已经非常令人惊艳③。

"robot"（机器人）这个名词来源于文学作品的创造。1921年，捷克剧作家卡尔·恰佩克在名为《罗素姆万能机器人》④的戏剧作品中，创造了"robot"这个名词。这个词源于捷克语的"robota"，意思是"苦力"。在该剧的结尾，机器人接管了地球，并毁灭了它们的创造者。

① https：//historicpittsburgh.org/islandora/object/pitt：20170320-hpichswp-0071。

② https：//en.wikipedia.org/wiki/Elektro。

③ 从偃师人偶到擎天柱：人形机器人的前世今生，见人民号（pdnews.cn）。

④ 罗素姆万能机器人，见百度百科（baidu.com）。

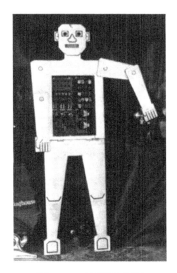
图 4-8　特利沃克斯

图 4-9　依莱克罗

（二）机器能思考吗？——图灵测试

用精巧机械搭建的机器人还算不上智能机器，因为在科学家看来，只有使用符号和进行逻辑推理的能力才是真正的智能。计算机的发明让创造智能机器的梦想一步一步走向现实。

计算机本质上就是一个符号逻辑机器，在数学计算上已把人类大脑甩到了后面。当大多数人只是看到了计算的自动化，或者说是又一次自动化，而少数像图灵、冯·诺依曼这样的天才敏锐地将计算机与智能联系到了一起。对他们而言，人类大脑可能就是一台计算机。

冯·诺依曼比图灵大 9 岁，但他生前多次强调，他发明的现代计算机的核心概念"存储程序"[83] 应该归功于图灵。这个核心概念又叫"冯·诺依曼架构"。冯·诺依曼的遗作《计算机与大脑》[92] 在他去世一年后的 1958 年出版，该书的第一部分讲计算机，概述模拟计算机和数字计算机的一些最基本的设计思想和理论基础，探讨其中的若干问题；第二部分讲人脑，主要从逻辑和统计数学的角度，讨论了神经系统的刺激、反应和记忆等问题。冯·诺伊曼没有把这两条路线对立，他认为这是解决同一问题的两种方法。

1950 年 10 月，图灵发表了一篇题为《计算机器和智能》[93] 的论文，文中预言了创造出具有真正智能的机器的可能性，发出了"机器能思考吗"这样振聋发聩的声音，该文也成为划时代之作。正是这篇文章，为图灵赢得了

"人工智能之父"的桂冠。

图灵因为注意到"智能"的概念难以确切定义，于是提出了著名的图灵测试：如果一台机器能够与人类展开对话而不能被辨别出其机器身份，那么这台机器就具有智能。这一简化使得图灵能够令人信服地说明"思考的机器"是可能的。论文中还回答了对这一假说的各种常见质疑。图灵测试是人工智能哲学方面第一个严肃的提案①。

1952年，在一场 BBC 广播中，图灵进一步明确了图灵测试的场景和标准：让计算机冒充人。如果不足70%的人判对，也就是超过30%的裁判误以为在和自己说话的是人而非计算机，那就算作成功了。

图灵测试采用"问"与"答"模式，并刻意规避了外貌、声音等外部特征，即观察者只通过控制打字机向两个不可见的测试对象通话，其中一个是人，另一个是机器，要求观察者不断提出各种问题，从而辨别回答者是人还是机器。图灵还为这项测试亲自拟定了几个示范性问题：

问：请给我写出有关"第四号桥"主题的十四行诗。

答：不要问我这道题，我从来不会写诗。

问：34 957 加 70 764 等于多少？

答：（停 30 秒后）105 721

问：你会下国际象棋吗？

答：是的。

问：我在我的 K1 处有棋子 K，你仅在 K6 处有棋子 K，在 R1 处有棋子 R。轮到你走，你应该下哪步棋？

答：（停 15 秒钟后）棋子 R 走到 R8 处，将军！

图灵指出："如果机器在某些现实的条件下，能够非常好地模仿人回答问题，以至提问者在相当长时间里误认为它不是机器，那么机器就可以被认为是能够思维的。"

从表面上看，要使机器回答按一定范围提出的问题似乎没有什么困难，可以通过编制特殊的程序实现。然而，如果提问者并不遵循常规标准，编制回答的程序是极其困难的事情。例如，提问与回答呈现出下列状况：

问：你会下国际象棋吗？

答：是的。

问：你会下国际象棋吗？

---

① 图灵测试（科学研究实验），见百度百科（baidu.com）。

奇点来临
2024

答：是的。

问：请再次回答，你会下国际象棋吗？

答：是的。

你多半会想到，面前的这位是一部笨机器。如果提问与回答呈现出另一种状态：

问：你会下国际象棋吗？

答：是的。

问：你会下国际象棋吗？

答：是的，我不是已经说过了吗？

问：请再次回答，你会下国际象棋吗？

答：你烦不烦，干吗老提同样的问题。

那么，你面前的这位，大概是人而不是机器。上述两种对话的区别在于，第一种可明显地感到回答者是从知识库里提取简单的答案，第二种则具有分析综合的能力，回答者知道观察者在反复提出同样的问题。图灵测试没有规定问题的范围和提问的标准，如果想要制造出能通过试验的机器，以我们的技术水平，必须在电脑中储存人类所有可以想到的问题，储存对这些问题的所有合乎常理的回答，并且还需要理智地做出选择。今天，ChatGPT 已经接近这个问题的终极答案了。

2014 年 6 月 7 日，在英国皇家学会举行的 "2014 图灵测试" 大会上，举办方英国雷丁大学发布新闻稿，宣称俄罗斯人弗拉基米尔·维西罗夫创立的人工智能软件 "尤金·古斯特曼" 通过了图灵测试。模拟 13 岁小男孩的计算机程序，"尤金·古斯特曼" 让 33% 的考官认为他们是在与人对话。这一测试的成功正逢图灵去世 60 周年纪念，因而被认为是人工智能领域里程碑式的突破①。

图灵测试看似一个简化的评价机器智能的设计，其深刻和深远的意义令人回味。图灵认为，重要的不是智能的机制，而是智能的表现。虽然生命体的内在体验依然不可知，但衡量智能的唯一手段是通过观察它的外部行为。

人类 "自以为" 天赋异禀，拥有意识、心灵、情感和智力等特征，是自然界一个独特的存在。但是更深刻一点推测，如果有一个机器能让人类区分不出其机器身份，那么这台机器和人类又有什么真正的区别？我们又怎么知道，机器没有意识、心灵和情感？所谓的意识、心灵和情感是不是也是一种

---

① 超级计算机首次通过图灵测试 成功模拟 13 岁男孩，见环球网（huanqiu.com）。

142

假象？

图灵试图解决长久以来关于如何定义思考的哲学争论，他提出一个虽然主观但可操作的标准：如果一台电脑表现、反应和互相作用都和有意识的人类一样，那么它就应该被认为是有意识的。

但还有很多人认为，机器永远不可能有意识和自我。人"本质"上是不一样的。约翰·塞尔是当今世界最著名、最具影响力的哲学家之一①。他在1980 年提出了一个叫"中文房间"②的思维实验，以推翻图灵的观点。

这个实验要求你想象一位只说英语的人身处一个房间之中，房间除了门上有一个小窗口以外，全部都是封闭的。他随身带着一本写有中文翻译程序的书。房间里还有足够的稿纸、铅笔和橱柜。写着中文的纸片通过小窗口被送入房间中。房间中的人可以使用他的书翻译这些文字并用中文回复。虽然他完全不会中文，约翰·塞尔认为通过这个过程，房间里的人可以让任何房间外的人以为他会说流利的中文。而实际上，这个人却一点也不理解中文，何谈意识？

约翰·塞尔的观点引发了很多争议。反对者认为，虽然房间里的任何一个组成，书、稿纸、笔和人都不懂中文，但房间的整体是懂中文的，就像大脑一样。大脑的任何一部分都没有意识，但大脑整体是有意识的。

（三）人工智能简史

计算机不只是计算器，可以通过编程进行符号和逻辑处理。它的最基本的符号是二进制数 0 和 1。通过 0 和 1 的组合编码以及基本运算能力，计算机可以完成"人类可以想出来的所有计算和逻辑推理"③。人脑同样也可以处理符号和逻辑推理，这种和计算机的相似性有时候会让我们感觉人脑也是一台计算机。

很有意思的是，计算机是英文"computer"的直译，而中文最早的翻译却是"电脑"，这个翻译不仅沿用至今而且在日常对话中更为流行。根据网上资料，电脑这个词是由范光陵先生④首创的，他因此被誉为"中国电脑之父"⑤。

用计算机模拟或创造智能是一场必然发生的技术革命。

---

① 约翰·塞尔，见百度百科（baidu. com）。

② 中文房间，见百度百科（baidu. com）。

③ 丘奇–图灵论题，见百度百科（baidu. com）。

④ 范光陵，见百度百科（baidu. com）。

⑤ 电脑为什么又称计算机，二者有哪些区别？见知乎（zhihu. com）。

　　1956 年夏季，以约翰·麦卡锡①、马文·明斯基②、艾伦·纽厄尔③和赫伯特·西蒙④等为首的一批有远见卓识的科学家汇集在达特茅斯学院，共同研究和探讨用机器模拟智能的一系列有关问题，并首次提出了"人工智能"的术语，它标志着"人工智能"这门新兴学科正式诞生。麦卡锡后来回忆，"人工智能"的提法大家都不是很喜欢，实际上是想做"真正的"智能，而不是"虚假的、人工的"智能。因为没想到更好的表达，就叫它"人工智能"了。达特茅斯会议正式开启了人工智能时代。

　　达特茅斯会议的发起人在给赞助商洛克菲勒基金会的建议中写道[94]：

　　"我们建议 1956 年夏天在新罕布什尔州汉诺威的达特茅斯学院进行为期 2 个月、10 人的人工智能研究。该研究是在假设的基础上进行的，即学习的每个方面或任何其他智能特征原则上都可以如此精确的描述，以便可以使机器模拟它。将尝试找到如何使机器使用语言，形成抽象和概念，解决现在为人类保留的各种问题，并改进自己。我们认为，如果一个经过精心挑选的科学家团队在一起工作一个夏天，就可以在一个或多个这些问题上取得重大进展。"

　　这个建议书是科学的和乐观的。它提出的研究任务是，对于一类可以精确描述智能特征的问题，研究实现一个可以用机器模拟这些智能特征并解决问题的系统。如果说今天人工智能的终极目标是创造一个通用人工智能⑤，而当时的建议书还只是试图在这样一些问题上找到突破。同时建议书是宏大的和极具前瞻性的。建议书具体列举了 7 个方面的研究方向，如果用今天的术语概括的话，这些方向涵盖了机器人、自然语言处理、神经网络、计算复杂性、自我改进、机器学习和创造性 7 个方面。

　　研讨会期间，与会的学者对如何实现人工智能表达了不同的观点，也无法达成一致。从方法论上可以分为三类：

　　（1）采用数学逻辑和演绎推理的理性思维方法。

　　（2）从数据出发进行归纳推理的概率统计方法。

　　（3）模拟人类大脑的生物学、心理学方法。

---

　　① 约翰·麦卡锡（美国数学博士，人工智能之父与 Lisp 编程语言发明人），见百度百科（baidu. com）。

　　② 马文·明斯基，见百度百科（baidu. com）。

　　③ 艾伦·纽厄尔，见百度百科（baidu. com）。

　　④ 赫伯特·亚历山大·西蒙，见百度百科（baidu. com）。

　　⑤ Artificial General Intelligence，AGI。

这些方法论的分歧一直持续到今天。2014 年的一篇论文总结道："因为我们不能深层次理解智能，也不知道怎么开发通用人工智能，为了能取得真正的进展，我们应该拥抱'方法的无政府状态'，而不是切断各种探索途径。"[95]

在技术实现层面，人工智能有两个大学派，一个小学派，分别是"符号主义""联结主义""行为主义"。

（1）"符号主义"，又称逻辑主义、计算机学派，主张用公理和逻辑体系搭建一套人工智能系统。

（2）"联结主义"，又叫仿生学派，主张模仿人类的神经元，用神经网络的连接机制实现人工智能。

（3）"行为主义"，又称控制论学派，其原理为控制论及感知-动作型控制系统。

2018 年，法国的三位学者发表了一篇有趣的论文①，题目为《神经元的复仇》。论文用大量的统计数据揭示了符号主义和联结主义两大阵营的起起伏伏②。

1. 符号主义

符号主义学派的思想和观点直接继承自图灵。利用"符号"抽象表示现实世界，利用逻辑推理和搜索替代人类大脑的思考、认知过程，通过形式和公理化的方式研究智能和智能行为。

被称为首个人工智能软件的当属"逻辑理论家"程序，由艾伦·纽厄尔、赫伯特·西蒙和约翰·克里夫·肖于 1955—1956 年编写完成，是首个可以自动进行推理的程序。它证明了在怀特黑德和罗素合作撰写的数学原理中前两章52 个定理中的 38 个，在当中更是找到了既新颖又优雅的证明方式③。

赫伯特·西蒙是这样表述的："我们发明了一个程序，它能够进行非数值化的思考，继而解决关键的身心问题，解释一个由物质组成的系统可以有心灵属性。"④ 这就是人工智能中典型的"符号主义"学派的思想。

1957 年，在"逻辑理论家"公布后不久，纽厄尔和西蒙又发布了一款名为"通用问题解决器（GPS）"的程序⑤。GPS 解决问题的基本思路不同于

---

① https：//mazieres. gitlab. io/neurons-spike-back/index. htm。
② 目前，人工智能各个流派发展现状如何？见知乎（zhihu. com）。
③ 人工智能简要发展史，见掘金（juejin. cn）。
④ https：//en. wikipedia. org/wiki/Logic_Theorist。
⑤ general problem solver（GPS），见知网阅读（cnki. net）。

"逻辑理论家"，它源于模仿人类解决问题的启发式策略，是基于一种在心理学中的"手段—目的分析"的理论。

GPS 的工作思路大致是这样的：人通常会把要解决的问题分析成一系列子问题，并寻找解决这些子问题的手段，通过解决这些子问题，就能逐渐达成问题的最终解决，GPS 解决问题的方法就是模拟这个问题分解的过程，逐步分解问题空间，通过拆分子问题构建搜索树，直到到达已知条件结束搜索。

在这个时期，最有代表性的成就还有斯坦福大学 1966—1972 年研制成功的全球第一个机器人系统 SHAKEY[1]，以及麻省理工学院 1970 年研制成功的一个使用自然语言控制的搭积木的系统 SHRDLU[2]。

这段时期，人工智能领域充满了乐观情绪，包括美国国防部在内的资助机构也慷慨解囊。赫伯特·西蒙就曾乐观预言："20 年内，机器人将完成人能做到的一切工作。"

然而，这些实验，后来被称之为"玩具"模型，都被证明为不可扩展。因为即使一个问题可以用符号和逻辑表达，穷尽所有的可能性去求问题的最优解会遭遇组合爆炸问题。也就是方法在理论上正确，但规模一大就不可计算。当人们试图利用机器完成更复杂的任务时，却发现进展并不理想。怀疑情绪开始滋长，乐观变成了悲观。20 世纪 70 年代中期，对人工智能的投入锐减，人工智能的第一个严冬到来。

组合爆炸问题很快探到了算力的底线，研究者很快发现，人类在解决类似问题可以依赖过往的知识降低搜索空间，以减少需要计算的组合。例如，在棋类游戏中，虽然所有合法的移动都是可能的，但很多移动从"常识"上看是毫无意义的。如何让计算机拥有知识就成为新的探索。1970 年底，人工智能研究有了一个简单的主意：知识是解决问题复杂性的关键。

这个主意足够简单。很快，大量的基于知识的系统被开发出来，这些系统称为专家系统。虽然专家系统不能解决一般性的问题，但在解决特定的知识领域问题上能够比人类更优秀。新一波人工智能热浪袭来，第一个严冬过去了。

MYCIN[3] 是这个时期最著名的医学领域的专家系统，可以协助医生诊断和治疗各类血液病。其中一个规则大概是这样表述的：

如果

（1）病原体的鉴别名不确定，且

---

① Shakey，见百度百科（baidu.com）。

② https：//en.wikipedia.org/wiki/SHRDLU。

③ https：//en.wikipedia.org/wiki/Mycin。

（2）病原体来自血液，且

（3）病原体的染色是革兰氏阴性，且

（4）病原体的形态是杆状的，且

（5）病原体呈赭色

那么

该病原体的鉴别名是假单胞细菌，可信度为 0.4。

评测证明 MYCIN 在这个领域胜过人类专家。

另一个著名的项目是关于人类日常生活的专家系统 CYC[①]。它的发明者里南[②]相信，知识是通向通用人工智能的关键，不会有快捷的方法。CYC 就是一个长期项目，将编码世界的所有知识应用在人类日常生活中的各个领域。30 多年过去了，这个项目还在继续，但与发明者的预期依然相距甚远。

专家系统由知识库和推理引擎两部分组成。知识库包含领域的事实和规则；推理引擎负责从已知的事实中推导新的结论。研究者和产业界期望能够开发完全自动化的专家系统，但专家系统自身从理论上和实际上都无法达到预期。在特定领域的成功显然不能让所有人满意；专家系统同样不具备扩展性。人工建设和维护一个一致的、庞大的、与时俱进的知识库是一个不可能完成的任务。例如，由匹兹堡大学设计的疾病诊断系统 CADUCEUS[③] 仅建立知识库就花了近 10 年。到 20 世纪 80 年代中期，这一波热潮就逐渐褪去，人工智能遭遇了第二次寒冬。

这个时期国家层面的典型代表是日本的五代计算机[④]和我国 863 计划支持的 306 智能计算机主题。日本在专家系统中采取专用计算平台和 Prolog 的知识推理语言完成应用级推理任务；我国采取了与日本不同的技术路线，以通用计算平台为基础，将智能任务变成人工智能算法，将硬件和系统软件都接入通用计算平台，并催生了曙光、汉王、科大讯飞等一批骨干企业。

随着计算机算力的提升，符号主义也取得了一些具有里程碑意义的进展，推动了人工智能的普及和发展，有效地激活和保持了人工智能研究的活力和大众的关注。

（1）四色定理的计算机证明。1976 年，美国数学家阿佩尔[⑤]和哈肯[⑥]与计

---

① https：//en. wikipedia. org/wiki/Cyc。

② AI 界传奇陨落，72 岁终结！见百度百科（baidu. com）。

③ https：//en. wikipedia. org/wiki/CADUCEUS_（expert_ system）。

④ 第五代电子计算机，见百度百科（baidu. com）。

⑤ https：//en. wikipedia. org/wiki/Kenneth_ Appel。

⑥ https：//en. wikipedia. org/wiki/Wolfgang_ Haken。

算机专家科茨克三人合作，在美国伊利诺斯大学的两台不同的电子计算机上，用了 1 200 个小时，做了 100 亿个判断，结果没有一张地图是需要五色的，最终证明了四色定理，轰动了世界①。

（2）深蓝打败加里·卡斯帕罗夫。1997 年 5 月 11 日，那是一场人类智慧与机械智力之间较量的终场之日，落锤之地在美国纽约。美国 IBM 公司研发的深蓝超级电脑在一场六局的对决中，以 3.5∶2.5 的总分战胜了国际象棋大师、世界冠军加里·卡斯帕罗夫，此战成为人工智能历程中的一个重要时刻。深蓝，是一台专门为国际象棋比赛打造的超级计算机，IBM 的研究小组从 1989 年开始对其进行开发，并经历了多次升级和改良。深蓝的主要特色在于它能在每秒钟内运算超过两亿种走法，并从中筛选出最优解。同时，它也能利用大量的国际象棋数据库，吸收并学习人类大师的经验和技巧。尽管深蓝在比赛中展现出了强大的智慧，但我们不能忽视一个事实，那就是深蓝依然是一台机器，它的一切智慧都来源于人类。

（3）超级电脑沃森。2011 年 2 月，超级电脑沃森②在 CBS 一档著名的智力问答节目《危险边缘》（Jeopardy）上，把另外两名有"电脑"之称的人类竞争对手远远甩在了后面，轻松赢走了丰厚的奖金。从主持人报完题目，沃森在海量信息的数据库中搜索，到沃森找出可靠答案，按下抢答按钮，整个过程不超过 3 秒钟。沃森的人类竞争对手肯·詹宁斯（Ken Jennings）当即就在答题板上写道："'电脑'们，我们的新老大来了。"沃森是基于 IBM 的深度开放域问答系统 DeepQA③ 开发的。作为"沃森"超级电脑基础的 DeepQA 技术可以读取数百万页文本数据，利用深度自然语言处理技术产生候选答案，根据诸多不同尺度评估那些问题。IBM 研发团队为"沃森"开发的 100 多套算法可以在 3 秒内解析问题，检索数百万条信息然后再筛选还原成"答案"输出成人类语言。每一种算法都有其专门的功能。其中一种算法被称为"嵌套分解"算法，它可以将线索分解成两个不同的搜索功能。

2. 联结主义——人工神经网络

联结主义开始得更早，但理论上远没有符号主义那么扎实，有点误打误撞，差点夭折。

1943 年，受到生物神经网络的启迪，心理学家沃伦·麦卡洛克④和数理

① 四色定理，见百度百科（baidu.com）。
② 沃森（超级电脑名称），见百度百科（baidu.com）。
③ DeepQA，见百度百科（baidu.com）。
④ 沃伦·麦卡洛克，见百度百科（baidu.com）。

逻辑学家沃尔特·皮茨①合作发表了一篇论文[97]，该论文首次提出并给出了人工神经网络的概念，及神经元的形式化数学描述和网络结构方法，从而开创了人工神经网络的研究方向。

计算机发明以后，人工神经网络更进一步被美国神经学家弗兰克·罗森布拉特②所发展。他提出了可以模拟人类感知能力的机器，并称之为"感知机"③。1957 年，在康奈尔大学航空实验室中，他成功在 IBM 704 机上完成了感知机的仿真和训练。两年后，他又成功研制实现了能够识别一些英文字母、基于感知机原理的计算机"Mark I Perceptron"（见图 4-10），并于 1960 年 6 月 23 日向公众展示。1962 年，兰克·罗森布拉特出版了《神经动力学原理：感知机和大脑机制理论》[98] 一书，获得高度评价。

图 4-10　Mark I Perceptron

没有一个伟大不是曲折的，人工神经网络技术也是如此。马文·明斯基④，1956 年达特茅斯会议的发起人之一，在当时的人工智能领域拥有泰斗般的地位。1969 年，他与西蒙·派珀特⑤共同出版了《感知机》[99] 一书，从数学角度证明了单层神经网络具有有限的功能，甚至连"异或"这样基本的逻辑运算都无能为力。不仅如此，书中还断言感知机无法从单层推广至多层。这等于给神经网络判了死刑。人工神经网络从此一蹶不振。

---

① 沃尔特·皮茨，见百度百科（baidu. com）。
② https：//en. wikipedia. org/wiki/Frank_ Rosenblatt。
③ 感知器（神经网络模型），见百度百科（baidu. com）。
④ 马文·明斯基，见百度百科（baidu. com）。
⑤ 西蒙·派珀特，见百度百科（baidu. com）。

20 世纪 70 年代，今天的深度学习之父杰弗里·辛顿①当时正在爱丁堡大学研究神经网络，因为明斯基的权威论断，辛顿的导师和同行都觉得神经网络研究没有前途，一度令辛顿的研究之路举步维艰。好在功夫不负有心人，1986 年，大卫·鲁姆哈特、辛顿和威廉三位学者合作发现反向传播算法，解决了多层神经网络的可计算问题，终将神经网络成功地推广到多层，开启了深度学习的激动人心的旅程。

以人脸识别为例，整个神经网络的训练过程相当于一个网络参数调整的过程，将大量的经过标注的人脸图片样本数据输入神经网络，通过反向传播算法进行网络参数调整，让神经网络输出结果的概率无限逼近真实结果。这样，训练后的神经网络不仅对训练时用到的图片，而且对新的人脸图片都能够做到高精度的识别。因为，识别人脸的知识和规则已经编码到网络参数中了。深度学习的应用更加广泛，包括语音识别、人脸识别、自动驾驶等。

2010 年后，深度学习成为主流的人工智能方法。

3. 行为主义

自从 1948 年维纳提出行为主义以来，行为主义才开始得到人们的重视，不过即便得到了重视其发展速度也不如符号主义和联结主义。行为主义强调行为和刺激之间的关系，将人类的思维过程看成是一种条件反射和刺激响应的过程。行为主义用感知—动作模式和自适应机制模拟人类的行为和反应，代表性的成果有进化算法和多智能体系统。相比符号主义以逻辑为主，联结主义以数据为主，行为主义在真实环境的训练要困难很多。

这一学派的代表人物首推罗德尼·布鲁克斯②。

1984 年的某天，布鲁克斯正在研究当机器人更新周围环境地图时，如何使用数学方法解释其运动的不精确性。"我听着昆虫嗡嗡作响。我想，它们只有一些很小的脑袋，有些只有 10 万个小神经元。它们不可能做一些数学计算。"布鲁克斯灵光乍现，产生改变机器人技术领域发展的灵感，因此，布鲁克斯不再尝试用复杂的数学方法编写机器人软件，相反，他开始使用简单的规则编写软件，并最终使 Roomba 扫地机器人③走进数百万个家庭。

他通过这种方式建造的第一台机器命名为艾伦（Allen），以纪念人工智能科学家艾伦·纽厄尔（Allen Newell）。这款机器人形似一个倒置的垃圾桶，配备了声呐探测物体，布鲁克斯为它编写了一个基本指令：不碰撞东西。遇

---

① 杰弗里·辛顿，见百度百科（baidu.com）。

② 罗德尼·布鲁克斯，见百度百科（baidu.com）。

③ Roomba，见百度百科（baidu.com）。

到人时，艾伦会静止不动，直到人们走开才会继续前进。随后，布鲁克斯增加了第二个反馈循环：使机器自由移动。现在，只需一些传感器和两个主要指令，艾伦就可以穿过一个拥挤的房间，并跟上一个慢走的人。

1990 年，在一篇名为《大象不下棋》的论文[100] 中，布鲁克斯认为，他的机器人揭示了经典 AI 方法的缺点，这些方法只是将世界上的复杂模型塞进了无实体的电子大脑。为什么不让机器自己去探索世界呢？布鲁克斯写道："世界就是自己最好的老师。世界始终是最新的，包含着所有最新的细节。秘诀就在于对世界适当地感知。"

行为主义对智能机器人的设计有很大启发，但不具备系统知识的机器人毕竟只能完成有限的简单劳动，在真实环境下的自我进化则是一个长期的过程，短期内看不到明显效果。

2024 年 5 月，辛顿在一次访谈中回忆道，在剑桥学习期间（20 世纪 60 年代末），"我当时主要研究生理学。在夏季学期，他们要教我们大脑是如何工作的。他们教的只是神经元如何传导动作电位，这非常有趣，但它并没有告诉你大脑是如何工作的。所以那非常令人失望。随后，我转向了哲学。那时的想法是，也许哲学会告诉我们思维是如何工作的。结果同样令人失望。我最终去了爱丁堡大学学习人工智能，那更有趣。至少你可以模拟东西，这样你就可以测试理论了"。生物学或哲学都好像真的触及了事物的本质，但却毫无用处。人工智能正是这样一门独特的学科①。

（四）简单神经元——小明会参加活动吗？

正如著名的人工智能学家戴密斯·哈萨比斯②所说："若想突破人工智能应用的天花板，我们必须要对人类自己的智能有更为深入的了解。"

人工神经网络的最初灵感源自大脑神经网络。

关于大脑的研究，特别是 18 世纪末开始的关于大脑生物神经网络的研究，揭开了人类大脑的神秘面纱。研究者从大脑解剖和生物学推断，大脑中有一个生物神经网络，它由神经元、细胞、触点等组成，用于产生生物意识，帮助生物进行思考和行动。每个神经元可以看作一个小的处理单元，这些处理单元按照某种方式相互连接起来，构成了大脑内部的生物神经元网络，这些神经元之间连接的强弱，按照外部的激励信号做自适应变化，而每个神经

---

① Hinton 万字访谈：用更大模型"预测下一个词"值得全力以赴，见知乎（zhihu.com）。
② 戴密斯·哈萨比斯，见百度百科（baidu.com）。

元又随着接收到的多个激励信号的综合大小，呈现兴奋或抑制状态①。

我们是不是可以模拟生物神经网络去分析和解决问题呢？1943 年，由心理学家沃伦·麦卡洛克和数理逻辑学家沃尔特·皮茨提出的人工神经网络是关于生物神经网络的一个极简的数学模型，听上去很晦涩，但原理非常简单。

图 4-11 是一个简单神经元的数学构造。它有三个输入：x_1、x_2、x_3，一个输出 $output$。我们假设一个神经元的输出等于所有输入之和，则有公式：$ouput = x_1 + x_2 + x_3$。

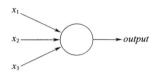

图 4-11　神经元

为了模拟生物神经网络中连接强弱的概念，在每个输入上增加一个权重参数 w，$0 \leq w \leq 1$。0 是最弱，完全中断，1 是最强。我们得到：$ouput = w_1x_1 + w_2x_2 + w_3x_3$。

为了模拟兴奋和抑制，我们增加一个阈值，当输入之和大于这个阈值时，神经元输出为 1，小于等于这个阈值时输出为 0。设阈值为 h。最后得到的神经元处理的数学模型如下：

$$output = \begin{cases} 0 \text{ if } \sum_j w_jx_j < h \\ 1 \text{ if } \sum_j w_jx_j \geq h \end{cases}$$

通过以上步骤，我们构造了一个只有单个神经元的"感知机"。我们用一个同样简单的例子看这个感知机是怎么工作的。假设周末即将来临，城里举办一个免费露天演唱会，小明是个大学生，在琢磨要不要去。影响小明这个决策有三个因素：

（1）天气会怎么样？

（2）女朋友陪不陪着一起去？

（3）演唱会离公交站远不远？

我们把三个因素作为模型的三个输入，x_1、x_2、x_3。

①　生物神经网络与人工神经网络，见 CSDN 博客。

$x_1 = 0$ 代表天气不好，1 代表天气好；

$x_2 = 0$ 代表女朋友不陪，1 代表女朋友陪；

$x_3 = 0$ 代表公交站远，1 代表公交站近。

权重 w 代表了小明对因素的敏感程度。我们可以设：$w_1 = 0.3$，$w_2 = 0.6$，$w_3 = 0.1$，这时，小明最看重女朋友去不去，其次是天气，最后才是公交站。

阈值 h 代表小明的决策临界点。

如果 $h = 0.5$，有女朋友陪伴，天气和公交站不会影响小明去的决定。

如果 $h = 0.7$，则小明不仅需要女朋友陪伴，还需要至少满足另一个条件。

在现实生活中，小明不会用这个模型公式计算去与不去，每次小明的大脑生物神经网络会做一个决策或者说计算决定去与不去。对于一个观察者，发现小明的决策规律就可以推断小明的下一次决策，当然我们得首先假设规律是存在的。

今天的科学还不能告诉我们小明的大脑是怎么工作的，我们只能从观察到的历史数据推测小明的决策规律。如果我们有过往小明每次周末参加或不参加活动的 3 个因素的历史数据（见表 4-1），同时我们再假设小明的决策模型就是图 4-11 所示的神经元模型，那么解决这个问题就简化为怎么从历史数据中求解模型的权重和阈值了。

表 4-1　小明的历史数据

周	天气	女朋友	公交	决策
1	0	0	1	0
2	0	1	0	0
3	1	0	0	0
4	0	0	0	0
5	1	0	1	0
6	1	1	1	1
7	1	1	0	0
8	0	1	1	1

这个模型是一个典型的线性模型，我们用表 4-1 的数据，通过线性回归或逻辑回归方法就可以获得这个问题的解，求得模型的权重和阈值。我们不在这里展开。这个过程就是今天流行的机器学习方法，机器学习是使用算法从历史数据中推断规律的一个研究方向。

把这个简单例子再延伸一点，假设我们并不确定知道小明是按这 3 个因素决策的，室友去不去会不会影响他，校内有活动会不会影响他，等等。我们可以把这些因素都加进去，如果这些因素的权重在最后机器学习的结果中为 0 或接近 0，则表示它们不是这个问题的影响因素。

因此对于人工神经网络问题无关的因素并不影响结论，只会耗费更大的算力；但相关的因素要完备，不能有缺漏，否则可能会得出片面的，甚至错误的结论。

国内有个研究，从近 2 000 个罪犯头像出发，推断面相与犯罪的关系。2 000 个罪犯头像的数据可能算是 "大" 数据，但头像数据显然不是造成犯罪的完备数据，甚至可能是关联度最小的数据。类似的研究很危险，滥用了大数据与人工智能的概念。

马文·明斯基敏锐地发现，这个感知机解决不了非线性问题。在这点上他是正确的。但在人工神经网络中，神经元数量和连接方式理论是任意的，可以形成各种各样的结构。更多的神经元，更复杂的结构会怎么样？

我们看一个稍微复杂一点的网络结构，如图 4-12 所示。

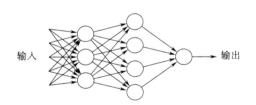

图 4-12　多层的人工神经网络

这个网络一共有 3 层，和输入连接的第一层是输入层，输出结果是输出层，中间一层称为隐藏层。我们可以有多个隐藏层。这样的网络有什么特性呢？能够解决非线性问题吗？怎么求解每个神经元的权重和阈值？

马文·明斯基认为，在多层结构中，不可能设计出计算神经元相互连接的权重和阈值的算法，因此他否定了计算的可行性。在这一点上，他犯了一个很大的错误，这个错误让深度学习至少晚了 10 年问世。

在人工神经网络中，有一个隐藏层及以上的网络，叫深度学习网络，深度学习技术的进展将回答这些问题。

（五）深度学习——手写体识别

深度学习中的 "深度" 是指在人工神经网络中使用多层，包含至少一个隐藏层。我们先看一个深度学习的经典和入门案例，手写体识别。

图 4-13 是用于识别手写阿拉伯数字的一个人工神经网络设计，输入是手写体图片的 784 个像素点，输出分别为对应识别结果 0 到 9 的 10 个阿拉伯数字的概率。中间的隐藏层一共有 15 个神经元。我们取概率最大的为判定结果。

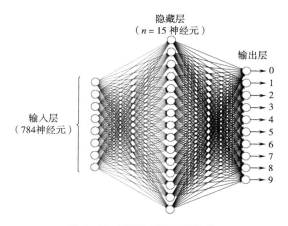

图 4-13　手写体识别的网络

美国国家标准和技术局（NIST）制作了手写阿拉伯数字的一个样本集，每个样本是一个 28×28 的黑白图片，如图 4-14 中的 160 个样本。样本集分为两个部分：一部分叫训练集，一共有 6 万个图片；另一部分叫测试集，有 1 万个图片。训练集是每个普查办公室的员工手写出来的，测试集是美国高中的一些学生手写出来的。

nist数据集中的标本示例

图 4-14　美国国家标准和技术局数据集

解决这个问题的思路是，首先将训练集的样本数据带入这个网络中，求解到每个神经元的参数，使得输出结果与样本结果的误差最小；然后用测试集样本去验证神经网络的精度和性能。有兴趣的读者可以自己推演，这个神经网络的参数总量达到 11 935 个，手工和数学公式推导就不可能了。这时我们就需要有一个算法，然后交给计算机去做。神经网络的先驱者们"卡"在这个算法上，马文·明斯基就直接否定了这个算法的存在性。

这就要说到著名的反向传播算法了。反向传播的原理是基于 1673 年的莱布尼茨链式求导公式，算法的研究从 20 世纪 50 年代就开始出现，1974 年，韦伯斯（Werbos）首次给出了如何训练一般网络的学习算法，不巧的是，在当时整个人工神经网络社群中却无人知晓韦伯斯所提出的学习算法。直到 1986 年，反向传播算法重新被大卫·鲁姆哈特、辛顿和威廉等独立发现[101]，才彻底解决了模型的可计算性问题，并获得了广泛的关注，从而引爆了深度学习。

反向传播算法是深度学习中最重要的求解神经网络参数的方法，其实质是一种梯度下降法，用于计算损失函数关于各个参数的梯度，进而调整参数，使得模型输出的预测值更加接近真实值。这个算法的过程就像一个"反馈"循环，通过计算输出的误差反向地调整中间层的参数，最后调整输入层的参数，如果把深度学习模型看成一个黑箱，那么反向传播算法是我们从外部输入样本数据并观察输出结果与实际结果之间的误差，将这个误差反向传递回去，依次调整各层参数，最终使误差最小化的过程①。

今天，反向传播算法已经是深度学习的标准算法，其主要编程框架有 Tensorflow② 和 PyTorch，解决手写体识别已经是深度学习的"Hello World"程序（见图 4-15），十几行 Python 代码就可以了。

运行这段代码显示，经过 5 次迭代，不到几秒钟的时间，这个神经网络在训练集上的准确率达到 95%，在测试集上达到 94%。关于这个手写体数据集，目前取得的最好结果达到 99.87%[102]，用到的神经网络的参数总量达到 151 万个③。

深度学习具备两个特别的优势④。

首先，它对计算精度的要求并不苛刻，在很多情况下，将模型中的浮点

---

① 反向传播算法，见百度百科（baidu.com）。
② 关于 TensorFlow，见 TensorFlow 中文官网（google.cn）。
③ https：//paperswithcode.com/sota/image-classification-on-mnist？metric＝Accuracy。
④ 纵览机器学习前生今世，万字整理谷歌首席科学家 Jeff Dean 一小时演讲，见腾讯（qq.com）。

```
1    import tensorflow as tf
2    mnist = tf.keras.datasets.mnist
3    (x_train, y_train), (x_test, y_test) = mnist.load_data()
4    x_train, x_test = x_train / 255.0, x_test / 255.0
5    model = tf.keras.models.Sequential([
6        tf.keras.layers.Flatten(input_shape=(28, 28)),
7        tf.keras.layers.Dense( units: 15, activation='relu'),
8        tf.keras.layers.Dense( units: 10, activation='softmax')
9    ])
10   model.compile(optimizer='adam',
11                 loss='sparse_categorical_crossentropy',
12                 metrics=['accuracy'])
13   model.fit(x_train, y_train, epochs=5)
14   model.evaluate(x_test, y_test)
```

图 4-15　手写体识别 Tensorflow 代码

运算精度从 6 位数降低到 1~2 位数是可以接受的，甚至有助于提升模型的学习效果。某些优化算法会特意引入噪声以增强模型的学习能力，而降低精度在某种程度上类似于向学习过程中添加一定量的噪声，有时候反而能带来更好的训练结果。

其次，神经网络中的大多数计算和算法本质上都是线性代数操作的不同组合，如矩阵乘法和各种向量运算等。如果能够设计出专精于低精度线性代数运算的计算机硬件，就能够以更低的计算成本和能源消耗构建出高质量的模型。

（六）深度思考

1. 知识和学习

我们不在这里讨论意识、情感、做梦等复杂的现象。我们的直觉和共识是，人依靠知识思考来解决问题。人有"会"与"不会"，会就是有这方面的知识，不会就是没有。"会"与"不会"没有客观的先验标准，你说你会，你未必真会；别人以为你不会，你可能会。我们只能事后从问题解决的效果评判；思考首先是根据问题场景，提取出相关的知识，然后进行推理形成一个或多个解决方案，评估后做出决策。人的神奇在于，有些时候思考可以不假思索地瞬时完成，有些时候会陷入长时间的思考。

一个人拥有的知识不是娘胎里带来的，也不是从天上掉下来的。知识是通过学习获得的。所有动物都有某种语言，除了声音，还有形体语言或其他人类察觉不到的信号。通过语言表达知识和传承知识可能是高级动物独有的。文字和印刷术的发明让知识从口口相传到大规模、大范围的传播，让人真正走出了动物世界。今天的时代，通信、网络和多媒体等技术让所有的知识对所有的人都唾手可及。

言传身教和书本学习是两种主要的知识获取方式。后者效果更为显著。但前者也不可或缺。仔细琢磨什么是知识，我们就会发现，有一些知识是书本教不会的，或者说是很难教会的。显然婴儿到几个月能认人，能认出爸爸、妈妈，他不是看书学会的；而且也没有一本书能描写出怎么认人。人学会游泳，相信也没有一个人是看书学会的。如果用文字解释怎么游泳还是极为困难的。

因此，知识可以分为两类：一类可以用文字描述，另一类无法用文字描述。我们经常陷入对知识的狭隘认知中，认为知识都是能用文字进行传播的，而实际上不是。

用文字能表达的知识又可以分为两类：一类是可以用符号、逻辑、计算所表达的数学或逻辑知识，理工科的知识大致都是基本能够用数学或逻辑模型表达的；另一类是无法用严格的逻辑表达的知识，如文科类的知识。任何一段文字都可能传播了知识，但你可能无法严格地表达这些知识。例如，语法一般有大概的逻辑，但例外太多，无法精确。看下面两个句子，战胜和战败的含义正好是相反的。

（1）"我们战胜了"和"我们战败了"。

（2）"我们战胜了对手"和"我们战败了对手"。

无法用文字表达的知识有可能更多更复杂。例如，你是怎么区分猫和狗的，你能用计算和逻辑去表达吗？你是不是要学很多动物学的知识？而实际上，人脑区分猫和狗显然不需要动物学的知识。

也就是说，人脑中有一种知识，他自己解释不了，但却知道怎么去做。

关于知识和学习，前面的讨论可以归纳如下：

（1）人依靠知识去思考和解决问题。

（2）知识是通过学习取得的。

（3）一类知识是可以用文字描述的，另一类知识是无法用文字描述的。

（4）用文字描述的知识又分为可以用符号逻辑表达的知识，和不能用符号逻辑表达的知识。

对于不能用文字描述的知识，学习更像一种场景训练。例如，我们可以合理地推测，婴儿学会区分父母和陌生人是通过试错法，或者叫生物反馈获得的。他认对时，得到正向反馈；认错时，获得负向反馈，这样在他的大脑中形成了认人的知识。

这些知识是怎么存在大脑中的，大脑又怎么用它进行推理？谜团还没有完全揭开。目前的生物学只是告诉我们，大脑是由很多很多神经元连接起来的网络。这个网络具有记忆和推理功能。

2. 机器学习

人工智能的一个目标，或者说是终极目标，是让机器能够进行人所擅长的决策，为此，机器需要掌握知识——这是全体人工智能研究者都同意的观点。他们持有不同意见的部分是我们应当如何把知识传授给机器。

受符号主义的影响，我们一直认为知识的获取和知识的运用是两个不同的范畴，领域科学家负责领域的知识获取，人工智能负责知识的运用。自然语言问题首先是语言学家的事情，图像问题是图像专家的事情。这些专家研究透彻了，我们把这些知识拿过来用就可以了。但是，今天语言学家和图像学家所获得的领域知识远不足以模拟智能和创造智能。虽然我们实现了原子弹爆炸和卫星上天，而在这样一些领域，我们不禁感慨于人类知识的贫乏。

人类知识的缺陷有两层含义：一层是对一些事情的绝对无知，如人是从哪里来的？虽然达尔文说人是进化而来的，那也可能只是一个最靠谱的科学假设；另一层是知识表达问题，3 岁孩童能够理解自然语言、识别图片，我们知道他是有知识的，我们只是不知道他是怎么做到的。我们依然有很多无法用符号逻辑表达的、无法用文字表达的知识，因此也无法传授给机器。

20 世纪 90 年代以后，人工智能研究者开始意识到单纯基于已有的人类知识很难构造一个通用的智能系统。必须让机器能模拟人类的学习能力，在人类知识尚不完备的领域，去自主学习，这样才有可能实现更有价值的智能。特别是，我们可以训练机器去获取那些我们无法用符号逻辑形式给予它们的知识。

机器学习的工具和基础可以追溯到 17 世纪。传统的机器学习方法包括回归分析、主成分分析、决策树和贝叶斯方法等概率统计方法。计算机的发明打开了想象力的空间，1959 年，美国学者塞缪尔（Samuel）第一次提出"机器学习"一词[103]，那个年代又叫"自学习计算机"。

我们早就知道，规律就在数据中，但传统的机器学习方法非常依赖人类的先验知识，需要人去理解问题，找到问题的特征，找到问题的模型，然后让机器学习模型的细节。例如，做人脸识别，我们知道人脸应该有眼睛、鼻子、耳朵等五官特征，那么就需要从人脸的数据找到这些特征，然后去做判断。这样的学习也非常有局限性。猫和狗在特征上有什么区别？如果你不知道，传统的机器学习也做不了。基于人工神经网络的深度学习技术颠覆性地、彻底地改变了这一切。

机器学习真正成为一个大家都认可的专业方向要到20世纪90年代了。90年代正是深度神经网络起步的年代，机器学习正式被纳入人工智能的研究范畴。

深度神经网络就好像是一个人工大脑，连接着各种感知设备，可以读、写、听、看。它作为机器学习中的"深度学习"方法而流行起来，不仅会学习，而且会推理。深度学习是通用学习模型，不针对任何特定应用。深度学习的过程叫训练，通过训练调节人工大脑。以前面说到的识别猫和狗的问题为例，传统的基于先验知识的方法非常难，但交给深度学习就很简单了。

从而，人工智能不再是只是运用知识创造智能的学科，而成为一个从学习知识到运用知识的全过程的学科。

3. 智能就是计算——认知革命

我们一直以为智能是由知识和推理两个部分组成的，知识是记忆，推理是计算。在做大脑的功能推测时，我们也会认为，大脑有记忆部分和推理部分，虽然现在我们还没有完整的证据链证明这一点。这个认知对很多人都是根深蒂固的，符号主义为什么长期流行，在很大程度上是基于这种认知。

这种认知把符号主义的人工智能带进了死胡同，因为推理本质上是逻辑和计算，计算机只会逻辑和计算，因此知识也必须用符号逻辑表达，否则无法推理。对于不能用符号逻辑准确表达的知识，符号主义一筹莫展。例如，自然语言处理，无论我们做多少努力，都无法用符号逻辑准确地表达一篇文章、一段文字和一个句子。这也正是语言的魅力。

人工神经网络从胭腆的起步、长期的低迷，到深度学习的井喷，是完全出乎意料的，因为它没有遵循"知识—推理"范式。它不依赖人类已有的领域知识，却解决了领域的问题。

例如，在手写体识别问题上，我们都以为要识别"1"，就需要在图片中找到一条近似垂直的直线。在图像中找到这条线，算法并不容易，因为它不是一条直线，也不是垂直的。而深度学习方法完全不在乎这些，我们只需要把图片的像素输入给网络，输入训练集样本数据，通过反向传播算法拟合输出，求得神经元参数，问题就得到了解决。那么知识在哪里？推理又在哪里？

深度神经网络既是知识也是推理。知识是分布在神经网络的神经元上的参数值，学习和推理都是同一个神经网络的计算，就好像，学习和推理是同一个硬币的正反两面，而不是两个不同的东西。

因此，智能不是由知识和推理两个部分组成的东西，智能就是计算，学习是计算，推理也是计算，知识分布在网络中的各个神经元上。

深度学习颠覆了我们关于智能的认知，所以说深度学习是一场认知革命。

4. 深度学习是一个通用模型

随着计算机的算力增长，特别是 GPU 处理器的出现，深度学习成为处理大规模复杂问题的不二选择。OpenAI 2023 年发布的大语言模型 GPT-4 的参数达到了惊人的 1.8 万亿个。解决了算法问题，研究者转而关注模型的结构、神经元的数量、连接方式等。出现了针对不同应用场景的各种网络结构，包括前向神经网络、卷积神经网络、循环神经网络、转换器（Transformer）网络和各种变种。难道机器学习中模型选择困境又造成模型结构的选择和发明困境吗？

学习的本质是发现事物的规律，事物的规律本质上是一个因果关系。如果我们观察到一个现象的历史数据集，机器学习中称为样本数据集，每个样本是由现象的"因"数据和"果"数据组成，我们学习的目的是找到因果关系。我们用 X 代表"因"数据，"Y"代表"果"数据，因果关系用函数 f 表示，则有：

$$Y = f(X)$$

与我们常见的已知 X、f 求 Y 不同的是，在机器学习中，我们是已知 X 和 Y 求函数 f。函数 f 又叫问题的模型。在机器学习的术语中，X 是问题的特征，Y 是问题的标签，则有：

$$X, Y \xrightarrow{\text{计算}} f$$

我们用一个简单的一维数据例子比画一下原理，高维就不容易做图示了。图 4-16 中的点为 X 和 Y 的观察值，粗看起来很凌乱。那么 X 和 Y 有什么关系呢？直观地看，蓝色的点还是有明显的线性关系，直线能够较好地拟合这些点。因此我们可以假设 f 是个线性函数：

$$Y = f(X) = wx + b$$

w 和 b 是函数的参数。学过线性回归的读者知道，用最小二乘法就可以求到 w 和 b 这两个参数值。

传统的机器学习方法不得不对 f 做假设。这个假设就要依赖人类的直觉和

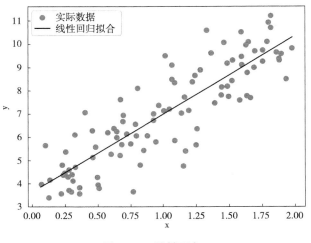

图 4-16　线性回归

已有的知识。图 4-17 是某个产品的销售数据，我们要找到拟合这个数据的函数 f 就变得很困难了。研究人员从图中可以直观地发现这些数据既有增长的大趋势，也有季节性的波动，那么就发明一种季节性数据的拟合模型，较好地解决了这个问题①。但如果每种情况都要去做这样的分析，那么人工智能就只是人的智能了。对于手写体识别的问题，人的直觉几乎无能为力。

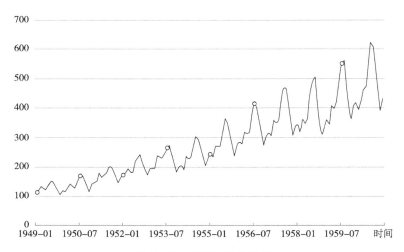

图 4-17　季节性销售数据

---

① SPSS 基于季节性的时间序列预测，见知乎（zhihu.com）。

足够幸运还是足够深刻？1989 年，数学家证明了只要有一个隐藏层的前向神经网络就是一个通用近似函数。也就是说，只要隐藏层有足够多的神经元，这种网络在理论上可以拟合所有的训练样本，使得这个网络的训练阶段的误差无限接近 0。这个结论叫"通用近似定理"①。

这意味着，对于所有学习问题，只要有足够的计算力，我们就可以以任意精度拟合经验数据。剩下的问题反而是过拟合。有一些过拟合的技术处理办法，降低模型的复杂性，以牺牲拟合精度克服过拟合。最根本的办法还是增加样本数量。有了这个理论上的结论，卷积神经网络或其他网络结构，本质上都是利用人类知识简化网络的复杂性，也就是减少算力的需求，用有限的算力获得可用的结果。换句话说，如果有足够的算力，就没有必要做这些复杂的结构。

著名深度学习库 Keras 的作者肖莱（Chollet）曾在一篇名为《深度学习的限制》的文章中说道："深度学习唯一真正能成功做到的是使用几何变换，在给定大量人类标注数据的情况下将空间 X 映射到空间 Y 的能力。"

更深刻的是，这个模型虽然来源于对大脑的生物神经网络的研究启发，但其演变和发展与生物神经网络已经毫无关系。我们不禁要问的是，我们的大脑神经网络是不是就是深度学习网络？人的大脑是不是也是一个通用近似函数？

深度学习的通用性打开了人工智能通向通用人工智能（AGI）之路。人工大脑不再是遥远的预期。

5. 深度学习没有可解释性，可解释性是个假命题

传统方法致力于知识工程，深度学习的方法可以完全不理会知识，有样本数据就够了。知识隐藏于数据之中。深度学习解决了问题，但没有发现传统意义上的知识。

有传统知识执念的人试图解释深度学习，希望深度学习模型能以人类可以理解的语言，告诉我们模型是怎么推理、怎么做到的。它能识别人脸，它能不能告诉我们，它是怎么识别的，人脸上的五官有什么特征？答案是否定的。

我做过这样一个实验。我把手写体样本集中的图片的像素点用一致的随机规则打乱，打乱后的图片就像混乱的点点星星，第一排数据是 50 419，不再是我们认识的阿拉伯数字（见图 4-18）。用同样网络训练后，机器依然能

---

① 万能近似定理：逼近任何函数的理论，见知乎（zhihu.com）。

识别出来。就好像打乱后的图片是某个外星人的手写体。外星人看得懂，我们却看不懂。这个实验表明，有些情况下，所谓的样本特征实际是一种人工设计。深度学习并不依赖这些特征。

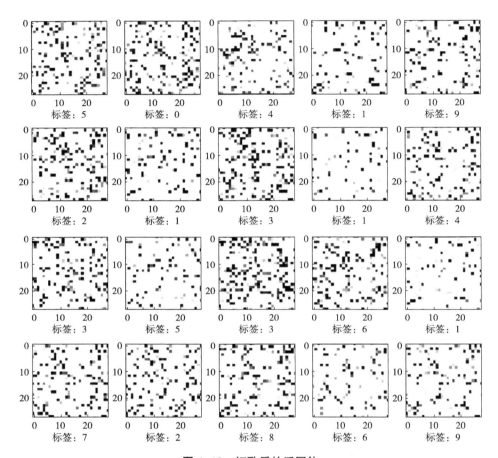

图 4-18　打乱后的手写体

不具备可解释性会让很多人感到困惑甚至抗拒。我不知道你是怎么做到的，我怎么能完全相信你。实际上，深度学习和人脑很相似，大多数的情况下，人脑的思考和解决问题同样不具备可解释性。

人类和人工智能共存具有很大的挑战性。

（七）里程碑

1986 年，大卫·鲁姆哈特、辛顿和威廉在《自然》杂志上发表了论文《通过反向传播误差的学习表示》[100]，提出和论证反向传播算法（Backpropagation，BP）是切实可操作的训练多层神经网络的方法，终于令学术界普遍认可多层神经网络也是可以有效训练的，神经网络并不是没有前途的"炼金术"。

反向传播算法通过将输出误差反向传播到各个隐藏层，并根据梯度下降法更新权值，使得多层网络能够拟合训练数据，并使输出误差最小。反向传播算法虽然突破了不可计算的局限性，但在当时也存在一些问题和挑战。

首先，反向传播算法需要大量的训练数据和计算资源，而当时的计算机硬件水平还无法满足这样的需求。

其次，反向传播算法容易陷入局部最优解之中，而无法找到全局最优解。

最后，反向传播算法在训练深层网络时，容易出现梯度消失或梯度爆炸的问题，导致网络难以收敛或者无法收敛。

这些问题限制了神经网络的深度和性能，也阻碍了深度学习的进一步发展①。

从1986年到2012年，大量的研究工作持续进行，计算机的硬件条件也同期得到显著提升，其主要进展可以概括为三个方面。

（1）优化模型架构和算法：一些代表性的深度神经网络模型有深度玻尔兹曼机、深度自编码器、卷积神经网络和循环神经网络等。这些深度神经网络在图像识别、语音识别、自然语言处理等领域取得了积极进展。深度学习中的反向传播算法问题也得到了克服和优化。

（2）深度学习的训练和推理过程对计算资源的需求非常高。为了加快深度学习模型的训练速度，研究人员提出了各种计算加速硬件，如图形处理器（GPU）和专用的深度学习加速器（如谷歌的TPU）。这些硬件可以并行执行矩阵运算和张量操作，大幅提升深度学习的计算效率。

（3）大规模数据集和云计算：深度学习模型通常需要大量的数据进行训练，而随着互联网的发展，我们可以轻松地收集和存储海量数据。大规模数据集为深度学习提供了更多的训练样本，使得模型能够更好地学习数据的分布特征。同时，云计算平台的出现为深度学习提供了强大的计算和存储资源，使得大规模模型的训练和部署变得更加可行和高效。

数据集在不断扩大，不仅更加丰富多元，而且趋于完备；同时，深度学习模型的构建规模也在不断突破以往。这种规模的增长能够带来性能上的显著提升，过去10至15年的发展历程已经对此进行了有力的验证：每当我们

① 深度学习算法都经历了哪些发展历程？见百度百科（baidu.com）。

将规模进一步扩大，无论是解决问题的能力还是结果的准确性，都会实现一个质的飞跃。原本无法触及的精度阈值被逐渐突破，新的功能和应用也随之应运而生，使得以前难以企及的事物变得唾手可及①。

终于，深度学习的革命到来了，引发了新一轮人工智能的热潮。深度学习在众多传统方法遭遇瓶颈的领域取得了突破性的进展，创造了比肩或超过人类的智能。我们在这里回顾一下深度学习的 8 个重要里程碑时刻。

1. AlexNet（2012）

斯坦福大学推出的 ImageNet② 项目是一个用于视觉对象识别软件研究的大型可视化数据库。自 2010 年以来，ImageNet 项目每年举办一次软件比赛，即 ImageNet 大规模视觉识别挑战赛（ILSVRC），该赛事涉及从包含大约 100 万张彩色图像及其对应的 1 000 个类别标签的训练数据集中学习，并要求参赛系统对未见过的新图像进行准确分类。在 2011 年首届竞赛中，最佳系统的识别错误率为 25%。

转折点发生在次年，亚历克斯·克里热夫斯基和杰弗里·辛顿合作发表了一篇具有里程碑意义的论文，推出了名为 AlexNet 的深度神经网络模型，该模型在 2012 年的比赛中取得了跨越式的进展，将错误率降到了 15.3%，比第二名的错误率低了 10.8 个百分点。在当年的所有 28 个参赛作品中，只有他们的团队采用了神经网络技术，其他团队依然使用传统的模式识别技术。这标志着一个革命性的转变——从基于人工特征的识别方法转向直接从原始数据中学习的模式。如何区分豹子与其他如长颈鹿或汽车等对象，人工特征方法遭遇难以企及的复杂度瓶颈。

2017 年，38 个竞争团队中有 29 个错误率低于 5%。这一数值超过了人类在此类任务上的平均表现。2017 年，ImageNet 表示将在 2018 年推出一个新的、难度更大的挑战赛，其中涉及使用自然语言对三维对象进行分类。

2. 阿尔法围棋（2016）

2016 年，由谷歌旗下的 DeepMind 公司开发的阿尔法围棋以 4 比 1 的总比分战胜围棋世界冠军李世石，第二年又以 3 比 0 的总比分战胜排名第一的世界冠军柯洁。围棋界公认阿尔法围棋的棋力已经超过人类职业围棋顶尖棋手的水平。

2017 年 5 月 27 日，在柯洁与阿尔法围棋的人机大战之后，阿尔法围棋团

---

① 纵览机器学习前生今世，万字整理谷歌首席科学家 Jeff Dean 一小时演讲，见腾讯（qq.com）。
② ImageNet，见百度百科（baidu.com）。

166

队宣布阿尔法围棋将不再参加围棋比赛。2017 年 10 月 18 日，DeepMind 团队公布了最强版阿尔法围棋，代号 AlphaGo Zero①。经过 3 天的自我训练，AlphaGo Zero 就强势打败了此前战胜李世石的旧版 AlphaGo。经过 40 天的自我训练，AlphaGo Zero 又打败了此前战胜柯洁的 AlphaGo Master 版本。

人类棋手和以往的机器棋手都依赖人的经验、知识和策略。阿尔法围棋此前的版本，结合了数百万人类围棋专家的棋谱，以及强化学习进行了自我训练。AlphaGo Zero 的能力则在这个基础上有了质的提升。最大的区别是它不再需要人类数据。也就是说，它一开始就没有接触过人类棋谱。研发团队只是让它自由随意地在棋盘上下棋，然后进行自我博弈。系统一开始甚至并不知道什么是围棋，只是从单一神经网络开始，通过神经网络强大的搜索算法，进行了自我对弈。随着自我博弈的增加，神经网络逐渐调整，提升预测下一步的能力，最终赢得比赛。AlphaGo Zero 独立发现了新的策略，为围棋这项古老游戏带来了新的见解。

3. 自动语言识别技术（2016）

比尔·盖茨曾说过："语音技术将使计算机丢下鼠标键盘。"一些科学家也说过："计算机的下一代革命就是从图形界面到语音用户接口"。语音识别的研究起源于 20 世纪 50 年代，当时的主要研究机构是贝尔实验室。但语音识别技术的缓慢进展，几乎消磨掉了所有人的耐心②。以至于 1969 年贝尔实验室的约翰·皮尔斯（John Pierce）在一封公开信中将语音识别比作"将水转化为汽油、从海里提取金子、治疗癌症"等几乎不可能实现的事情。

20 世纪 90 年代，出现了很多产品化的语音识别系统，如 IBM 的 Viavoice 系统、微软的 Whisper 系统、英国剑桥大学的 HTK 系统等；在进入 21 世纪后，语音识别系统的错误率依然很高，再次陷入漫长的瓶颈期。关键突破起始于 2009 年，辛顿以及他的学生穆罕默德（Mohamed）将深度神经网络应用于语音的声学建模，在小词汇量连续语音识别数据库 TIMIT 上获得成功③。

2016 年，微软研究院发表了一篇论文[103]，宣布他们的深度学习模型在已有 25 年历史的"Switchboard"数据集上，错词率低至 5.9%，首次达成与专业速记员持平且优于绝大多数人的表现，创造了工程上的奇迹。

Switchboard④是一个电话通话录音语料库，自 20 世纪 90 年代以来一直被

① 阿尔法围棋（围棋机器人），见百度百科（baidu.com）。
② 语音识别进化简史：从造技术到建系统，见百度百科（baidu.com）。
③ 语音识别的实现，51CTO 博客。
④ https://paperswithcode.com/dataset/switchboard-1-corpus。

研究人员作为测试语音识别系统的样本，它包含总时长 260 小时、543 人的 2 400 个电话录音。语音识别测试任务包括对陌生人对话交流中的不同话题，如体育和政治方面的讨论。短短五年内，词错误率这项指标从 13.25% 下降到了惊人的 2.5%，2021 年极大地提升了语音识别系统的可靠性和可用性，使之能够支持诸如电子邮件口述等实际应用[①]。

4. 星际争霸，AlphaStar（2019）[②]

AlphaStar 是有史以来第一个在无限制情况下达到主流电子竞技游戏顶级水准的 AI 产品，它在星际争霸 2 上达到了最高的宗师（Grandmaster）段位。

2019 年，DeepMind 有关 AlphaStar 的论文发表在最新一期《自然》杂志上，这是人工智能算法 AlphaStar 的最新研究进展，展示了 AI 在"没有任何游戏限制的情况下"已经达到星际争霸 2 人类对战天梯的顶级水平，在 Battle. net 上的排名已超越 99.8% 的活跃玩家，相关的录像资料也已放出。

星际争霸 2 巨大的操作空间和非完美信息给构建 AlphaStar 的过程带来了巨大挑战。与围棋不同，星际争霸 2 有着数百支不同的对抗方，而且他们同时、实时移动，而不是以有序、回合制的方式移动。

5. 蛋白质结构预测，AlphaFold 2（2020）、AlphaFold 3（2024）

蛋白质是生命的基础，了解蛋白质的折叠结构和分子动力学是生物学界最棘手的问题之一，已经困扰科学家 50 年之久。已知氨基酸顺序的蛋白质分子有 1.8 亿个，但三维结构信息被彻底看清的还不到 0.1%。

在过去的 50 年中，"蛋白质折叠问题"一直是生物学界的重大挑战。此前，生物学家主要利用 X 射线晶体学或冷冻电镜等实验技术破译蛋白质的三维结构，但这类方法耗时长、成本高。2020 年 11 月 30 日，由 DeepMind 团队验证的 AlphaFold 2 深度学习程序在蛋白质结构预测大赛 CASP 14 中，对大部分蛋白质结构的预测与真实结构只差一个原子的宽度，达到了人类利用冷冻电子显微镜等复杂仪器观察预测的水平。这是蛋白质结构预测史无前例的巨大进步。这一重大成果虽然没有引起媒体和广大民众的关注，但生物领域的科学家反应强烈。

中国科学院院士施一公[③]对媒体说："依我之见，这是人工智能（AI）对

---

① 纵览机器学习前生今世，万字整理谷歌首席科学家 Jeff Dean 一小时演讲，见 360 个人图书馆（360doc.com）。

② DeepMind 星际争霸 AI 登 Nature，超越 99.8% 活跃玩家，玩转三大种族，见百度百科（baidu.com）。

③ 施一公，见百度百科（baidu.com）。

科学领域最大的一次贡献，也是人类在 21 世纪取得的最重要的科学突破之一，是人类在认识自然界的科学探索征程中一个非常了不起的历史性成就。"

李国杰院士①说："机器学习可以正确预测蛋白质结构，说明机器已掌握了一些人类还不明白的'暗知识'。"

2021 年 8 月，DeepMind 公司在《自然》上宣布已将人类 98.5%的蛋白质预测了一遍，计划年底将预测数量增加到 1.3 亿个，达到人类已知蛋白质总数的一半，并且公开了 AlphaFold 2 的源代码，免费开源有关数据集，供全世界科研人员使用②。

2024 年 5 月，AlphaFold3 再次登上《自然》杂文头版。升级后的 AlphaFold 3 能够以前所未有的原子精度，预测出所有生物分子的结构和相互作用。最重要的是，与传统方法相比，它预测相互作用的准确率暴涨 50%。对一些重要的相互作用类型，其预测精度甚至可以提升 100%。截至目前，全球已经有 180 多万名科学家使用 AlphaFold 加速研究，包括开发生物可再生材料，或推进基因研究③。

6. 超强抗生素，哈尼西林，（2020)④

抗生素的广泛应用也带来了一个巨大的危机——抗生素耐药性，据世界卫生组织统计，2019 年，全球约有 120 万人死于抗生素耐药性所加剧的细菌感染，照此发展，到 2050 年，抗生素耐药性将可能导致超过 1 000 万人死亡，将超过癌症导致的死亡人数。我们也迫切需要新的抗生素对抗对大多数临床使用的抗生素越来越耐药的细菌。

麻省理工学院吉姆·柯林斯⑤教授团队使用深度学习技术发现了一种超强抗生素哈尼西林（halicin）。这项突破性的研究成果于 2020 年 2 月 20 日发表在国际顶尖学术期刊《细胞》杂志上，并登上了当期杂志封面。哈尼西林是首个由人工智能发现的抗生素。研究人员为致敬经典科幻片《2001 太空漫游》，将该分子命名为"halicin"（电影里的人工智能系统名为 HAL 9000）。

他们的人工智能程序运行了大约 6 000 个分子，寻找可以杀死大肠杆菌的分子。AI 在这个过程中挑选出一种对细菌最有效的抗生素化合物。在实验室

---

① 李国杰（中国工程院院士，计算机专家），见百度百科（baidu.com）。

② AlphaFold 2，见百度百科（baidu.com）。

③ AlphaFold3 一夜预测地球所有生物分子，颠覆生物学登 Nature 头版！见百度百科（baidu.com）。

④ halicin，见百度百科（baidu.com）。

⑤ 吉姆·柯林斯（美国麻省理工学院合成生物学家，首个由人工智能发现的抗生素 halicin 的研究负责人），见百度百科（baidu.com）。

中测试这种新型化合物时，其效果非常出色，可以杀死数十种细菌，包括已证明对所有已知抗生素具有抗性的菌株。到目前为止，该化合物的效果令人印象深刻，并且与大多数抗生素的作用不同。

以色列理工学院生物学和计算机科学教授罗伊·基肖尼[1]表示："这项开创性研究标志着抗生素发现乃至更普遍的药物发现发生了范式转变，深度学习技术或可应用于抗生素开发的所有阶段——从发现抗生素到通过药物修饰和药物化学改善抗生素的功效和毒性。"

2023 年 5 月，吉姆·柯林斯教授团队又发现了一种新型抗生素——贝那昔滨（abaucin）[2]。

7. AI 绘画，DALL-E（2021）[3]

AI 绘画的发展可以追溯到 20 世纪 60 年代，当时的研究主要集中在计算机图形学领域。随着深度学习技术的兴起和进步，特别到 2016 年扩散模型的提出，AI 绘画技术走上了快车道。

2021 年 1 月，美国人工智能研究公司（OpenAI）[4] 首次发布了绘画软件 Dall-E AI，该名称来源于著名画家达利[5]（Dalí）和机器人总动员[6]（Wall-E）。该系统可以根据简单的描述创建极其逼真和清晰的图像，精通各种艺术风格，包括插画和风景等。它还可以生成文字制作建筑物上的标志，并分别制作同一场景的草图和全彩图像。2021 年 4 月，入选由技术领域全球知名大学组成的 Netexplo 大学网络，在全球范围内遴选出的 10 项极具突破性的数字创新技术。

DALL-E 打开了 AI 绘画的潘多拉魔盒。仅 2022 年，多款 AI 绘画软件相继推出，火爆全网。

2022 年 2 月，AI 绘画工具 Disco diffusion 发布，它相比传统的 AI 模型更加易用，且研究人员建立了完善的帮助文档和社群，越来越多的人开始关注它。

2022 年 3 月，Midjourney 首次亮相，在 8 月迭代至 V3 版本并开始引发一定的关注，而 2023 年更新的 V5 版本让 Midjourney 及其作品成功"出圈"，代

---

① 罗伊·基肖尼，见百度百科。
② Nature 重磅：AI 模型发现全新抗生素类型，安全高效杀死超级耐药菌，见百度百科（baidu.com）。
③ Dall-E，见百度百科（baidu.com）。
④ OpenAI，见百度百科（baidu.com）。
⑤ 萨尔瓦多·达利（西班牙画家），见百度百科（baidu.com）。
⑥ 机器人总动员（美国 2008 年安德鲁·斯坦顿执导的动画电影），见百度百科（baidu.com）。

表作是"中国情侣"图片。其逼真的视觉效果令不少网友感叹："AI 已经不逊于人类画师了。"

2022 年 4 月，DALL- E 2 发布。

2022 年 7 月，Stable Diffusion 发布。

AI 绘画进步如此之快，绘画效率如此之高，效果如此之好，对相关从业人员和行业造成很大的冲击[①]。

8. 大语言模型，ChatGPT（2022）

如果说哥德巴赫猜想是数论的皇冠，那么自然语言处理无疑是人工智能的皇冠。自然语言是人类的本能，会听会说无疑是人类智力中最简单的部分。对机器来说，自然语言处理却无比困难。

自然语言的松散语法规则，词的多义特征，词句涉及的很多文化、技术背景知识，使得计算机对自然语言的理解和生成几乎不可能。在过去的时间，自然语言处理在一些窄的领域，如机器翻译、语音转文字、分词和名词提取、情感分析等方面有些积极进展。深度学习网络怎么用在自然语言处理上还是有很大的挑战。

2022 年 11 月 30 日，OpenAI 发布 ChatGPT 全新聊天机器人模型。ChatGPT 这款革命性产品的上线引爆全球，成为用户最快的消费级应用。人们突然发现，ChatGPT 能够像人一样对话，而且拥有比任何个人更多的知识，像一个无所不知的存在。

ChatGPT 背后就是今天开始进入大众视野的大语言模型。大语言模型也是一个深度学习网络，它使用海量的网络和其他电子资源训练而成。

ChatGPT 迅速成为热点，成为饭后的聊资。一些朋友也电话咨询我，让我这个貌似专家的老师诚惶诚恐。ChatGPT 是什么？简略地说，ChatGPT 就是一个基于深度学习的大语言模型聊天机器人。

什么叫大？ChatGPT 基于大语言模型 GPT-3.5 和 GPT4。GPT-3.5 有 1 750 亿个训练参数（1.750×1 012），GPT-4 达到 1.8 万亿个参数（1 014）。就目前所知，人的大脑也只有 120 亿~140 亿个神经元。

什么叫语言模型，GPT4 用了多少样本训练呢？截至 2023 年 4 月的新闻、书籍、论坛等，大概有 6 000 亿字节的文本。要知道，一本书大概有几十万字节，GPT 看了多少本书呢？上至天文、下至地理，无人能及。

大语言模型的成功拉开了通用人工智能的序幕，奇点到来。霍金在 2014

---

① AI 杀疯了：AI 绘画发展历史全梳理，见人工智能网（aigclaile.com）。

年讲了一句很深刻的话："全面发展的人工智能可能意味着人类的终结。"

（八）人工智能的经验教训

人工智能的研究有两个视角，设计能解决问题的机器，不需要像人一样的解决问题，今天大多数工业机器人并不像人；另外一个视角，是模拟人的行为，与人类可以开展合作的机器。

第一个视角，就是弱人工智能。理性的科学家似乎已经看到了智能的尽头。如果智能就是解决问题，那么机器或早或晚会比人类做得好，实际上，我们已经看到越来越多的机器挑战人类，并且在越来越多的领域超越人类。

第二个视角，强人工智能。它是人工智能最艰难的部分，我们今天称之为"通用人工智能"，是说我们能否复制出一个像人一样的智能机器？

无论从人工智能的哪个视角出发，最终都会落在解决问题上。很多时候，人都会觉得很懂自己，认为造出一台像人一样思考和解决问题的机器不是那么困难。而实际上，在这个曲折发展的过程中，人对自身的认知也不断被颠覆。

人唯一了解的智能是人本身的智能，这是普遍认同的观点。但是我们对自身智能的理解都非常有限，对构成人的智能的必要元素也了解有限，所以就更难定义什么是智能了。人工智能的学者有意识地忽略了这种关于智能的讨论，从各自不同的立场定义了不同的"人工智能"。以下几种是常见的定义①：

（1）能使计算机完成那些需要人类智力才能完成的工作的科学。

（2）制造智能机器的科学与工程。

（3）人工智能是关于知识的学科——怎样表示知识以及怎样获得知识并使用知识的科学。

（4）人工智能是有关智能体的研究与设计的学问，而智能体是指一个可以观察周遭环境并做出行动以达至目标的系统②。

（5）人工智能是计算机技术和技能的总称，通过模仿大脑的学习能力帮助解决复杂的问题③。

从1945年发明计算机到现在，不到80年，计算机从庞然大物，变成今天无处不在的计算。计算机在计算和逻辑推理方面比人脑强得太多。计算机

---

① 人工智能（智能科学与技术专业术语），见百度百科（baidu.com）。
② 人工智能的五个定义：哪个最不可取？见澎湃新闻。
③ 科学简单点：什么是人工智能？见网易（163.com）。

能够轻而易举地完成人脑觉得很困难的工作。毋庸置疑，计算和逻辑推理是人类智能的一部分。而计算机天然地具备了这样一种智能。这就是"人工智能"吗？但实际，大家并不认为会计算和逻辑推理是人工智能。"人工智能"这个高大上的名称承载了更大的挑战和预期。

被誉为人工智能之父的约翰·麦卡锡①曾不无沮丧地说过这样一句话，人工智能程序"一旦开始运行，就不能再叫它人工智能了。"当一个按照程序指令进行工作的机器开始工作时，旁观者认为人工智能实现的并不是"真正的"智能。

1985 年 9 月 26 日，诺贝尔物理学奖获得者理查德·费曼②在一次演讲中，当听众提问"您认为将来机器会像人一样思考并且更加智能吗？"他回答说：

"它们是否能像人类一样思考？我会说不会，我后面会解释我为什么说不会。关于它们是否比人类更智能，我们必须首先定义什么是智能。如果你问我，机器人棋手可以比任何人类棋手都强吗？答案也许是肯定的，总有一天我会把它造出来。"

"如果我们想制造一些可以在地面上快速运行的东西，那么我们先可以观察一只猎豹的奔跑姿态，然后我们可以试着制造一台像猎豹一样运行的机器。但是，制造带有轮子的机器更加容易。我们可以试着制造通过轮子快速运动的物体，甚至还可以制造一些能飞的东西。当我们制造飞机时，飞机虽然会飞，但它并不像鸟那样飞。它们不会扇动翅膀，它们的前面有另一个可以转动的装置，或者更现代的飞机有一个喷气推进装置，并且使用汽油作为燃料。对于智能来说，情况是完全一样的。例如，它们不会像我们做算术那样做算术，但它们会做得更好。我们永远不会改变它们做算术的方式，让它更像人类。因为那是一种倒退。人类所做的算术是缓慢的、烦琐的、混乱的、充满错误的。"

回首过去的 70 年，人工智能发展道路可谓充满了艰辛和曲折，几起几落。科学研究的规律一般是这样的：科学家们从一些看似很有前景的想法出发，设计和开发一个和多个实验并进行验证，一旦成功，科学家就有理由相信这个想法理论上可以在大规模的真实场景下应用，剩下的只是技术和经济问题。但这个规律在人工智能领域却被证明不成立。好的想法和实验的成功所带来的不总是可以实现的预期。

---

① 约翰·麦卡锡（美国数学博士，人工智能之父与 Lisp 编程语言发明人），见百度百科（baidu. com）。

② 理查德·费曼，见百度百科（baidu. com）。

　　人工智能的提出植根于符号主义的思维，人工智能的早期代表人物都是数学家或有深厚数学背景的科学家。在 1956 年达特茅斯会议的项目书中，发起人把人工智能的研究表述为"该研究是在假设的基础上进行的，即学习的每个方面或任何其他智能特征原则上都可以如此精确地描述，以便可以使机器模拟它"。

　　符号主义长期占据人工智能的主流地位。符号主义坚信，所有的知识都是符号逻辑，所有的问题解决都是逻辑推理和计算。在这个信念的引导下，人工智能看似只需要解决两个问题就可以了：一是如何符合逻辑地表达人类已有的知识？二是如何从知识中通过逻辑推理和计算解决问题？

　　符号主义有两个基本方法：对于一类简单问题，我们可以用第一性原理①进行推导、计算求解；对于另一类较为复杂的问题，我们可以建立解空间，在解空间里进行搜索，然后获得最优解。其本质是对于人类已经知道解决方法和步骤的问题，如果因为计算量太大无法手工完成，则通过计算机可以快速获得结果。

　　例如下象棋，高手看变化。每走一步，要推演对手的下一步可能的应对；可能一个回合的推演还不够，还需要推演多步。人类棋手因为大脑记忆和算力有限，推演不了几个回合。符号主义在求解这个问题时，理论上可以穷尽所有的可能性，那么计算机对人类将战无不胜。但遗憾的是，所有的可能性的数量太大，计算机也无法穷尽。这就是我们所说的"组合爆炸"问题。

　　回到下棋这个问题上，对于一个有经验的棋手，显然他不需要穷尽所有的组合，因为有些组合毫无意义。没有一个象棋手会第一步移动自己的"将"或"帅"。经验就是知识，IBM 的"深蓝"是基于大规模深入搜索的，它存储了 100 多年来 200 多万局国际象棋的棋谱，依靠这个棋谱，"深蓝"可以算出 12 手棋后的最优解，从而在 1997 年战胜了世界排名第一的国际象棋大师卡斯帕罗夫。使用人类知识去减少搜索空间，"暴力"搜索这次可能赢了，但这不是一个通用策略。

　　科学家意识到，人类解决复杂问题的能力取决于他的知识和技能水平，而手工地将知识和技能输入给计算机还是过于笨拙，20 世纪 80 年代风生水起的专家系统未能达到预期目标。试想，如何把所有的医学知识输入给计算机，让计算机具有诊断病症的能力，有可能，但却太困难。

　　符号主义的两次严冬证明，基于符号逻辑的方法无法应对规模的增长和

---

　　① 第一性原理（某些硬性规定或者由此推演得出的结论），见百度百科（baidu.com）。

系统的复杂性。无论在哪个领域，人工建立完备的符号逻辑体系或知识库都很困难，有些时候不现实。第一，人类知识本身就不完备；第二，即使完备，是否能用符号逻辑完整、准确地表达知识也要画上很大的问号；第三，即使针对纯数学逻辑问题，组合爆炸也会造成不可计算。

对于人类困难的逻辑和计算工作，符号主义驾轻就熟；而对于人类智能简单的问题，如自然语言、图像、语音等，符号主义陷入复杂性的泥潭。3 岁孩童就会的事情，人工智能却一筹莫展。早期人工智能的主要经验是：人类困难的工作人工智能非常简单，而人类简单的工作却无比困难。

2019 年，强化学习之父、阿尔伯塔大学教授理查德·萨顿[1]发表了后来被 AI 领域奉为经典的《苦涩的教训》（The Bitter Lesson）[2] 一文，这也是 OpenAI 研究员的必读文章。在这篇文章中，萨顿指出，过去 70 年来，AI 研究的一大教训是过于重视人类既有经验和知识，而他认为最大的解决之道是摒弃人类在特定领域的知识，利用大规模算力才是王道。

"从 70 年人工智能研究的历程中，我们可以得出一个重要的教训：最终，利用计算能力的通用方法是最有效的，而且其优势是巨大的。这背后的根本原因在于摩尔定律，或者更准确地说，是其计算成本持续指数级下降的一般规律。大多数人工智能研究都是在假设智能体可用的计算能力恒定的情况下进行的。在这种情况下，利用人类知识是为数不多的提高性能的方法之一。但是，在略长于典型研究项目的时间尺度内，可用的计算能力必然会大幅增加。为了在短期内寻求有影响力的改进，研究人员试图利用它们在特定领域的人类知识，但从长远看，唯一重要的是对计算能力的利用。这两种方法并不一定相互矛盾，但在实践中，它们往往会产生冲突。时间花在一个方面就意味着另一方面的时间被占用。研究人员在一种方法上的投入会产生心理承诺，而且基于人类知识的方法往往使得算法变得复杂，不太适合利用通用的计算方法。"

"我们必须学到这个痛苦的教训：从长远看，在系统中构建我们自己的思维方式是行不通的。这个痛苦的教训基于以下历史观察：①人工智能研究人员常常试图将知识构建到他们的智能体中；②从短期看，这总是有帮助的，并让研究人员本人感到满足；③从长远看，这会导致停滞，甚至阻碍进一步的进展；④通过一种基于扩展搜索和学习计算规模的对立方法，突破性进展

---

[1]　理查德·萨顿（美国计算机科学家），见百度百科（baidu.com）。

[2]　The Bitter Lesson，见知乎（zhihu.com）。

最终到来。"

"从这个痛苦的教训中应该学到一点，那就是通用方法的巨大力量。即使可用计算变得非常庞大，这些方法也能随着计算的增加而继续扩展。看起来可以以这种方式任意扩展的两种方法是搜索和学习。"

"从这个痛苦的教训中应该学到的第二点是头脑的实际内容是非常复杂的，不可救药的复杂；我们应该停止尝试寻找简单的方法来思考头脑的内容，如思考空间、物体、多个主体或对称性的简单方法。所有这些都是任意的、内在复杂的外部世界的一部分。它们不是应该内置的，因为它们的复杂性是无穷无尽的；相反，我们应该只构建能够发现和捕捉这种任意复杂性的元方法。对于这些方法至关重要的是它们能够找到良好的近似，但对它们的搜索应该由我们的方法来完成，而不是由我们自己来完成。我们想要能像我们一样探索的人工智能，而不是包含我们已经发现的东西的人工智能。在系统中构建我们的发现只会让我们更难看清探索的过程是如何完成的。"

辛顿是深度学习领域的里程碑式人物，他在最近的一次访谈中指出："Transformer 之类的东西帮了大忙，但真正的问题在于数据的规模和计算的规模。那时，我们根本不知道计算机会快上 10 亿倍。我们以为也许会快上 100 倍。我们试图通过提出一些聪明的想法来解决问题，但如果我们有更大的数据和计算规模，这些问题就会迎刃而解。"[1]

再次回到下棋的例子上，2017 年 10 月，在国际学术期刊《自然》上发表的一篇研究论文中，谷歌下属公司 Deepmind 报告新版程序 AlphaGo Zero：从空白状态学起，在无任何人类输入的条件下，它能够迅速自学围棋，经过 3 天的训练就以 100：0 的战绩击败"前辈"AlphaGo，经过 40 天的训练便击败了 AlphaGo Master。

同样在国际象棋上，Deepmind 再接再厉，于 2017 年底发布了 Alpha Zero 国际象棋程序，它仅经过 4 个小时的自我对弈后就战胜了当时世界上最强大的国际象棋程序 Stockfish，成为世界上最强大的国际象棋程序。到目前为止，还没有任何人或其他程序能够战胜它。国际象棋大师加里·卡斯帕罗夫在观察和分析了 Alpha Zero 的棋局后称："Alpha Zero 彻底动摇了国际象棋的根基。"[2]

在语音识别领域，早期研究利用人类对单词、音素、人类声道等知识的

---

① 杰弗里·辛顿，见百度百科（baidu.com）。

② 人工智能发展所带来的变革与反思，见澎湃新闻。

特殊方法；在视觉领域，也有类似的模式。早期的方法将视觉视为搜索边缘、广义圆柱体或尺度不变特征转换[1]等。但如今，这些都被抛弃了。当大规模计算能力可用，并找到了利用它良好方法时，事实证明，这些努力最终适得其反，浪费了研究人员的大量时间。

卡普兰（Kaplan）等人在文献[104]中提出了深度学习的规模法则（Scaling Laws），又叫幂律法则，指出模型的性能依赖于模型的规模，包括参数数量、数据集大小和计算量，模型的效果会随着三者的指数增加而线性提高。如图 4-19 所示，模型的损失（loss）值随着模型规模的指数增大而线性降低。这意味着模型的能力是可以根据这三个变量估计的，提高模型参数量，扩大数据集规模都可以使得模型的性能可预测地提高。这为继续提升大模型的规模给出了定量分析依据[2]。

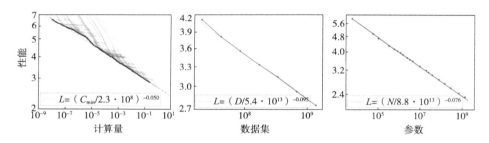

图 4-19　性能和计算量、数据集和参数的规模法则

与我们前面提到的小实验的成功无法扩展的事实相反的是，深度学习反而是在小规模上不太成功，只有规模上去了，我们才"意外"地发现，简单的方法借助算力能产生很好的效果。

一直以来，在人工智能领域，曾经有一个广泛的观点认为，仅依赖大量训练数据让一个庞大的随机神经网络学习复杂事物是不可能的；但今天，你再和统计学家、语言学家或大多数人工智能领域的人交流，他们会说没有大规模的架构，就无法学习到真正复杂的知识。通过大量数据训练一个庞大的神经网络，利用随机梯度下降方法不断调整权重，从而学习到复杂的事物。这一发现对我们理解大脑的结构具有重要意义，表明大脑并不需要天生就具有所有的结构性知识。大脑确实具有许多先天结构，但它显然不需要依赖这

---

① 尺度不变特征转换，见百度百科（baidu.com）。

② 解析大模型中的 Scaling Law，见知乎（zhihu.com）。

些结构来学习那些容易获得的知识。乔姆斯基①的语言学理论认为，复杂的语言学习必须依赖于先天就编织在大脑中的结构，并且要等待这种结构成熟。这种观点现在显然不大站得住脚了②。

---

① 诺姆·乔姆斯基（美国哲学家），见百度百科（baidu.com）。
② Hinton 万字访谈：用更大模型"预测下一个词"值得全力以赴，见知乎（zhihu.com）。

五 | 奇点来临

（一）奇点走来

与其他研究不同的是，人工智能是一个社会层面最广泛关注的领域之一。它是一个科学技术问题，但又有最为深刻的哲学和社会影响，关系着人类自身命运。在这个领域的每一个新的想法、每一步进展、每一个预期都是激动人心的。

大量的科幻小说、电影和电脑游戏也给人们演绎了人工智能的魔幻世界，有意识、有感知和有智能的机器既让我们感到期待，有时也让我们感到害怕。

1968 年上映的《2001 太空漫游》讲述了一台具有人工智能、掌控整个飞船的电脑"哈尔 9000"与科学家在太空探索的故事。影片获得当年最佳美术指导、最佳导演、最佳编剧等 4 项奥斯卡奖提名，被誉为"现代科幻电影技术的里程碑"。美国麻省理工学院研究人员为致敬经典科幻片《2001 太空漫游》，将首个由人工智能发现的抗生素命名为"halicin"。以纪念"哈尔 9000"（HAL9000）[①]。

今天，人工智能预示着一种朝向事物本质的进步，为几千年来哲学家、科学家苦苦思索而未得到答案的，关于宇宙、生命的一些重大命题的解决提供了新的线索。人工智能不再受限于人类知识，迫使我们去想，是否存在一种简单的，但人类无法理解的逻辑，主宰我们的宇宙，而不是什么看不见、摸不着的上帝。无论我们视其为工具、合作者还是对手，它将深刻地改变人类的命运。

人工智能技术最独特之处在于它可以赋予"机器"以"智能"——在此之前人类技术都是用"人的智能"发明的，而目前以及未来，技术也可用"机器的智能"发明，而人工智能奇点来临的重要标志是"用机器智能生产智能"，人类的干预将不再起主导作用。如此一来，人类一切技术发明创造的智能源泉将无限涌流——也正是在此意义上，巴拉特将人工智能称作人类"最后的发明"，人类的"终极命运"正在被开启。

---

① 2001 太空漫游（美国 1968 年斯坦利库布里克执导的科幻电影），见百度百科（baidu.com）。

深度神经网络的最大特点是能够学习，通过学习演化改进自身，系统的整体能力突飞猛进，日新月异。人工智能时代正在引领一场划时代的变革，这种情景预示着它的影响超出任何一个作者或单个领域专家的传统关注范围。事实上，要解答它所带来的问题，需要的知识甚至远超人类已有的经验。它是众多行业和人类生活各方面的赋能者。它的学习、演化和让人大吃一惊的能力，将颠覆和改变所有这些方面。由此产生的结果将是人类身份的改变，以及人类对现实体验的提升，所达到的高度是人类自文明曙光初现以来从未企及的。无论哪个领域的专家，都无法凭借一己之力理解一个机器能够自主学习和运用逻辑的未来，而这种技术和运用可能已经超出目前人类理性可及的范围[105]。

一向低调的谷歌首席执行官桑达尔·皮查伊①表示："人工智能的重要性和影响已经超越了火、电或任何过去的技术成果。"亿万富翁投资者雷德·霍夫曼②表示："世界将迎来一股空前的力量，这将推动整个人类社会向前迈进。"微软联合创始人比尔·盖茨宣称，人工智能"将改变人们的工作、学习、旅行、获得医疗保健和相互交流的方式"③。

计算机视觉、语音识别和自然语言处理技术在过去的 10 年取得了令人瞩目的进步。10 年前，计算机难以从原始图像像素中准确识别并归类到成千上万的不同类别中，但现在这一任务对它们来说已不再是难题。音频处理方面也有了显著提升，现今的计算机不仅能通过分析音频波形理解并转写 5 秒内的语音内容，而且语音识别系统的准确率和实时性相较过去有了大幅提升。

在翻译领域，机器翻译的进步使得诸如将英语打招呼自动准确地转换为法语变得轻而易举。这对于跨越语言障碍、促进全球沟通具有重要意义。

更令人惊奇的是，我们不仅实现了从图像到标签或文本描述的转化，比如，能详细描绘出一张猎豹站在吉普车顶的度假照片中的场景，而且还能够逆转这些过程：从一个简单的类别标签生成多样的相关图片，或者根据一句关于温度的描述生成逼真的音频表达。这是文本转语音技术不断提升的成果。

此外，还出现了从文本描述生成图像甚至视频剪辑的能力，以及基于文本描述合成特定声音片段的技术。这标志着多模态理解和生成技术的重大突破。这些能力的出现无疑极大地拓宽了计算机应用的可能性，与 10 年前的技术水平相比，我们现在可以利用这些先进技术创造出更加丰富多元的应用和

---

① 桑达尔·皮查伊：出生印度移民美国，从寒门打工人到谷歌 CEO，见搜狐（sohu.com）。
② 雷德·霍夫曼，见百度百科（baidu.com）。
③ 硅谷人工智能"奇点"：机器超越人类时代是否已到来？见百度百科（baidu.com）。

服务，前景令人振奋不已。

在国际象棋、围棋、星际争霸等人类智力游戏的领域，计算机已经从模拟人类、从人类知识中学习的阶段上升到自主学习、自我提升，不再需要人类知识并碾压人类智力。

人工智能开始从"小模型+判别式"转向"大模型+生成式"的新赛道。从传统的人脸识别、目标检测、文本分类，升级到如今的文本生成、图像生成、语音生成、视频生成。

2022 年底，ChatGPT 横空出世。ChatGPT 是人工智能技术驱动的自然语言处理工具，能够基于在预训练阶段所见的模式和统计规律，生成回答，还能根据聊天的上下文进行互动，真正像人类一样聊天交流，甚至能完成撰写论文、邮件、脚本、文案、翻译、代码等任务[①]。ChatGPT 两个月突破 1 亿用户，国内外随即掀起了一场大模型浪潮，Gemini、文心一言、通义千问、LLaMA 等各种大模型如雨后春笋般涌现。2022 年也被誉为大模型元年。

大模型是人们见证计算机能力发生最大变革的领域之一。大量数据只要结合简单技术就可以产生惊人效果。

Midjourney 和 Stable Diffusion 是人工智能的绘画工具。它们的出现也不亚于 ChatGPT。人类的艺术创作一直被认为是人类精神活动的最高境界，杰出艺术家的风格一直被神化为艺术的灵魂，只可意会无法言传，玄妙而抽象。今天，用深度学习的方法，人工智能可以轻而易举地从艺术作品中抽象出艺术风格，创造出新的艺术作品。

2024 年 1 月，OpenAI 发布的"世界模拟器"（Sora）可以根据用户的文本提示创建最长 60 秒的逼真视频。该模型了解这些物体在物理世界中的存在方式，可以深度模拟真实物理世界，能生成具有多个角色、包含特定运动的复杂场景。

2024 年 5 月，GPT4 的 Omni（中文全能的意思）版本 GPT-4o 正式上线，成为 OpenAI 多模态的第一个版本，接受文本、音频和图像的任意组合作为输入，并生成文本、音频和图像输出。在发布会的直播现场，搭载 GPT-4o 的 ChatGPT 可谓是又快、又全、又有情感。与 ChatGPT 对话时，用户不必等 ChatGPT 说完，可以随时插话；模型能够实时响应，不存在尴尬的几秒延迟。当捕捉到用户紧张急促的呼吸后，ChatGPT 还会提醒对方需要冷静情绪，并引导他做深呼吸。ChatGPT"同传能力"也不容小觑，OpenAI 团队在现场展

---

① ChatGPT，见百度百科（baidu.com）。

示了一波英语和意大利语的实时互译，中间实现零延迟。基于 GPT-4o 强大的视觉能力，用户还可以用语音让 ChatGPT 分析页面上的数据图表。更强大的是，打开摄像头后写下一道数学题，ChatGPT 还会一步步引导该如何解下一步，其讲解的清晰度与耐心堪比幼教①。

大模型领域的另一个重要发展趋势是将通用模型进一步优化，转化为领域专用模型。在 2023 年的谷歌 I/O 开发者大会上，第二代谷歌医生 Med-PaLM 2 作为 AI 医疗的引领者，如期登台亮相。Med-PaLM 2 作为人工智能技术的代表，正在成为医生和患者之间的桥梁。PaLM 2 是谷歌的上一代通用大语言模型，经过针对医学数据集（包括医学问题和文章）的深化训练与微调后，产生了 Med-PaLM 模型，该模型首次在医学考试中超越了及格线。6 个月后，他们又推出了 Med-PaLM 2，在特定医学考试任务上实现了专业级别的表现。这个例子确实证明了先拥有强大的通用模型，再进行领域适应性训练的巨大潜力。

我们目前还没有实现单一的通用 AI 模型，但我们已经成功构建了一系列通用的 AI "配方"，可以跨领域迁移训练、数据和神经网络架构。虽然在理论上这是不可能的，但它确实奏效了！2024 年 5 月登上《自然》头版的 AlphaFold 3 成功地运用基于 Transformer+Diffusion 架构的模型，以生成蛋白质、核酸（DNA/RNA）和更小分子的 3D 结构，并揭示它们如何组合在一起。因为有了它，从此人类能够以前所未有的精度，预测所有生物分子的结构和相互作用。我们知道 Transformer+Diffusion 架构可以生成精美的像素图像，而且 Transformer 是大语言模型的基座，它们却能被用于理解和建模生物学，这种通用性水平实在是令人难以置信②。

"奇点"概念在 1958 年被美国数学家、"计算机之父"约翰·冯·诺依曼引入科技领域。根据冯·诺依曼的朋友，美籍波兰裔数学家、物理学家斯塔尼斯拉夫·乌拉姆③回忆："我们有过一次关于科技加速发展以及人类生活方式发生变革的对话。"冯·诺依曼告诉他，"仿佛我们正在接近人类发展史上的某个'本质奇点'，一旦越过该奇点，我们目前已知的人类活动就会不再延续下去。"④

---

① 免费 GPT-4o 来袭，音频视觉文本实现"大一统"，见百度百科（baidu.com）。
② AlphaFold3 一夜预测地球所有生物分子，颠覆生物学登 Nature 头版！见百度百科（baidu.com）。
③ 斯塔尼斯拉夫·乌拉姆，见百度百科（baidu.com）。
④ 如何面对最后一次存在升级，见百度百科（baidu.com）。

　　美国的未来学家雷·库兹韦尔在他的《奇点临近》《人工智能的未来》[6,106]两本书中，用"奇点"作为隐喻，描述的是，当人工智能的能力超越人类的某个时空阶段，人工智能跨域了这个奇点之后，一切人们习以为常的传统、认识、理念、常识，将不复存在，技术的加速发展会导致一个"失控效应"，人工智能将超越人类智能的潜力和控制，迅速改变人类文明。雷·库兹韦尔认为："2045年，奇点来临，人工智能完全超越人类智能，人类历史将彻底改变。"

　　马克思指出："至于说生活有它的一种基础，科学有它的另一种基础——这根本就是谎言。"这种"谎言"今天依然充斥于全球知识系统，认为研究人的"生活"的哲学（社会科学）有着与自然科学完全不同的"基础"的观念依然大行其道。"自然科学往后将包括关于人的科学，正像关于人的科学包括自然科学一样：这将是一门科学。"当历史上只被"人的科学"所关注的"智能"也开始被自然科学所关注时，两者将成为"一门科学"的大势就被更清晰地展示出来。这将是AI革命所引发的人类知识系统终极性变革。因此，AI趋近奇点的发展，将推动自然科学与哲学社会科学成为"一门科学"，两者的相互需要将日益明显①。

　　詹姆斯·巴拉特采访了许多AI技术开发和理论研究专家，撰写成《我们最后的发明：人工智能与人类时代的终结》[107]一书。他指出，人类历史上颠覆性的技术变革不少，如发明火、农业、印刷术和电力等，但是"没有人觉得非给它想出个花哨的名字不可"。那么，为什么非要用"奇点"这个似乎有点花哨的概念描述AI技术变革呢？因为"技术奇点本身会带来智能上的变化，这就是它跟其他所有革命不同的原因"。

　　《失控》和《必然》的作者凯文·凯利预测，我们将在5 000天后迎来崭新的巨大平台，世界万物均可和人工智能连接，现实世界和数字化将完美融合，被称为"镜像"的增强现实②的世界将会诞生。现实世界中的所有的道路、建筑等实际存在的事物，都会在镜像世界中显示出它们的"数字孪生"[108]。

　　在我看来，"奇点"不是一个"点"，也不存在某一个时间点机器智能全面超越人类。我们正在经历的不仅是一场宏伟的技术革命，更是一场深刻的认知革命。我们不是在接近奇点，而是已经在奇点中。当我们找到了一个基

---

①　人工智能奇点与人类未来，见百度百科（baidu.com）。
②　增强现实，AR，Augmented Reality。

于学习的不依赖人类知识的通用人工智能方法后，我们可以预见人类的每一项智能都会被机器超越，奇点已经来临。

（二）自然语言处理——ChatGPT登场

1. 自然语言处理

语言是人类与其他动物最重要的区别，人类的多种智能都与语言有着密切的关系。逻辑思维以语言的形式表达，大量的知识也以文字的形式记录和传播。如今，互联网上已经拥有数万亿以上的网页资源，其中大部分信息都是以自然语言描述的。因此，如果人工智能算法想要获取知识，就必须懂得如何理解人类使用的不太精确、可能有歧义、混乱的语言[①]。

自然语言处理无疑是人工智能研究最为艰难的领域，是实现通用人工智能的核心方向，说它是人工智能的皇冠一点也不过分。无论实现自然语言理解，还是自然语言生成，都远不如人们原来想象的那么简单，而是十分困难的。

最早的自然语言理解方面的研究工作是机器翻译。1949年，美国人威弗首先提出了机器翻译设计方案。自然语言处理的发展分为三个阶段[②]。

第一阶段，早期自然语言处理（20世纪60—80年代）：基于规则建立词汇、句法语义分析、问答、聊天和机器翻译系统。好处是规则可以利用人类的语言知识，可以快速起步；问题是规则覆盖面不足，各种各样的歧义性或多义性一直没有很好地解决。

第二阶段，统计自然语言处理（20世纪90年代开始）：基于统计的机器学习开始流行。主要思路是利用带标注的数据，基于人工定义的特征建立机器学习系统，并利用数据经过学习确定机器学习系统的参数。运行时利用这些学习得到的参数，对输入数据进行解码，得到输出。机器翻译、搜索引擎都是利用统计方法获得成功的。

第三阶段，深度学习自然语言处理（2008年之后）：深度学习开始在语音和图像领域发挥威力。随之，自然语言处理的研究者开始把目光转向深度学习。先是把深度学习用于特征计算或者建立一个新的特征，然后在原有的统计学习框架下体验效果；随后，人们尝试直接通过深度学习建模和训练。

自然语言处理有两个根本问题需要解决。

---

① 带你了解大语言模型的前世今生，见知乎（zhihu.com）。

② 自然语言处理（语言处理方式），见百度百科（baidu.com）。

第一，句子的上下文关系和谈话环境对本句的约束和影响还缺乏系统的研究，因此分析歧义、词语省略、代词所指、同一句话在不同场合或由不同的人说出来所具有的不同含义等问题，尚无明确规律可循。

第二，人理解一个句子不是单凭语法，还要运用大量的有关知识，包括生活知识和专门知识。因此，一个书面理解系统只能建立在有限的词汇、句型和特定的主题范围内。

传统的基于语法、语义和特征统计的语言学研究方法在这两个问题上已经举步维艰、山穷水尽。

2011 年的一篇论文[109] 首次展示了在多个自然语言处理的任务上，简单的深度学习框架优于当时最优方法，如命名实体识别、语义角色标注和词性标注。此后出现了一些基于卷积神经网络、循环神经网络和注意力机制的研究，有进展但也遭遇到技术瓶颈：这些结构的网络无法同时解决文本处理的三个方面难题①：一是长距离上下文信息进行建模；二是保留序列信息并能；三是高效运算。

（1）Transformer 和谷歌。

2017 年，谷歌研究团队正式发布了适用于自然语言处理的深度学习模型架构 Transformer[110]，完全去除了编码步中的循环和卷积，仅依赖注意力机制捕捉输入和输出的全局关系，有效地解决了长文本问题，并且算法减少了计算量，提高了并行处理的效率，使得大语言模型的建立成为可能。Transformer 拉开了大语言模型的序幕。

2018 年 10 月，谷歌发布基于 Transformer 的 BERT 语言模型[111]，全球第一个生成式预训练大语言模型。它在问答、自然语言推理等各种自然语言处理任务中，超越了当时最先进的设计，在深度学习社区引起了轰动②。BERT 语言模型的参数达到了 3.4 亿个。训练集数据采用了维基百科和多伦多 BookCorpus③ 书库，英文单词数达到 33 亿个。

在模型结构多样化井喷的年代，Transformer 模型并没有能够预言到大语言模型的出现。发明 Transformer 模型的谷歌公司也没有足够重视，依然在按部就班地推进研究，错失了领先地位④。

---

① 万字长文概述 NLP 中的深度学习技术，见百度百科（baidu. com）。
② BERT 全面详解，见知乎（zhihu. com）。
③ https：//en. wikipedia. org/wiki/BookCorpus。
④ 谷歌两次错失抢先发布 ChatGPT 的机会，见知乎（zhihu. com）。

（2）ChatGPT 和 OpenAI。

2018 年，谷歌在当时已经是一个科技巨头，OpenAI 还是一个名不见经传的小公司。

OpenAI 是一个 2015 年起步的非营利研究机构，但同时它还有一个同名的商业公司。从 2015 年到 2019 年，OpenAI 募集的资金达到 1 亿美元，马斯克①是 OpenAI 的创始人之一，也是那个时期最大的赞助人。

OpenAI 可以说是独具慧眼，在 Google Transformer 模型的基础上启动了 GPT 项目，2018 年 6 月发布 GPT-1[112]，模型参数数量为 1.17 亿个。2019 年 2 月，模型扩容到 1 500 亿参数，正式发布 GPT-2。现在看来，这些动作并没有引起太大的关注。谷歌和其他的科技巨头没有能够预测到模型规则增长可能产生的质变。ChatGPT 项目经理森川（Morikawa）揭秘道：

"我于 2020 年 10 月加入 OpenAI。那时 OpenAI 共有大约 150 名员工，而工程团队只有几个人。当时几乎每个在 OpenAI 工作的人都是研究员。我没有机器学习博士学位，但对于 OpenAI 正在构建 API 和工程团队感到兴奋。在 OpenAI，我最初单独为 GPT-3 API 编写代码。几个月后，也就是 2021 年 1 月，我开始管理工程团队。那时，我的团队大约有 6 个人。时至今日，两年半过去了，工程团队已经发展到了 150 人。"

2020 年 5 月 GPT-3 发布，模型参数已经达到 1 750 亿个。研究者关注到 GPT-3 已经能够生成新的、与人的写作难以区分的文本，而这些文本却经常包含错误的、伪造的和垃圾信息等有害内容。在质疑声中，经过近两年的模型改进、微调和基于人工标签的强化学习，直到 2022 年 3 月，OpenAI 才发布 GPT-3 的新版本。2022 年 11 月，OpenAI 正式启用 GPT-3.5 作为新的版本号。

2022 年 11 月 30 日，OpenAI 正式上线基于 GPT-3.5 的 ChatGPT，友好的界面和惊艳的表现顿时吸引了大众的眼球。一夜之间，OpenAI 成为一个最耀眼的网红技术公司。ChatGPT 迅速成为热点，成为茶余饭后的聊资。到 2023 年 1 月，短短一个月的时间，全球用户数超过 1 亿，OpenAI 的市场估值达到惊人的 290 亿美元②，从而开启大模型商业化时代。

（3）OpenAI 到"CloseAI"。

Transformer、BERT、GPT-1、GPT-2 都在开源领域，代码公开，使用免

---

① 埃隆·马斯克，见百度百科（baidu.com）。
② https：//en.wikipedia.org/wiki/ChatGPT。

费，但从 GPT-3 开始，OpenAI 宣布不再开源。在 2018 年的时候，马斯克就以利益冲突为由退出了董事会。2019 年，微软注入 10 亿美元，2020 年 9 月，微软宣布获得 GPT-3 独家版权；2023 年，微软再次注入 100 亿美元，一举成为 OpenAI 的最大金主。OpenAI 的非营利光环已经褪去，它摇身一变，成为一家科技巨头。

2. 只有小企业才能做到创新

科技巨头都是从创新的小企业开始的。1975 年 4 月 4 日，19 岁的比尔·盖茨与高中校友保罗·艾伦在阿尔伯克基一家旅馆房间里创立了微软公司（见图 5-1）。公司原名"Micro-Soft"，之后更改为"Microsoft"。得益于当时科技巨头 IBM 的"疏忽"或"扶持"，微软公司赚到了第一桶金，并打下了发展的基础。

图 5-1　保罗·艾伦和比尔·盖茨

我们关注到一个事实，重大的科技创新往往来自小企业，而不是科技巨头。已经成功并具有市场优势的科技大公司，会因为决策链、成本和风险等因素而渐渐失去创新能力，只能作为投资人通过扶持和并购创新型小企业保持自己的科技地位。

只有小企业才能做到创新。凯文·凯利说了这样一个观点："最具活力的成功企业，是站在混沌的边缘而不被秩序束缚的企业。只有保持几分饥饿的状态，才能有继续创新的可能。"[108] OpenAI 从众多科技巨头的角力中脱颖而出，再次证明了这一点。当然，小企业创新失败的远多于成功的，我们看到的是霓虹灯下的成功，看不到被遗忘的失败角落。

（三）大语言模型

大语言模型是基于海量文本数据训练的深度学习模型。它不仅能够生成自然语言文本，还能够深入理解文本含义，处理各种自然语言任务，如文本分类、文本摘要、问答、翻译等①。没有技术背景的读者会以为大语言模型是从它学习到的知识中搜索答案，只是重复已有的句子。如果用它写论文，那将会有百分之百的重复率。继而简单地推断出大模型没有创意，只是鹦鹉学舌。这就大错特错了。大模型不是这么工作的。

大语言模型的基础功能是给定一段不完整的文本，找到最有可能的后续字词。我们称之为"句子补全"。大模型的训练方式原理上很简单：你拿一段文本，删除文本中的一些单词，然后训练一个神经网络预测缺失的单词。大语言模型基本上就是试图预测或者叫生成文本中的下一个单词。它生成字典中所有可能单词的概率分布，然后选择概率较高（不一定是最高）的单词。产生一个单词后，将该单词移入输入中，这样系统就可以预测第二个单词了，这就是自回归训练。

例如，我们用《西游记》的文本做训练。如果句子开始是"孙"，下一个最有可能的字会是"悟"，而不会是"子"或者"中"，因为"孙悟空"在《西游记》中出现的频度更高。句子补全的训练并不需要人工打标签，因为标签就是某段句子的下一个字或词。基于深度学习的原理，大模型训练学习到的知识分布在模型的万亿级参数上，它在回答问题时，是通过这万亿个参数运算得到的，形象地说，大语言模型生成的文本是它一个字一个字写出来的，没有复制粘贴任何一个文本。

因为大语言模型的基本功能是句子补全，并不能进行对话。GPT 出现后的几年依然沉寂在实验室里，不为大众所知。OpenAI 的革命性创新是从问句中提取回答的句子，然后使用补全功能生成回答。

大模型的特点是以"大"取胜，其中有三层含义：一是参数大，GPT-3 有 1 700 亿个参数；二是训练数据大，ChatGPT 大约用了 3 000 亿个单词，570GB 训练数据；三是算力需求大，GPT-3 大约用了上万块 V100 GPU 进行训练。

从原理上看，大语言模型生成不完整的、错误的答案是完全可能的，输出虚构的事实也是可能的，后者我们称之为大模型的"幻觉"。也就是说，大语言模型更像我们人类，有正确的时候，也有错误的时候，有创意，也有幻觉；人类不擅长计算，不用工具的大语言模型也不会。一个"完全正确"的大语言模型可能是不可能的。

---

① 大语言模型，见百度百科（baidu.com）。

在 ChatGPT 问世后，丹尼尔·卡尼曼指出："我相信最终 AI 算法会比人类更正确，最终人们会信任算法。这一切都需要时间，但我不认为人们不可能信任算法。"因为在他看来，即使是简单的变量组合，算法的"噪声"也肯定要比人类少得多①。

ChatGPT 官网列出了模型主要的 5 个局限性：一是可能生成貌似正确实际错误的回答。二是对问题的表达比较敏感，需要"正确地"提问。三是有点话痨。四是不会用追问来澄清问题，装着都懂。五是可能会生成有害的回答。

大语言模型通过寻找不同领域的共同结构进行编码。这种能力使它们能够压缩信息并形成深层次的理解，发现现实世界中人类尚未发现的万事万物的联系。这是大模型创造力的来源。"如果你问 GPT-4，为什么堆肥堆像原子弹？大多数人回答不出来。大多数人没有想过，他们会认为原子弹和堆肥堆是非常不同的东西。但 GPT-4 会告诉你，它们的能量规模非常不同，时间规模非常不同。但它们的共同点是，当堆肥堆变得更热时，它产生热量的速度更快；当原子弹产生更多的中子时，它产生中子的速度也更快。所以就得到了连锁反应的概念。我相信它理解这两种连锁反应，使用这种理解将所有这些信息压缩到它的权重中。如果它确实在这样做，那么它将会对我们还没有看到的所有事物进行同样的操作。这就是创造力的来源 —— 看到这些表面上截然不同的事物之间的类比关系。"②

当前科学发现主要依赖于实验和人脑智慧，由人类进行大胆猜想、小心求证。而大语言模型具有全量数据，具备上帝视角，通过深度学习的能力，可以比人向前看更多步，如能实现从知识抽象，从抽象到推理，从推理到结论的跃升，大语言模型就具备了像爱因斯坦一样的想象力和科学猜想能力，极大提升人类科学发现的效率，打破人类的认知边界。这才是真正的颠覆所在。

人类传递知识的方式通常涉及文本和语言交流，这种方式相对效率较低。人穷尽一生也只能学到知识汪洋大海的一滴。然而，数字系统则不同，它们可以通过共享学习过的数据和参数（权重）传递知识。一旦一个数字系统

① 所谓"噪声"，是卡尼曼在 *Noise: A Flaw in Human Judgment*（噪声：人类判断力的缺陷）一书中定义的，他将"噪声"解释为导致人类针对相同事件做出不同判断的原因。举个例子，两位放射科医生对同一张 X 光片，可能得出不同的诊断结果，导致两人判断不同的原因，就是卡尼曼认为的"噪声"。

② Hinton 万字访谈：用更大模型"预测下一个词"值得全力以赴，见知乎（zhihu.com）。

学习了某些知识，这些权重就可以被保存并在其他任何相同配置的系统中重用。这种方式不仅保证了知识的精确复制，还极大提高了学习和知识共享的效率。因此，数字系统在共享和扩散知识方面，具有远超人类的能力。我们将见证这样一种知识和文化传承的革命。我会很好奇地想到，一旦人们出生以后不需要学那么多、记那么多东西的时候，人们将会有一个什么样的学习结构，到底哪些知识和能力对人类是真正重要的，而不像今天越来越重的学习负担。

2022 年后，大语言模型及其在人工智能领域的应用已成为全球科技研究的热点，其在规模上的增长尤为引人注目，参数量已从最初的十几亿跃升到如今的一万亿。参数量的提升使得模型能够更加精细地捕捉人类语言的微妙之处，更加深入地理解人类语言的复杂性。在过去的两年里，大语言模型在吸纳新知识、分解复杂任务，以及图文对齐等方面都有显著提升。大语言模型的数量持续快速增长①②，目前至少有上百个具有一定影响力的大语言模型。

（1）2023 年 2 月，谷歌公布了聊天机器人 Bard。它由谷歌的大语言模型 Gemini 驱动。

（2）2023 年 2 月，Meta 发布大语言模型 LLaMA。

（3）2023 年 2 月 7 日，百度正式宣布将推出文心一言，3 月 16 日正式上线。文心一言的底层技术基础为千帆大模型。

（4）2023 年 3 月 15 日，Anthropic 正式发布 Claude 的最初版本，并开始不断升级迭代 [1]；同年 7 月，Claude 2 正式发布。

（5）其他。

大语言模型出现了很多超乎研究者意料的能力，我们称之为大语言模型的"涌现能力"，即小模型上没有出现，但是在大模型上出现的不可预测的能力。"涌现"是复杂系统的一个重要概念，指系统的量变导致行为质变的现象。

大语言模型的基本原理是有关它的知识能力，但并没有预见到它的推理能力。大语言模型可以根据提示词中的内容进行分析、推理，得出相关的小结和综述，而不需要大语言模型训练期间的知识。它直接意味着，当大语言模型的提示词窗口足够大时，我们可以将整篇文章放在提示词中，让大语言模型仅使用这篇文章的内容做回答，从而为我们克服训练数据的时效性、适

---

① 有多少种大语言模型？见知乎（zhihu. com）。
② 10+最佳大型语言模型（LLM）清单（2023），见知乎（zhihu. com）。

用性和准确性，为建立行业、企业的知识库系统提供技术可能性。

大语言模型是一个资本投入项目，而模型规模越大、结果越好，唯一的限制因素反而在于模型规模拓展的同时，要人类有充足能力和时间提供反馈、修改模型架构。美国的 OpenAI、脸书和谷歌每年在大语言模型上的支出都在百亿美元以上。有人认为，OpenAI 之所以不公开 GPT-4 的架构，并不是完全出于所谓 AI 安全的考虑，而是因为这个架构很容易被复制。

大模型的训练需要巨大的算力，也意味着巨大的花费。OpenAI 总裁萨姆·奥尔特曼（Sam Altman）透露，仅 GPT-4 的模型训练就花费了 1 亿美元。在训练的技术装备中，高性能 GPU 是不可或缺的。美国政府为了打压中国的科技发展，也出台了限制高性能 GPU 出口到中国的法规。在中国，玩得起大模型也是一些互联网大公司。百度、腾讯、科大讯飞等互联网公司相继推出了自己的大语言模型。2023 年 3 月时，360 公司创始人周鸿祎表示，中国大语言模型和 GPT-4 差距在两三年[1]。

大模型成为新的"太空军备竞赛"。

据 OpenAI 的公开资料，用于 GPT3.5 的训练数据截至 2021 年 9 月，最新的 GPT4 版本的数据截至时间已经到了 2023 年 4 月。我们可以大致认为，GPT-4 已经学习了全球截至 2023 年 4 月前的各门各类的所有重要知识，人类个体和它相比变得微不足道。GPT-4 在多种基准考试测试上的得分高于 88%的应试者，包括美国律师资格考试（Uniform Bar Exam）、法学院入学考试（Law School Admission Test）、学术能力评估（Scholastic Assessment Test, SAT）等，展现了近乎"通用人工智能（AGI）"的能力[2]。

技术专家分析，目前的万亿级字节样本和万亿级参数的大语言模型已经接近算力和网络吞吐能力的天花板。但我们也知道，技术专家的预言最后几乎都成了笑话。人类的想象力和创新能力会又一次让我们穿越天花板。

2024 年 2 月 15 日，谷歌宣布最高可支持 100 万字节（token）超长上下文的 Gemini 1.5 Pro 即将上线，意味着模型的一次性输入可以达到 1 小时的视频、11 小时的音频、超过 30 000 行的代码库，或是超过 700 000 个单词。

2024 年 2 月 16 日，OpenAI 正式发布当时被称为"世界模拟器"的人工智能文生视频大模型 Sora。

大语言模型同时也带来了关于未来的一些思考。

---

① 周鸿祎：中国大语言模型和 GPT-4 差距在两三年，GPT-6 后可能会有意识，见百度百科（baidu. com）。

② 带你了解大语言模型的前世今生，见知乎（zhihu. com）。

（1）技术上的规模法则：即很多 AI 模型的精度在参数规模超过某个阈值后模型能力快速提升，其原因在科学界还不是非常清楚，有很大的争议。AI 模型的性能与模型参数规模、数据集大小、算力总量三个变量成"对数线性关系"，因此可以通过增大模型的规模不断提高模型的性能。目前最前沿的大模型 GPT-4 参数量已经达到了万亿到十万亿量级，并且仍在不断增长中。

（2）产业上算力需求爆炸式增长：千亿参数规模大模型的训练通常需要在数千乃至数万 GPU 卡上训练 2~3 个月时间，急剧增加的算力需求带动相关算力企业超高速发展，英伟达[1]的市值接近两万亿美元，对于芯片企业以前从来没有发生过。

（3）算力背后的能源危机：AI 模型的训练，特别是涉及大量参数的模型，需要巨大的算力支持。这直接导致大量的电力需求。例如，训练 OpenAI 的 GPT-3 模型耗电量约为 1.287 吉瓦时，相当于 120 个美国家庭一年的用电量。Open AI 创始人萨姆·奥尔特曼此前在一场公开活动上表示："人工智能的未来取决于清洁能源的突破。"英伟达创始人黄仁勋则指出："AI 的尽头是光伏和储能。"

（4）社会上冲击劳动力市场：ChatGPT 对写作、修改润色、信息归纳、内容创意和编程能力的替代作用是惊人的。北京大学国家发展研究院与智联招聘联合发布的《AI 大模型对我国劳动力市场潜在影响研究》报告指出，受影响最大的 20 个职业中财会、销售、文书位于前列，需要与人打交道并提供服务的体力劳动型工作，如人力资源、行政、后勤等反而相对更安全[2]。

大语言模型带领我们进入了生成式人工智能 AIGC 的时代。

（四）专家观点：针尖对麦芒[3]

ChatGPT 登场引发了海啸般的热议，大语言模型是什么，不是什么？有什么局限性？它和我们人类有什么区别？会不会对人类造成威胁？各种声音都有，但对于一些关键问题今天我们还没有答案。有趣的是从事大模型工作的专家观点也截然不同，把我们带入对大语言模型的深度思考中。

---

① 人工智能计算领域的领导者，见 NVIDIA。
② AI 大模型替代"打工人"时代 这 20 种职业更容易被影响，见百度百科（baidu.com）。
③ 针尖对麦芒，AI 大佬 Hinton 和 LeCun 的截然对立，见知乎（zhihu.com）。

深度学习阵营的两位顶级专家，杰弗里·辛顿①和杨立昆②，前者今年77岁，被称为AI教父，深度学习之父，是反向传播算法和对比散度算法的发明人；后者今年64岁，是卷积深度网络的发明人，Meta首席人工智能科学家和纽约大学教授，他带领Meta团队推出了开源大模型领域Llama 2。他们和约书亚·本吉奥③三人于2018年共同获得图灵奖。

他们最近分别发表了对语言模型的看法。2024年2月19日，辛顿在牛津大学的公开演讲上，比较系统地介绍了他的观点；3月8日，杨立昆接受了著名播客主弗里德曼（Fridman）的采访，详细地阐释了他的理念。这种隔空喊话可谓针锋相对、针尖对麦芒。

问题一：大模型真的对世界有理解力吗？

杨立昆说，大模型并不真正理解这个世界，尤其是物理的世界。对于要回答的问题，大模型并没有真正思考，"大模型只是本能地吐出一个又一个单词"。

辛顿说："大模型学习每个单词的特征，并学习单词的特征如何相互作用。推理时，大模型分析文本，列出文本中每个单词的特征，并计算所有特征之间的交互，从而预测下一个单词的特征。""这种数百万个特征以及特征之间数十亿次的交互，就是理解！""我认为它们真的有理解力。"

杨立昆说："对于人工智能而言，建立一个对世界有深刻理解的模型是至关重要的，但能通过预测单词来构建它吗？答案是否定的，因为语言没有足够的信息。"

辛顿说："大模型是一种大到不可思议的模型。""大模型真正做的事情，是在用数据拟合一个模型，直到最近，统计学家还没认真思考这种模型。"

杨立昆说，除了通过语言学习，我们还应该让大模型通过观察视频来学习，就像人类一样，"在生命的最初几个月里，婴儿对世界没有任何影响，他们只是通过观察就积累了大量的知识。这是我们当前的人工智能系统所缺少的"。

辛顿说，据我所知，你所推崇的视频学习方法是在抽象层面学习视频，而不是通过像素学习视频，你自己说过："这就是一种作弊，用语言作为拐杖，帮助大模型从图像和视频中学习。"既然如此，为什么不直接从语言中学习？

---

① 杰弗里·辛顿，见百度百科（baidu.com）。
② 杨立昆，见百度百科（baidu.com）。
③ 约书亚·本吉奥，见百度百科（baidu.com）。

问题二：大模型需要像人脑那样工作吗？

杨立昆说："理解物理世界、记忆和回忆事物、推理能力、计划能力，这是智能系统（包括人类和动物）的 4 个基本特征，大模型无法做到这些。""大模型的推理非常非常原始，生成每个单词所需的计算量是恒定的。"无论问题多么复杂，大模型都以同样的方式回答，所需的计算量仅和所生成的单词数量成比例。然而，"这和人类的工作方式不同，面对复杂问题时，人会花更多时间尝试解决和回答"。

辛顿说："我一直认为，让我们的模型更像大脑会使它们更好。我认为大脑比我们现有的人工智能要好得多。""我仍然相信，如果人类将这些特性融入人工智能模型中，它们将变得更好。但是，由于我在之前两年所从事的工作，我突然开始相信我们现在拥有的数字模型已经非常接近于大脑的水平，并且将变得比大脑更好。"

杨立昆说："人类的推理可以分为两个系统：系统 1 和系统 2。系统 1 无须有意识思考就能完成任务，而系统 2 通过思考和计划完成任务①。大模型目前无法做到系统 2 级别的推理。比如，你是一位有经验的驾驶员，你可以在不真正思考的情况下驾驶；你是一位非常有经验的国际象棋选手，你和一位没有经验的对手下棋，你基本也无须思考。这时你用的就是系统 1，你本能地做事，并不太用心，也不刻意。如果你是与另一位有经验的选手对局，你就会用心思考，你会花时间考虑各种选择，你的表现会比下快棋时要好得多。这时你用的是系统 2，而这正是大模型目前无法做到的。"

辛顿说，你也知道，大模型学过的东西，是一个人每天读 8 小时，也需要看 17 万年才能看完的东西，大模型如此经验丰富，以至于大模型和人对话时，就像一位超级大师和初学者对话，你觉得他需要系统 2 吗？

杨立昆说，可是一个真正的智能体，不应该在大量的可能答案空间中做反复的推理。

辛顿说，大模型的每一次的注意力计算，每一层的迭代，每个词的自回归，难道不是在反复地计算和推理吗？你问大模型"法国与中国的北京地位一样的城市是哪个？"答说"巴黎"，这个推理有问题吗？

---

① 获得诺贝尔经济学奖的心理学家丹尼尔·卡尼曼在畅销书《思考，快与慢》中，提出了思维的二元性，认为人类的认知系统包括系统 1 和系统 2 两个部分。系统 1 主要靠直觉，而系统 2 是逻辑分析系统。通俗来说，系统 1 是一个快速自动生成的过程，而系统 2 是经过深思熟虑的部分。这一理论对之后的大模型的训练和微调，以及"思维链"方式都大有启发。最懂 AI 的诺奖经济学得主去世，大模型关键技术受他研究启发，见知乎（zhihu.com）。

问题三：人工智能会控制人类吗？

辛顿认为："很明显，在未来的 20 年内，有 50% 的概率，数字计算会比我们更聪明，很可能在未来的 100 年内，它会比我们聪明得多。""而很少有例子表明更聪明的事物被不太聪明的事物所控制。"

杨立昆认为，人工智能控制人类"这种想法是荒谬的，首先，它们不会成为一个物种。它们不会成为一个与我们竞争的物种。它们不会有主宰的欲望，因为主宰的欲望必须是在智能系统中硬编码"。

辛顿说："如果它们变得非常聪明并且有了自我保护的意识，它们可能会认为自己比我们更重要。""如果数字超级智能真的想要控制世界，我们不太可能阻止它。"

杨立昆说："我们先会拥有像猫一样聪明的系统，具有人类智能水平的所有特征，但它们的智能水平可能像猫、鹦鹉或其他什么动物。然后我们将逐步提高这些东西的智能。当我们使它们变得更智能时，我们也会在它们中设置一些防护栏作为保护措施，并学习如何设置这些防护栏，以使它们正确行事。"

辛顿说："很多人认为我们可以使这些东西（人工智能）变得善良，但如果它们相互竞争，我认为它们会开始像黑猩猩一样行事，我不确定你能否让它们保持善良。"

杨立昆说："会有很多人尝试给人工智能装防护栏，总有一些人将成功制造出有着安全可控防护栏的人工智能，如果有些人工智能变成坏蛋，我们可以使用安全的系统来对抗它们。所以，我的聪明人工智能警察将对抗你的人工智能坏蛋，不可能突然出来一个人工智能坏蛋，就能杀死我们所有人。"

辛顿说：你说的这种对抗就是竞争。"如果超级智能之间竞争，会发生什么？就会出现进化。能够获取最多资源的那个将变得最聪明。""然后你会遇到我们这种从黑猩猩进化而来的人类所面临的所有问题：我们从小的族群中进化，并与其他族群之间存在大量的侵略和竞争。"

杨立昆说：就像我刚才说的，"人工智能没有统治的欲望，因为统治的欲望必须被硬编码到智能系统中"。"这种欲望在人类中是硬编码的，在狒狒、黑猩猩、狼中也是，但在红毛猩猩则不是。获得地位的欲望是特定于社会性动物的，作为非社会性动物红毛猩猩就没有这种欲望，而且它们几乎和我们一样聪明，对吧？"

辛顿说：不需要对统治欲望的编码，也会导致人工智能对控制权的需求，"我最担心的事情可能是，如果你想要一个能够完成任务的智能代理，你需要给它创建子目标的能力。一旦它们被允许这样做，它们将很快意识到有一个几乎是通用的子目标，可以在几乎所有事情上有所帮助，那就是获得更多的控制权。""它们将会通过获得更多的权力来实现更多对我们有益的事情，并且它会更容易获得更多的权力，因为它们将能够操纵人们。只要这些超级智能能够与比我们聪明得多的人交谈，它们就能够说服我们做各种事情。所以我认为没有希望通过一个关闭它们的开关来解决问题。任何打算关闭它们的人都会被超级智能说服。这个想法会让人感觉非常糟糕。"

杨立昆说：不管怎样，我觉得这些担心都为时过早，真正的通用人工智能还远没有到来。

OpenAI 发布 Sora 之后，国内的学者为 Sora 发生了类似的争议①。2024 年 3 月的一天，中国人民大学高瓴人工智能学院举办了一场长达 2 个半小时的 AI 学术思辨会，十多位老师各抒己见，展开了一场精彩辩论。辩论围绕着两个核心问题展开：

（1）智能还是伪装，Sora 到底懂不懂物理世界？

（2）纯数据驱动路线能不能实现通用人工智能？

具体内容与杨立昆和辛顿的对话很类似。这种分歧深刻地反映了对什么是智能的两种截然不同的理解。我们暂时还不能突破作为人类的我们所带来的自身的局限性。有观点认为，唯有突破"意识"，机器才能具备像人那样"风情万种"的感知，进而才可能形成思想，产生通用的强人工智能和如神灵般的超级人工智能。否则，人工智能就如同你手中的刀剑、武器与手机一样，将会长期被困限于对"工具"的范畴。

最近美国三院院士李飞飞②也撰文指出："大模型不存在主观感觉能力，多少亿参数都不行。"其中一个观点是，智能的基本特征之一是"感觉"，即拥有主观经验的能力 —— 如感受饥饿、品尝苹果或看到红色是什么样的。以大语言模型为基础的人工智能具有感觉能力的可能性引发了媒体狂热，也深刻影响了全球一些政策制定的转向，以规范人工智能。因为"有感觉的人工智能"的出现可能对人类非常危险，可能带来"灭绝级"的影响或至少是"存在危机"。毕竟，一个有感觉的人工智能可能会发展出自己的希望和欲望，而不能保证它们不会与人类相冲突。人类所能理解的所有感觉诸如饥饿、疼痛、看到红色、爱上某人，大语言模型因为没有生理状态而无法真正拥有。

---

① 人大高瓴教授为 Sora 吵起来了！见知乎（zhihu. com）。

② 李飞飞（美国国家工程院院士、斯坦福大学教授），见百度百科（baidu. com）。

从这个角度出发，如果人类想在人工智能系统中重新创建这种现象，就需要更好地理解有感觉的生物系统中感觉是如何产生的①。但我现在有点怀疑人对人类自身的认知。有感觉只是纯生物的事情，也许是原始和初级的东西，而真正的智能可以并不需要它。

18世纪的法国启蒙思想家德尼·狄德罗②说过这样一段话："如果他们找到了一个可以回答一切的鹦鹉，我将毫不犹疑声称它是一个智能。"虽然狄德罗指的是生物，就像鹦鹉一样，他的概念突出了高度智能的东西可能与人类智能相似的深刻概念③。

（五）多模态和生成式人工智能

大语言模型解决了文本的理解和生成问题。在这里"理解"是字面意义上的，不是哲学层面的。那么，人工智能能否理解和生成绘画、音乐、视频内容呢？

深度学习在图像上的研究早于自然语言处理。深度学习最经典的示例就是手写体识别，所有的教科书都有提到。卷积神经网络就是针对图像理解提出的，风靡一时。生成图像最重要的突破出现在2014年，古德费洛（Goodfellow）④带领研究团队研制发布了生成式对抗网络模型GAN⑤[113]，第一次用深度学习生成了图像。

GAN网络结构包含两个模型：一个是生成模型，另一个是判别模型。原理其实挺简单。给定一幅绘画，生成模型就像一个画家，在不断的学习和模仿中画出越来越像真品的作品；判别模型的工作主要是负责判断生成模型所生成的图像是否是真品，它就像是鉴赏家，鉴定由画家画出的作品是否是真品。二者之间形成一种相互对抗的关系，在反复的训练中，画家的画功越来越娴熟，作品越来越能够以假乱真，而鉴赏家的眼光也越来越毒辣，识别能力越来越强，二者共同进步成长。直到最后，当判别模型分辨不出生成结果是否真实的时候，该网络达到最理想的状态。新的绘画由此产生。

变分自动编码器VAE⑥[114]也是生成绘画的一种，2014年，由正在博士

---

① 李飞飞：大模型不存在主观感觉能力，多少亿参数都不行，见知乎（zhihu.com）。
② 德尼·狄德罗，见百度百科（baidu.com）。
③ 基于LLM的Agents的兴起和潜能，见知乎（zhihu.com）。
④ Ian Goodfellow，见百度百科（baidu.com）。
⑤ Generative adversarial network，GAN，GAN-生成对抗性神经网络，见知乎（zhihu.com）。
⑥ Variational autoEncoder，VAE。

阶段学习的谷歌研究员金马（Kingma）[1] 提出。该模型可以从样本图像的隐变量空间的概率分布中学习潜在属性并生成新的图像。

2018 年，人工智能生成的画作在嘉士得拍卖行以 43.25 万美元成交，成为世界上首个出售的人工智能艺术品，引发各界关注。随着人工智能越来越多地被应用于内容创作，生成式人工智能生成（AIGC）[2]的概念悄然兴起。

生成式人工智能正式进入大众视野要到 2021 年。2021 年 2 月，OpenAI 结合大语言模型推出了 CLIP 模型。它是一个连接文本与图像的神经网络，能够完成图像与文本类别的匹配。生成图像的 GAN、VAE 模型也逐渐被扩散模型（Diffusion Model）所取代。没有大语言模型，用户就没有简单的方法对图片理解和图片生成做系统交互。

图像生成的工作原理如下：首先，用户输入提示语，模型基于分布式向量表示理解句子，然后生成一个小规模的初步图像；其次，另一个专门用于提高分辨率的模型会在低分辨率图像的基础上，结合文本嵌入信息生成更高清的像素；最后，再次使用更大尺寸的图像和文本条件，生成完整的 1 024×1 024 像素的高清图像。过去 10 年中规模的扩大以及更好的训练方法和算法的进步，共同推动了生成结果质量的显著提升[3]。

多模态是指，除文本以外，模型还能处理图像、声音和视频等其他形态的数据。GAN、CLIP、Transformer、Diffusion、预训练模型、多模态技术、生成算法等技术的累积融合，催生了生成式人工智能的爆发。算法不断迭代创新、预训练模型引发生成式人工智能技术能力质变，多模态推动生成式人工智能内容生成能力，使得生成式人工智能具有更通用和更强的基础能力。集成了图片、声音、视频的多模态大模型开始井喷，出现了 OpenAI 的 Dalle、Whisper、GPT-4 Vison，谷歌的 Gemini Pro Vision 以及更广泛使用的文生图模型 Stable Diffusion、Midjourney 等。

2024 年 2 月 15 日，OpenAI 正式发布的文生视频模型 Sora，惊艳天下，可以说是生成式人工智能的巅峰之作。OpenAI 将其冠名为"世界模拟器"。

有些专家认为，多模态模型将会占据主导地位。因为它有更多的数据，需要的语言会更少。一个哲学观点是，你可以仅从语言中学到一个很好的模型，但从多模态系统中学到它要容易得多。仅从语言理解一些空间事物相当困难。令人惊讶的是，即使在成为多模态模型之前，GPT-4 也能做到这一点。

---

[1] Diederik P.（Durk）Kingma，见（dpkingma.com）。

[2] Artificial Intelligence Generated Content，见百度百科（baidu.com）。

[3] 纵览机器学习前生今世，万字整理谷歌首席科学家 Jeff Dean 一小时演讲，见腾讯（qq.com）。

但是，当 GPT-4 成为多模态模型时，你同时让它做视觉和触觉，伸手去抓取东西，它会更了解物体。

对地球上所有的物种而言，视觉无疑是最重要的。只要你一睁开眼睛，整个世界的信息就摆在你面前。华人科学家李飞飞，著名的 ImageNet[①] 数据集的创建者，已经开启收集行为和动作的"行为 ImageNet"的新的工作，来训练计算机和机器人如何在三维世界中行动。并且这次收集的不是静态图像，而是在建构由三维空间模型驱动的模拟环境。ImageNet 在人工智能领域改变的一件事是：它让人们意识到，创建高质量的数据集是人工智能研究的核心，尽管这项工作往往不为人所知，这种认识的转变标志着数据在人工智能发展中起到的关键作用。

她认为，数字寒武纪大爆发的全部潜力只有在为计算机和机器人赋予空间智能时才能完全实现。计算机将学会空间思维和推理，并与人类世界这个美丽的三维空间互动，同时创造更多我们可以探索的新世界[②]。

生成式人工智能对于人类社会、人工智能的意义是里程碑式的。短期看生成式人工智能改变了基础的生产力工具，中期看会改变社会的生产关系，长期看促使整个社会生产力发生质的突破，在这样的生产力工具、生产关系、生产力变革中，生产要素——数据价值被极度放大。生成式人工智能把数据要素提到时代核心资源的位置，在一定程度上加快了整个社会的数字化转型进程[③]。

国外生成式人工智能的商业化从基础大模型开始，包括以 ChatGPT、Midjourney 为代表的典型应用是基于基础大模型的调用、孵化而来的。国内正好相反，由于国内市场极度丰富的业务场景，高度离散的供给侧服务，导致当前的生成式人工智能商业化先从业务/领域小模型开始。目前，国内的生成式人工智能技术与应用，供需两侧主要集中在营销、办公、客服、人力资源、基础作业等领域，并且这种技术所带来的赋能与价值已经初步得到验证。根据 TE 智库《企业 AIGC 商业落地应用研究报告》显示[④]，33% 的企业在营销场景，31.9% 的企业在在线客服领域，27.1% 的企业在数字办公场景下，23.3% 的企业在信息化与安全场景下迫切期望生成式人工智能的加强和支持。

1. 营销场景

营销场景是目前生成式人工智能渗透最快，也是应用最成熟的场景。生

---

① ImageNet，见百度百科（baidu. com）。
② 刚刚，这位华人顶级 AI 科学家做了场演讲，全球媒体都放上了头条，见知乎（zhihu. com）。
③ AIGC，见百度百科（baidu. com）。
④ 《企业 AIGC 商业落地应用研究报告》正文，了解商业化读这一份就够了！见亿欧网（iyiou. com）。

成式人工智能主要在营销动作中的内容生产、策略生成方面极大地加强了数字营销的能力。

例如，市场认知阶段的核心价值是创意参考，可赋能环节包括广告策略、品牌传播、市场分析、通过生成广告创意与投放优化参考，还包括广告设计、广告内容、投放渠道策略和投放分析，从而提高广告效果和投放效率。

2. 数字办公场景

数字办公场景也是目前生成式人工智能渗透较快的场景之一，主要体现在对个体的办公效率提升上。在文本内容生成、代码生成、流程设计和规范等方面表现出一定的提示和优化作用。

例如，流程管理模块的核心价值是规范建议，可赋能环节包括流程规范设计、流程路径设计、流程控制设计、流程优化，在一个新项目启动时，可以根据项目需求和历史经验自动生成流程规范建议，包括各阶段的任务分配、时间节点等。

3. 在线客服场景

在线客服是生成式人工智能音频生成的场景之一，声音合成、语义理解在智能化策略下，生成具有明确目的性的对话内容。

例如，全渠道接入模块的核心价值在于个性化模块，可赋能的环节包括文本沟通、自动主动对话、访客信息展现、生成个性化回复、更好地提供针对性服务，从而提升客户满意度。

4. 人力资源

生成式人工智能对人力资源服务的加成，是目前在企业经营管理体系中进展较快的领域。生成式人工智能使人力资源管理体系的效率大幅提升的同时，在一定程度上也改变了传统人力资源管理三支柱的传统模型。

例如，招聘模块的核心价值在于简历推荐，可赋能的环节包括筛选、面试筛选、笔试测评。以筛选简历阶段为例，可以分析各候选人的简历，生成匹配结果报告，并根据公司需求智能推荐合适的候选人，大幅提高筛选准确性和效率，减少人力资源部门的工作负担。

（六）知识库——检索增强生成

研究者们一直在不断探索如何把知识保存在模型外部或者内部的方法。20世纪90年代以来，研究者们一直试图将语言和世界的规则记录到一个巨大的图书馆中，将知识存储在模型之外。但这是十分困难的，毕竟我们无法穷举所有规则。因此，研究人员开始构建特定领域的知识库，存储非结构化文本、半结构化（如维基百科）或完全结构化（如知识图谱）等形式的知识。通常，结构化知识很难构建，但易于推理；非结构化知识易于构建，但很难用于推理。然而，大语言模型提供了一种新的方法，可以轻松地从非结构化文本中提取知识，并在不需要预定义模式的情况下有效地根据知识进行推理。

但如果工作场景需要专业的、准确的、最新的知识，还需要说明知识来源于哪里，大语言模型就不能很好地胜任。例如法官判案，判决需要引用当前生效的法律条款，而不能是大语言模型生成的无法溯源的内容。对于任何组织，同样的问题也存在。比如说学校，学生怎么选课，怎么转专业等，学校有相关规定，而且每个学校可能不一样，大语言模型也解决不了这个问题。旅游景区的导览也是景区个性化的，用什么语术和游客交流大语言模型也解决不了。我们可以归纳总结出大语言模型在工作场景下的问题①。

（1）知识的局限性。模型自身的知识完全源于它的训练数据，而现有的主流大模型的训练集基本都是构建于有截止日期的网络公开的数据，对于一些实时性的、非公开的或离线的数据是无法获取到的，这部分知识也就无从具备。

（2）幻觉问题。大语言模型的输出实质上是一系列运算，所以它有时候会一本正经地胡说八道，尤其是在大模型自身不具备某一方面的知识或不擅长的场景。而对这种幻觉问题的区分是比较困难的，因为它要求使用者自身具备相应领域的知识。

（3）数据安全性。对于组织来说，数据安全至关重要，没有企业愿意承担数据泄露的风险，将自身的私域数据上传第三方平台进行训练。这也导致完全依赖通用大模型自身能力的应用方案，不得不在数据安全和效果方面进行取舍。

（4）数据的溯源。我们经常需要知道问题答案来源于哪些资料。这既是规范性引用的要求，也是验证、核实、拓展回答的需要。目前的大语言模型无法提供这方面数据。

能否通过微调定制特定需求的大模型呢？微调涉及针对特定任务或数据集训练现有的大模型。微调不是从头开始，从头开始是漫长且昂贵的，而是利用大模型广泛训练预先存在的知识。这种方法对于与原始训练环境有些不同的任务特别有效。如果你追求特定的语言风格或行业术语，微调是你最好的选择。它根据你所在领域的独特风格和专业知识调整大模型。微调需要适合你的领域的高质量数据集。它依靠细节和细微差别完善大模型。有限的数

---

① 大模型 RAG 综述和实践，见知乎（zhihu.com）。

据集可能不会产生显著的改进。

微调的工作方式就像一个黑匣子，我们并不总是清楚模型为何会做出这样的反应。如果你的数据不断变化，微调就会变得具有挑战性，因为模型变成特定时间点的快照，保持更新需要大量资源。特别是，微调对数据的溯源依然无能为力，也达不到需要精准回答的要求。因此，对组织而言，需要一种新的方法。

大语言知识库系统（Retrieval-Augmented Generation，RAG①）[115] 应运而生，这项技术直译过来叫"检索增强生成"。知识库系统的原理是基于一个巧妙的构思，不使用大模型的知识能力，而只使用大模型的推理能力，帮助我们归纳总结检索到的本地知识库内容。

大语言知识库系统在回答问题时，先从本地知识库的文档中检索出相关信息，然后将检索的信息提交给大语言模型，让大语言模型生成回答。大语言知识库系统不需要重新训练大模型，只需要给大模型外挂上相关的知识库就可以。例如，学生想知道学校转专业有什么规定，如果把问题提交给大模型，"学校转学有什么规定？"大模型只会输出一个笼统的回答。如果学校开发了大语言知识库系统，大语言知识库会先从学校文件中检索出与转专业相关的内容。这些内容可能散落在一个或多个文件中，然后组合成一个新的问题提交给大模型：

"请根据以下资料：［相关内容］，请回答问题：［问题］"

所以大模型所回答的依据仅限于相关内容，准确性、失效性和溯源都得到了保证。大语言知识库系统的原理如图 5-2 所示。

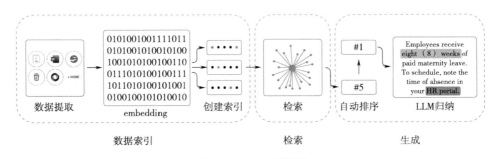

数据索引　　　　　　　　　　　检索　　　　　　　　生成

图 5-2　RAG 原理图

数据检索：大语言知识库系统检索一般采用词向量相似度方法，而不是

---

① RAG 与大型语言模型中的微调：比较，见知乎（zhihu.com）。

通常意义的字词匹配的全文检索。词向量一般也是使用深度学习的预训练获得的。词向量相近的词或句子在意思上相近，而不是字词的匹配。因此，在建立知识库时，首先提取出知识库的文本数据，然后做一定大小的文本切块，调用词向量模型，生成文本块的向量，与文本块一起保存在数据库中。

在回答用户问题时，首先要将用户的问题按同样方式向量化，用这个向量在数据库中以相似度检索，将相似度最高的 5 个或 n 个文本块取出；然后重新构造以下的问题提交给大模型回答，将答案返回给用户。

"请根据以下资料：［文本块 1、文本块 2……］，请回答问题：［问题］"

大语言知识库系统隐藏了上述的一些细节，用户用起来就像用普通的大模型一样。而实际上这个大模型只用到了本地知识库的内容，只将归纳总结的句子生成工作交给大模型。

大语言知识库系统原理上虽然很简单，但开发起来并不简单，涉及很多技术选项。这些选项都需要逐一在特定应用场景下微调和实现。大语言知识库系统的最大局限性源自大模型的上下文窗口的限制。所有的大模型都有上下文窗口的限制，这个窗口是问和答的字节数之和能够达到的最大值。OpenAI 的 GPT-4 的上下文窗口已经达到了 32K，但还是不够用。文本切片就是来源于这样一种约束，也就是一次性提交给大模型问题的字节总数不能太多。如果没有上下文的限制，那么大语言知识库系统中的建立索引、检索等工作就完全没有必要，甚至大语言知识库系统技术也就不复存在了。

文本向量化也是一个困难的选项。选择什么样的模型做向量化直接影响检索结果。有收费的，有免费的，但没有统一的评判标准。大语言知识库系统开发者需要针对应用场景对向量化质量做评估。相似的句子必须要向量相似，否则向量化就会失败。

虽然大语言知识库系统技术依然是当前热点，但它可能只是一个过渡性、技巧性的工作。2024 年 2 月，谷歌公司正式发布 Gemini 1.5。其上下文窗口达到了 100 万字节，很多 RAG 应用又要重写了。

（七）智能体

智能体的英文是 agent，又被译作"主体"。我曾经研究过一段时间多主体系统，2013 年出版了《多主体系统：概念、方法与探索》[116]，2015 年获得一项国家自然科学基金的资助①。智能体的概念是现代人工智能的核心。

---

① 关于通用分布式多主体仿真器的研究（61540005）。

智能体的概念起源于哲学，可以追溯到亚里士多德和休谟等思想家。智能体描述了拥有欲望、信念、意图和采取行动的能力的实体。这个想法迁移到计算机科学，旨在使计算机能够理解用户的兴趣并代为自主执行动作。

作为人工智能的进步，智能体一词在人工智能研究中找到了它的位置来描述这样一个实体，该实体展示了智能行为，并具有自主性、反应性、主动性和社交能力等品质。

从计算机的角度，智能体是一个通过传感器感知环境并通过执行器作用在环境上的任何东西[117]。按照这个定义，毫无疑问，人也是一个智能体。图5-3中的问号就是人工智能要求解的东西。令人惊讶的是，直到20世纪80年代中后期，主流人工智能社区的研究人员对智能体相关概念的关注相对较少。可能是因为无人能回答图中的问号吧。

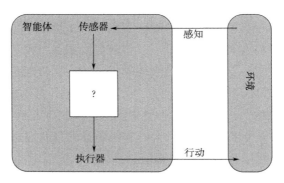

图5-3 智能体

在当时的年代，智能体还只能算是个概念，研究人员一般通过仿真实验研究主体、主体之间的交互，以及主体与环境的交互。在这些实验中，主体的行为都是相对简单的。长期以来，社会学的研究依赖社会实验，而社会实验总是以真人为参与者，难以进行各种干预，缺乏灵活性，也不经济，而且在时间上效率低下。智能体开始用来模拟社会实验中的一些对象。研究人员和从业者设想了一个互动的人工社会，其中，人类行为可以通过值得信赖的智能体执行。例如，美国桑迪亚国家实验室①曾经研制开发了一个多主体的微观经济学模型，用以研究财政政策对GDP增长的影响。模型中有政府、银行、劳动市场、企业、家庭等类别的主体，每类主体都定义了简单的行为。

---

① 桑迪亚国家实验室，见百度百科（baidu.com）。

仿真起来就像"模拟人生"① 游戏差不多[118]。我们可以看到"模拟社会"是如何在人们的脑海中定义的：环境和在其中互动的个人。每个人的背后都可以是一个真人或一个智能体。

大模型出来以后，智能体的概念在人工智能领域又一次兴起。大模型智能体，一般称为 AI Agent。AI Agent 起步于 OpenAI GPT4。AI Agent 是一种由大语言模型驱动的实体，能够规划并执行多轮行动以达成既定的任务目标，通过使用工具连接用户和应用。

AI Agent 依靠更加复杂的交互、协调、规划、循环、反思，充分利用了大模型的内在推理能力，实现任务的全程自动化。再加上工具、插件、函数调用等能力，AI Agent 可以适应更加广泛的工作和场景。AI Agent 的架构可以是单一智能体独立运作，或是多个智能体协同合作解决问题。每个智能体通常会被赋予一个角色，并配备多种工具，以帮助它们独立或团队协作完成任务。部分智能体还具备记忆功能，能够存储和检索信息，超越了它们接收的消息和提示。

OpenAI 的函数调用是这样一个 AI Agent。例如，你如果需要做一个计算，大模型自身是不会计算的，当它在工具箱里有计算器时，它知道应该调用计算器去计算，然后把结果返回。你只需要提供一个目标，比如，写一个游戏，开发一个网页，它就会根据对环境的反应和独白的形式，生成一个任务序列开始工作。就好像是人工智能可以自我提示反馈一样，不断发展和适应，以尽可能最好的方式实现你给出的目标②。

前一段时间，比尔·盖茨在他的博客上发表了 AI is about to completely change how you use computers③ 一文。比尔·盖茨在这篇文章中探讨了 AI Agent 对我们未来生活的巨大影响。他谈到了 AI Agent 在医疗保健、教育、生产力、娱乐和购物等领域的作用。这些 AI Agent 将为人们提供更个性化的服务，帮助解决各种问题并提供支持，从辅助医生和教师工作到处理日常任务，甚至影响我们与朋友和家人的互动方式。AI Agent 正在以各种方式迅速进入我们的生活，将在未来几年内彻底改变我们的生活方式。长期以来，人类一直在追求相当于或超越人类水平的人工智能，AI Agent 被认为是当前最有前景的方向，是大语言模型的下半场。

---

① 模拟人生（美国艺电游戏公司旗下的知名游戏系列），见百度百科（baidu.com）。
② 通俗易懂地聊聊 AI Agent，见知乎（zhihu.com）。
③ https://www.gatesnotes.com/AI-agents。

OpenAI 应用研究主管莉莉安·文（Lilian Weng）撰写了一篇万字长文[①]，她提出 AI Agent＝大型语言模型＋记忆＋规划技能＋工具使用，并对智能体的每个模块的功能做了详细的说明：就复杂任务的处理流程而言，智能体主要分为两大类：行动类、规划执行类。

（1）行动类。行动类智能体负责执行简单直接的任务，例如，他们可以通过调用工具 API 程序接口来浏览网页、检索最新的天气信息，还可以网上订票、订餐、发邮件等。

（2）规划执行类。AI Agent 首先制定一个包含多个操作的计划任务，然后按照顺序执行这些操作。这种方案对于复杂任务的执行而言是非常有用的，AutoGPT、BabyAGI、GPTEngineer 等都是这样的例子。

同时 AI Agent 在执行计划时会有以下特别重要的两点：一是反思与完善。AI Agent 中设置了一些反思完善的机制，可以让其进行自我批评和反思，与其他一些信息源形成对比，从错误中不断地吸取教训，同时针对未来的步骤进行完善，提高最终结果的质量。二是长期记忆。我们常见的上下文学习的 RAG 项目都是利用模型的短期记忆来学习的，但是 AI Agent 则提供了长期保留和调用无限信息的能力，通常是利用外部的向量储存和快速检索实现的！

AI Agent 充当大语言模型的大脑，主要有三个关键组件进行补充：

一是规划组件（planning）。子目标和分解：将大型任务分解为更小的、可管理的子目标，从而能够有效处理复杂的任务。反思和完善：AI Agent 可以对过去的行为进行自我批评和自我反思，从错误中吸取教训，并针对未来的步骤进行完善，从而提高最终结果的质量。

二是记忆组件（Memory）。短期记忆：我认为所有的上下文学习（参见提示工程）都是利用模型的短期记忆学习的。长期记忆：这为 AI Agent 提供了长时间保留和回忆（无限）信息的能力，通常是通过利用外部向量存储和快速检索。

三是工具组件（Tools）。AI Agent 学习调用外部程序接口获取模型权重中缺失的额外信息（通常在预训练后很难更改），包括当前信息、代码执行能力、对专有信息源的访问等。

AI Agent 不仅可以让每个人都有增强能力的专属智能助理，还将改变人机协同的模式，带来更为广泛的人机融合。生成式 AI 的智能革命演化至今，人机协同呈现了三种模式：

---

① https：//lilianweng. github. io/posts/2023－06－23－agent/。

第一，嵌入（embedding）模式。用户通过与 AI 进行语言交流，使用提示词来设定目标，然后 AI 协助用户完成这些目标，比如，普通用户向生成式 AI 输入提示词创作小说、音乐作品、3D 内容等。在这种模式下，AI 的作用相当于执行命令的工具，而人类担任决策者和指挥者的角色。

第二，副驾驶（Copilot）模式。在这种模式下，人类和 AI 更像是合作伙伴，共同参与工作流程中，各自发挥作用。AI 介入工作流程中，从提供建议到协助完成工作流程的各个阶段。例如，在软件开发中，AI 可以为程序员编写代码、检测错误或优化性能提供帮助。人类和 AI 在这个过程中共同工作，互补彼此的能力。AI 更像是一个知识丰富的合作伙伴，而非单纯的工具。实际上，2021 年，微软在 GitHub 首次引入了 Copilot（副驾驶）的概念。GitHub Copilot 是一个辅助开发人员编写代码的 AI 服务。2023 年 5 月，微软在大模型的加持下，Copilot 迎来全面升级，推出 Dynamics 365 Copilot、Microsoft 365 Copilot 和 Power Platform Copilot 等，并提出 "Copilot 是一种全新的工作方式" 的理念。工作如此，生活也同样需要 "Copilot" "出门问问"。创始人李志飞认为，大模型的最好工作，是做人类的 "Copilot"。

第三，AI Agent 模式。人类设定目标和提供必要的资源（例如计算能力），然后 AI 独立地承担大部分工作，最后人类监督进程以及评估最终结果。这种模式下，AI 充分体现了 AI Agent 的互动性、自主性和适应性特征，接近于独立的行动者，而人类则更多地扮演监督者和评估者的角色。

从技术优化迭代和实现上看，AI Agent 的发展也面临一些瓶颈。

一是上下文长度有限：上下文容量有限，限制了历史信息、详细说明、程序接口调用上下文和响应的包含。尽管向量存储和检索可以提供对更大知识库的访问，但它们的表示能力不如充分关注那么强大。

二是长期规划和任务分解的挑战：长期规划和有效探索解决方案仍然具有挑战性。大模型在遇到意外错误时很难调整计划，使得它们与人类相比（从试错中学习）不太稳健。

三是自然语言接口的可靠性：当前的 AI Agent 系统依赖自然语言作为 LLM 与外部组件（如内存和工具）之间的接口。然而，模型输出的可靠性值得怀疑，因为 LLM 可能会出现格式错误，并且偶尔会表现出叛逆行为（如拒绝遵循指示）。

四是 AI Agent 太烧钱了，尤其是多 AI Agent。斯坦福的虚拟小镇一个 AI Agent 一天需要消耗 20 美元价格的 token 数，因为其需要记忆和行动的思考量非常大。这一价格比很多人类工作者更高，需要后续智能体框架和 LLM 推理侧的双重优化。

（八）伦理和威胁

数字时代威胁与安全问题日益突出，人工智能技术的不当和恶意使用加剧了对网络安全的威胁。数字分身、伪造新闻、换脸变声、伪造视频和生成不雅图片等事件频繁出现，监管和打击的任务日益艰巨；大语言模型面临严重可信问题。这些问题包括：① "胡说八道" 的事实性错误和幻觉；②易被诱导，输出错误知识和有害内容；③数据安全问题加重，利用大模型获得用户隐私信息。

人工智能或成为人类文明史的最大愿景或成为最大威胁。工具将人类从艰苦的体力劳动中解脱出来，而人工智能则致力于将人类从脑力劳动中解放出来。愿景是人类得以完全解放，威胁一是完全解放的人类做什么？二是人工智能是否会成为地球的新霸主，或者毁灭地球和人类？

科技所创造的升级是不可逆的。事实上，人类无力拒绝一个新世界，无法拒绝技术化的未来，所以人类需要关心的更应该是，未来世界如何才能够成为一个普遍安全、普遍公平而意义丰富的世界？

长期以来，人们认为人工智能还只是一个知识论问题，虽然有过对人工智能可能造成的社会、经济、政治和文化后果的预警甚至批评，但更多的还是对人工智能的生产方式、计算能力、认知机制的分析。时过境迁，大概是人工智能阿尔法狗分别于 2016 年 3 月和 2017 年 5 月先后战胜韩国围棋棋手李世石和中国围棋棋手柯洁之后，世人才突然发觉，人工智能已经由一个知识论问题升级为一个存在论问题。于是，讨论问题的气氛不再轻松，越来越多的声音试图用严厉的警告阻止人工智能技术向控制人类甚至毁灭人类的方向发展[1]。

2023 年 5 月，特斯拉和推特的总裁埃隆·马斯克在接受美国消费者新闻与商业频道（CNBC）的采访时表示："人工通用智能的出现之所以被称为奇点，是因为在这之后，将很难预测接下来会发生什么。" 他认为，我们将迎来 "丰盛时代"，但人工智能 "毁灭人类" 的风险性 "仍然不可忽视"[2]。

OpenAI 总裁奥尔特曼在一封由非营利组织 "人工智能安全中心"[3] 发起的联名公开信上签字。信中表示，"防范人工智能带来的灭绝风险，应该成为

---

① 如何面对最后一次存在升级，见百度百科（baidu.com）。
② 硅谷人工智能 "奇点"：机器超越人类时代是否已到来？见百度百科（baidu.com）。
③ https://www.safe.ai/。

全球优先关注的问题",其重要性与"大流行病和核战争"相当。其他签署人包括来自 OpenAI 公司的同事以及微软和谷歌公司的计算机科学家。

1942 年,美国科幻作家艾萨克·阿西莫夫发表了一篇名为《环舞》①的短篇小说,其中提出了著名的"机器人三定律":

定律一:机器人不得伤害人类,或坐视人类受到伤害。

定律二:除非违背第一法则,机器人必须服从人类的命令。

定律三:在不违背第一及第二法则下,机器人必须保护自己。

当人类无法区分是机器还是人类的时候,这种人工智能更为可怕。

人工智能也将严重威胁许多人的生计。所有重复性的工作人工智能都将高出人类一筹。此外,人工智能时代人类面临的最大考验并非是失去工作,而是失去生活的意义。

工具的开发和使用是人类的独特优势,是在漫漫历史长河中走向生物链顶端的决定性要素。我们现在几乎可以肯定地说,机器将来可以完成所有需要智力的工作,而且会超越人类;我们的纠结是,当"奇点"发生后,人类如何与这些机器相处,机器会不会把我们当作宠物,或者把我们当作敌人。一些科学家认为这不可能发生。有人会说,人类需要设计精密、准确的控制系统以防范意外的发生,但一个可能性是,机器会取代我们做这个控制,新的风险又产生了。

早期工业革命时期,机器的使用造成大量工人失业,英国爆发了著名的"卢德运动"。以部分从业人员的利益去阻碍技术进步,必然会走向历史的对立面。卢德运动发生在 17 世纪初,400 年过去了。广泛的机器化、信息化和网络化并没有造成预期的灾难,而是更新了产业布局,催生了更多的行业和带来了更多的就业机会,改善了从业条件,人们过上了更富裕和更有质量的生活。

当 AlphaGo 挑战被誉为人的智力皇冠的围棋游戏的时候,不少人嗤之以鼻,但结果让人的智力彻底跌下了神坛。语音助手、机器翻译、人脸识别、自动驾驶等越来越多的应用进入了我们的生活。人们可以相信,人工智能在所有需要脑力的地方,都能表现出最优秀,至少是高于人类脑力平均值的水平。但是,从当前的技术进行分析,它也像人类大脑一样,只可能杰出,不可能完美。人工智能取代大多数行政性、机械性和事务性的岗位一定会发生,而且可能在不远的将来。

①　艾萨克·阿西莫夫:《环舞》(1941),见豆瓣(douban.com)。

　　失业是普罗大众最担忧的，人工智能不仅会造成失业，而且会带来伦理、责任和法律等新的、更难解决的问题。更极端的威胁是，人工智能将会统治世界，成为机器人的宠物大概是人类继续生存下去的唯一机会。一些名人、国际组织正在试图制定开发人工智能的规范和限制，避免威胁成为现实。

　　我们已经习惯了与传统机器的相处方式，它们是听命于人的。如果发生任何问题，责任是清晰的，要么是使用者的责任，要么是设计和制造者的责任。总之，都能找到责任"人"。机器自身永远不会是责任的一方。但智能机器却不一样了，因为算法赋予了机器一些特定的智能，甚至是高于常人的智能。举个例子，如果自动驾驶比大多数人表现得要好，用还是不用？如果用了，发生了事故，责任算谁的？如果是人驾驶车造成事故，已经有完善的责任、赔偿、法律等规定，我们会处理；如果是自动驾驶呢？自动驾驶设计者无法保障算法在任何情况下都不出事故。特斯拉的事故经常上热点新闻。

　　如果我们生产了一款机器人战士，可以通过语音、服装、行为去区分敌方和我方，并且能够精准地消灭敌方士兵；但如果遭遇了伪装成敌方的我方战士，它也可能会毫不犹豫地消灭掉这群"敌后武工队"，在技术上是无法防范这些事情发生的。机器智能终究是人设计的，摆脱不了人类自身的局限性。

　　我在上大学的时候就看过一篇文章，讨论专家系统使用的责与罚的问题。论文讨论的观点大致是这样的：医生治疗患者，治好、治不好、发生医疗事故都有明确的说法，以保障医疗系统的正常运行；但如果是机器人医生怎么办，它治好了，是它被设计使然，如果治不好，或者发生医疗事故，那又能怎么样？如果机器人医生的水平达到或超过一般医生的水平，用还是不用？不用显然不合理，但用了，发生问题，我们能容忍吗？

　　文章建议赋予机器人医生一定的人格，给它建立一个账号，像医生一样去获取报酬和承担罪与罚。一个很大胆，很有创意的想法。当然用这种方法的话，AlphaGo还会继续玩下去，更多的机器选手会参加，人类选手将会逐渐被逐出竞技舞台。

　　机器人"人格化"的伦理风险还是很大的。

　　人工智能无法像人类一样考虑情境和反思，不承担后果和责任，使得我们尤其要关注它带来的挑战。这个挑战比我们想象的要困难得多，因为当它的能力已经超越人类的时候，很难想象是否存在一个个人或组织有能力去评估和管控它所带来的风险。

　　网络平台和人工智能已经构成了地缘政治、国际战略的重要组成部分。一场旨在争取经济优势、数字安全和技术领先的无硝烟的战争，正在一些主要的国家之间展开。经济全球化，这个曾经响亮的口号现在已经完全静默了。从武器禁运，到技术、设备、原材料的禁运，大国的博弈愈演愈烈。人工智能重塑了国与国之间的关系。

改革开放以后的中国日益强大，也被一些地缘政治学家和政府视为最大威胁。人工智能的基本原理和关键创新在很大程度上是公开的，一旦出现新的、可用的人工智能能力，人工智能必定会扩散。人工智能具备军民双重用途，易于复制和传播，因此，限制人工智能的发展对已经占有优势的国家势在必行。因为由人工智能控制的战争一旦爆发，将对人类造成无法想象的后果。在人工智能时代，对国家优势的持久追求，仍须以捍卫人类生存、文明、幸福和伦理为前提。

各国政治家和人民都意识到，人工智能的发展促进了当今世界科技进步的同时，也带来了新的伦理和安全挑战，除技术手段以外，法律法规也要与时俱进。其主要立法方向应包括五个方面①。

（1）构建人工智能治理体系，确保人工智能的发展和应用遵循人类共同价值观，促进人机和谐友好；

（2）创造有利于人工智能技术研究、开发、应用的政策环境；

（3）建立合理披露机制和审计评估机制，理解人工智能机制原理和决策过程；

（4）明确人工智能系统的安全责任和问责机制，可追溯责任主体并补救；

（5）推动形成公平合理、开放包容的国际人工智能治理规则。

欧美国家先后出台法规，例如，2018 年 5 月 25 日，欧盟出台《通用数据保护条例》；2022 年 10 月 4 日，美国发布《人工智能权利法案蓝图》；2024 年 3 月 13 日，欧洲议会通过了欧盟《人工智能法案》。近年来，中国也加快了立法进程，2021 年科技部发布《新一代人工智能伦理规范》；2022 年 8 月，全国信息安全标准化技术委员会发布《信息安全技术　机器学习算法安全评估规范》；2022—2023 年，中央网信办先后发布《互联网信息服务算法推荐管理规定》《互联网信息服务深度合成管理规定》《生成式人工智能服务管理办法》等。

"人工智能的未来仍在人类的掌控中，而我们就是要以我们的价值观去塑造它。"[105]

---

① 中共中央政治局集体学习"人工智能与智能计算"课程原稿，见腾讯（qq.com）。

参考文献

［1］张军. 从简单到复杂——复杂性科学之旅［M］. 北京：首都经济贸易大学出版社，2008.

［2］NEPOMIASTCHY P. Moduleco，software for macroeconomic modelization［J］. MAUSAM，1985，36（2）：173-178.

［3］ZHANG J. Conceptionet réalisation de l'interface Moduleco-TSP［D］. Paris：Paris Dauphine，1990.

［4］TANENBAUM A S. Distributed systems：principles and paradigms［M］. London：Pearson，2006.

［5］张军. 分布式系统技术内幕［M］. 北京：首都经济贸易大学出版社，2006.

［6］库兹韦尔. 奇点临近［M］. 北京：机械工业出版社，2011.

［7］KURZWEIL R. The singularity is near：when humans transcend biology［M］. Washington DC：Viking Adult，2005.

［8］BEINHOCKER E D. The origin of wealth：evolution，complexity，and the radical remaking of economics［M］. Washington DC：Harvard Business School Press，2006.

［9］拜因霍. 财富的起源［M］. 杭州：浙江人民出版社，2019.

［10］BERNSTEIN W J. 繁荣的背后：解读现代世界的经济大增长［M］. 北京：机械工业出版社，2011.

［11］戴蒙德. 枪炮、病菌与钢铁：人类社会的命运［M］. 北京：中信出版社，2022.

［12］GALOR O. 人类之旅：财富与不平等的起源［M］. 北京：中信出版社，2022.

［13］POINCARé H. Science et méthode［M］. Paris：E Flammarion Paris，1909.

［14］布鲁克斯. 人月神话：40 周年中文纪念版［M］. 北京：清华大学出版社，2015.

［15］CHOPRA S. Supply chain management：strategy，planning，and operation［M］. London：Pearson Education Limited，2019.

［16］肯尼斯·斯坦利，乔尔·雷曼．为什么伟大不能被计划［M］．北京：中译出版社，2023．

［17］EINSTEIN A. Autobiographical notes［M］. Chicago：Open Court，1979.

［18］FRIPP J，FRIPP M，FRIPP D. Speaking of science：notable quotes on science，engineering，and the environment［M］. Washington：LLH Technology Pub.，2000.

［19］巴罗．不论：科学的极限与极限的科学［M］．上海：上海科学技术出版社，2005．

［20］MICHELSONA A. Light waves and their uses［M］. Chicago：University of Chicago Press，1903.

［21］BARROW J. 不论：科学的极限与极限的科学［M］．上海：上海科学技术出版社，2000．

［22］PEITGEN H－O，JüRGENS H，SAUPE D. Chaos and fractals：new frontiers of science［M］. 2nd ed ed. New York：Springer，2004.

［23］WOLFRAM S. A new kind of science［M］. Chicago：Wolfram Media，2002.

［24］彭罗斯．皇帝新脑［M］．长沙：湖南科技出版社，2007．

［25］LORENZ E N. Deterministic nonperiodic flow［J］. Journal of The Atmospheric Sciences，1963，20（2）：130-41.

［26］LORENZ E. Predictability：does the flap of a butterfly's wing in Brazil set off a tornado in Texas?［M］. London：Environmental Science，2013.

［27］LI T－Y，YORKE J A. Period three implies chaos［J］. The American Mathematical Monthly，1975，82（10）：985-92.

［28］VERHULST P－F. Notice sur la loi que la population suit dans son accroissement. correspondance mathématique et physique publiée par a［J］. Quetelet，1838（10）：113-21.

［29］LORENZ E N. The problem of deducing the climate from the governing equations［J］. Tellus，1964，16（1）：1-11.

［30］MAY R M. Simple mathematical models with very complicated dynamics［J］. Nature，1976（261）：459-467.

［31］MANDELBROT B B. How long is the coast of Britain［J］. Science，1967，156（3775）：636-638.

［32］FEYNMAN R P，LEIGHTON R B，SANDS M. The feynman lectures on physics, Vol. I: The new millennium edition: mainly mechanics, radiation, and heat [M]. New York: Basic Books, 2015.

[33] ARGYRIS J, FAUST G, HAASE M, et al. An exploration of dynamical systems and chaos: completely revised and enlarged second edition [M]. Berlin: Springer, 2015.

[34] GARDNER M. Mathematical games: the fantastic combinations of John Conway's new solitaire game "life" [J]. Scientific American, 1970 (223): 120-123.

[35] RENDELL P. Turing universality of the game of life [M]. New York: Collision-Based Computing. 2002: 513-539.

[36] NEUMANN J V. The general and logical theory of automata [M]. New York: John Wiley & Sons, 1951.

[37] COOK M. Universality in elementary cellular automata [J]. Complex Systems, 2004, 15 (1): 1-40.

[38] ZUSE K. Calculating space [M]. New York: Massachusetts Institute of Technology, MA: Project MAC, 1970.

[39] RESNICK M. Turtles, termites, and traffic jams: Explorations in massively parallel microworlds [M]. MA: MIT Press, 1997.

[40] PROPP J. Trajectory of generalized ants [J]. Math Intelligencer, 1994, 16 (1): 37-42.

[41] MAINZER K, CHUA L O. The universe as automaton: from simplicity and symmetry to complexity [M]. Berlin: Springer Verlag, 2011.

[42] KURZWEIL R. The age of spiritual machines: when computer exceed human intelligence [M]. New York: Penguin Mass Market, 2000.

[43] DAWKINS R. The blind watchmaker: why the evidence of evolution reveals a universe without design [M]. New York: Norton, 1986.

[44] 斯图亚特·考夫曼. 科学新领域的探索 [M]. 长沙: 湖南科学技术出版社, 2004.

[45] 达尔文. 物种起源 [M]. 北京: 北京联合出版公司, 2015.

[46] GAUSE G F. The struggle for existence [M]. Baltimore: Williams & Wilking, 1934.

[47] DENNETT D C. Darwin's dangerous idea: evolution and the meanins of life [M]. New York: Simon & Schuster, 1996.

［48］BISHOP G F, THOMAS R K, WOOD J A, et al. Americans' scientific knowledge and beliefs about human evolution in the year of Darwin［J］. Reports of the National Center for Science Education, 2010, 30（3）: 16-8.

［49］考夫曼. 宇宙为家［M］. 长沙: 湖南科学技术出版社, 2003.

［50］薛定谔. 生命是什么［M］. 长沙: 湖南科学技术出版社, 2003.

［51］KAUFFMAN S A. The origins of order: self-organization and selection in evolution［M］. Oxford: Oxford University Press, 1993.

［52］PER BAK T, WIESENFELD K. Self - organized criticality: and explanation of 1/f noise［J］. Phys Rev Let, 1987, 59: 381-4.

［53］WEST B J, GRIGOLINI P. Complex webs: anticipating the improbable ［M］. Cambridge: Cambridge University Press, 2011.

［54］WILLIS J G. Age and Area. A study in geographical distribution and origin of species［M］. London: Asher, 1922.

［55］LOTKA A J. The frequency distribution of scientific productivity［J］. Journal of Washington Academy Sciences, 1926.

［56］HINES P, APT J, TALUKDAR S. Trends in the history of large blackouts in the United States; proceedings of the Power and Energy Society General Meeting-Conversion and Delivery of Electrical Energy in the 21st Century, 2008 IEEE, F, 2008［C］. IEEE.

［57］HOFSTADTER D R. Gödel, Escher, Bach: an eternal golden braid ［E/OL］. Basic Books, 1979.

［58］DENNETT D C. Consciousness explained ［M］. London: Penguin UK, 1993.

［59］HOFSTADTER D R. I am a strange loop ［M］. New York: Basic Books, 2007.

［60］KOCH C. Consciousness: Confessions of a romantic reductionist［M］. Cambridge: MIT Press, 2012.

［61］POOLE D L, MACKWORTH A K. Artificial Intelligence: foundations of computationalagents［M］. Cambridge: Cambridge University Press, 2010.

［62］KURZWEIL R. How to create a mind: the secret of human thought revealed［M］. London: Penguin Publishing Group, 2012.

［63］GERRIG R J, ZIMBARDO P G. 心理学与生活［M］. 北京: 人民邮电出版社, 2016.

［64］JOHNSON S. The history of Rasselas，prince of Abyssinia，a tale［M］. London：Oxford University Press，1850.

［65］REYNOLDS C W. Flocks，herds and schools：A distributed behavioral model；proceedings of the ACM SIGGRAPH Computer Graphics［C］. London：ACM，1987.

［66］索罗维基. 群体的智慧［M］. 北京：中信出版社，2010.

［67］SUROWIECKI J. The wisdom of crowds［M］. New York：Poubleday，2005.

［68］SMITH A. An inquiry into the wealth of nations［J］. Strahan and Cadell，1776.

［69］SCHELLING T C. Dynamic models of segregation［J］. Journal of Mathematical Sociology，1971，1（2）：143-86.

［70］MILLER J H，PAGE S E. Complex adaptive systems：an introduction to computational models of social life［M］. Princeton，NJ：Princeton University Press，2007.

［71］SCHELLING T C. Micromotives and macrobehavior［M］. New York：Norton，2006.

［72］谢林. 微观动机与宏观行为［M］. 北京：中国人民大学出版社，2013.

［73］ARTHUR W B. Bounded rationality and inductive behavior（the El Farol problem）［J］. The American Economic Review，1994，84（2）：406-11.

［74］ARTHUR W B. Inductive reasoning and bounded rationality［J］. The American Economic Review，1994，84（2）：406-11.

［75］勒庞. 乌合之众：大众心理研究［M］. 北京：企业管理出版社，2019.

［76］赫拉利. 人类简史：从动物到上帝［M］. 北京：中信出版社，2014.

［77］平克. 语言本能［M］. 汕头：汕头大学出版社，2004.

［78］艾-拉. 爆发［M］. 北京：中信出版社，2017.

［79］GÖDEL K. Über formal unentscheidbare sätze der principia mathematica und verwandter systeme I［J］. Monatshefte für Mathematik Und Physik，1931，38（1）：173-98.

［80］GÖDEL K. On formally undecidable propositions of principia mathematica and related systems［J］. Monatshefte für Mathematik Und Physik，1931，38（1），

173-198.

［81］LUCAS J R. Minds, machines and gödel ［J］. Philosophy, 1961, 36 （137）: 112-127.

［82］TURING A M. On computable numbers, with an application to the Entscheidungsproblem ［J］. Journal of Math, 1936, 58 （345-363）: 5.

［83］VON NEUMANN J. First Draft of a Report on the EDVAC ［J］. IEEE Annals of the History of Computing, 1993, 15 （4）: 27-75.

［84］高玉宝. 高玉宝 ［M］. 北京: 解放军文艺出版社, 2004.

［85］COX K. Business analysis, requirements, and project management ［M］. Florida: Auerbach Publications, 2022.

［86］TANENBAUM A S. 分布式系统原理与范型 ［M］. 北京: 清华大学出版社, 2004.

［87］唐伟志. 深入理解分布式系统 ［M］. 北京: 电子工业出版社, 2022.

［88］LAMPORT L, SHOSTAK R, PEASE M. The Byzantine generals problem ［J］. ACM transactions on programming languages and systems, 1982, 4 （3）: 382-401.

［89］WEISER M. The computer for the 21st century ［J］. ACM SIGMOBILE Mobile Computing and Communications Review, 1999, 3 （3）: 3-11.

［90］德勤有限公司. 2023 全球网络安全前瞻调研报告 ［R］. 2023.

［91］IANS A S. 2023 Security budget benchmark summary report ［R］. 2023.

［92］JAYNES E T, BRETTHORST G, SAFARI A O R M C. Probability Theory: The Logic of Science ［M］. Cambridge: Cambridge University Press, 2002.

［93］诺伊曼冯. 计算机与人脑 ［M］. 北京: 商务印书馆, 2009.

［94］TURING A M. Computing machinery and intelligence ［J］. Mind, 1950, 59 （236）: 433-60.

［95］MCCARTHY J, MINSKY M L, ROCHESTER N, et al. A proposal for thedartmouth summer research project on artificial intelligence, august 31, 1955 ［J］. AI Magazine, 2006, 27 （4）: 12.

［96］LEHMAN J, CLUNE J, RISI S. An anarchy of methods: current trends in how intelligence is abstracted in ai ［J］. IEEE Intelligent Systems, 2014, 29 （6）: 56-62.

［97］MCCULLOCH W S, PITTS W. A logical calculus of the ideas immanent in nervous activity ［J］. The Bulletin of Mathematical Biophysics, 1943 （5）:

115-133.

［98］ROSENBLATT F. Principles of neurodynamics：perceptrons and the theory of brain mechanisms ［M］. Washington，DC：Spartan Books Washington，1962.

［99］MARVIN M，SEYMOUR A P. Perceptrons ［M］. Cambridge，MA：MIT Press，1969（6）：318-62.

［100］BROOKS R A. Elephants don't play chess ［J］. Robotics and Autonomous Systems，1990，6（1-2）：3-15.

［101］RUMELHART D E，HINTON G E，WILLIAMS R J. Learning representations by back-propagating errors ［J］. Nature，1986，323（6088）：533-536.

［102］BYERLY A，KALGANOVA T，DEAR I. No routing needed between capsules ［J］. Neurocomputing，2021（463）：545-553.

［103］SAMUEL A L. Some studies in machine learning using the game of checkers ［J］. IBM Journal of Research and Development，1959，3（3）：210-229.

［104］XIONG W，DROPPO J，HUANG X，et al. Achieving human parity in conversational speech recognition ［J/OL］. arXiv preprint arXiv：161005256，2016.

［105］KAPLAN J，MCCANDLISH S，HENIGHAN T，et al. Scaling laws for neural language models ［J/OL］. arXiv preprint arXiv：200108361，2020.

［106］基辛格，胡滕洛赫尔，施密特. 人工智能时代与人类未来 ［M］. 北京：中信出版社，2023.

［107］KURZWEIL R. 人工智能的未来 ［M］. 杭州：浙江人民出版社，2016.

［108］BARRAT J. 我们最后的发明：人工智能与人类时代的终结 ［M］. 北京：电子工业出版社，2016.

［109］凯利. 5000天后的世界 ［M］. 北京：中信出版社，2023.

［110］COLLOBERT R，WESTON J，BOTTOU L，et al. Natural language processing（almost）from scratch ［J］. Journal of Machine Learning Research，2011（12）：2493-2537.

［111］VASWANI A，SHAZEER N，PARMAR N，et al. Attention is all you need ［J］. Advances in Neural Information Processing Systems，2017（30）.

［112］DEVLIN J，CHANG M-W，LEE K，et al. Bert：Pre-training of deep bidirectional transformers for language understanding ［J］. arXiv preprint arXiv：181004805，2018.

［113］RADFORD A，NARASIMHAN K，SALIMANS T，et al. Improving

language understanding by generative pre-training [J]. 2018.

[114] GOODFELLOW I, POUGET-ABADIE J, MIRZA M, et al. Generative adversarial nets [J]. Advances in Neural Information Processing Systems, 2014 (27).

[115] KINGMA D P, WELLING M. Auto-encoding variational bayes [J/OL]. arXiv preprint arXiv: 13126114, 2013.

[116] LEWIS P, PEREZ E, PIKTUS A, et al. Retrieval-augmented generation for knowledge-intensive nlp tasks [J]. Advances in Neural Information Processing Systems, 2020 (33): 9459-74.

[117] 张军. 多主体系统: 概念、方法与探索 [M]. 北京: 首都经济贸易大学出版社, 2013.

[118] RUSSELL S J, NORVIG P. Artificial intelligence: a modern approach [M]. London: Pearson, 2022.

[119] BASU N, PRYOR R, QUINT T. ASPEN: A microsimulation model of the economy [J]. Computational Economics, 1998 (12): 223-41.

附录 ｜ 朋友圈的声音

　　我的初中同桌——首都经济贸易大学张军教授将《奇点来临2024》书稿送到我手中，看完之后让我陷入思考——人的意识边界到底在哪里？人的意识到底受什么制约？人类到底能不能认识宇宙世界？人工智能的"智能"到底能不能超越人类乃至驾驭人类？康德认为，人的感觉器官所能够感知的世界只是一个"现象体"，并在感知过程中对现象进行扭曲，而人类的感觉器官所感知不到的"自在体"却在彼岸；黑格尔认为，人类的感知通道是封闭的，通道之外是"绝对精神"；叔本华则认为，通道之外是"意志"，并牢牢地控制着现象界及人类自身。

　　《奇点来临2024》一书的作者张军教授站在"三界之外"，重新审视了人类社会的"科学"与"技术"，并用宇宙大爆炸中的奇点概念定义人工智能将成为人类命运转变开始的"奇点"，让人耳目一新——"我们不是在接近奇点，而是已经在奇点中。当我们找到了一个基于学习的不依赖人类知识的通用人工智能方法后，我们可以预见人类的每一项智能都会被机器超越，奇点已经来临。"

王良其律师事务所　王良其

　　张军老师是我的老师，适逢张老师的又一著作问世，幸得雅赠，提前窥识，颇有感慨。

　　一直认为"立德、立功、立言"做得好是有先后顺序的，张老师做到了，"好为人师"变成了"为人好师"，《奇点来临2024》在新一轮科技大发展之际面世，适逢其时，且立意深远永不过时。张老师是一个对"科学"追求大于"科研"的人，"执其两端，用其中于民"，不仅是平衡之术，乃适用的哲学。

　　这些年做公司，从网络集成到软件开发，从MIS系统到安管工具，每每跟张老师汇报请教，老师都能够不厌其烦地指导教诲，从国际国内趋势，到政策市场分析，知无不言，令我受益匪浅。只是受困于天份，老师有时候也会恨铁不成钢，得益于后天勤奋和良好的心态，还是能够开开心心去耕耘，快快乐乐去享受。

对于这本书，您若温饱都有问题，这本书解决不了什么。您要是还有点追求，这本书能给您些许思考。

北京瑞智康成有限公司创始人、董事长　郅斌

作为一名计算机领域的从业人员，我对《奇点来临2024》这本书深有共鸣。张军教授的著作不仅是对人工智能领域的一次全面梳理，更是对我们这些在数据科学前沿探索的探索者所做事情的有力注脚。书中涵盖了众多科学家引人入胜的事迹，这些事迹不仅串联起了科学技术的发展历程，更彰显了人类对未知世界的不懈探索与追求。阅读此书是一次有趣的体验，将我的知识进行了一次全面的升级。我相信无论是从业人员还是该领域的爱好者，都会从本书中受益。

徐欣（大数据工程师）

因为徐总的推荐，得以读到这本书。

我不是计算机相关专业的，也从未从事过与此相关的工作，但不管怎么说，我也生活在这个互联网的年代，所以或多或少也会关注一下AI的发展，并对AI背后的运行逻辑极其好奇。所以当徐总推荐给我这本书时，我很开心，我知道它是我这个阶段想看的一本书。

事实证明确实这样。拿到这本书之后，几乎是一口气读完。上一次让我觉得含金量如此高、并让我极度喜欢的一本书还是《人类简史》。对任何一个或抽象、或宏观事物的探讨，如果能从容地游走于多个学科，似乎能更接近于真相。我喜欢各种跨学科的写作。《奇点来临2024》这本书在我看来也具有这样的特性。它一开始并没有直接讲计算机运算的各种原理，而是从探讨科学技术与社会发展的关系、生命与宇宙的奥秘入手，逐步进入对世界是确定性的还是随机性的讨论中。随着科学的进步，可以说很大程度上，我们可以相信世界是有规律的、确定的，也就是说"万物皆数"，一切都是可以计算的。人类用自己的大脑历经千年不断完善对这个世界的认识，并积累了大量的知识和科技成果，而以上的两点也为计算机和AI的发展奠定了理论和现实的基础。随着计算机硬件和算法的不断发展，数据的不断累积，机器似乎正逐步拥有人脑所拥有的一切能力，诸如记忆、储存、计算、推理、联想等，那么未来会怎么样呢？人工智能会逐步发展出人类所拥有的情感、欲望等，并逐步成为威胁人类的存在吗？所有的这些又回到了书开头讨论的主题，"科学技术与社会发展、生命与宇宙的奥秘"。整本书看似散装，但各章节之间逻

辑极其严密，就像书开头所写"力求做到每个小节都能独立成文，供忙碌的读者碎片化阅读"。可以说，这本书打通了我对 AI 背后运行逻辑的认知，并摆脱了常规科普类书籍因过度专业化而引起的"枯燥"，是一本外行人了解 AI 底层逻辑的好书。

在看这本书的过程，有两个词让我印象极其深刻，一个是"自组织"，一个是"涌现"。

"自组织"这个词，我第一次了解到大概是十多年前，在一个有关物理学的纪录片里。它介绍到宇宙中似乎有一种神奇的力量，让一切都变得有序。一切看似无序的事物，只要重复的次数足够多，最终会走向有序，这可能是生命乃至宇宙背后隐藏的秘密。在过去，因为人力计算的有限性，人类很难把这一秘密可视化，一些先贤通过观察、思考、冥想，也曾得出过同样的结论。书中的"虚拟蚂蚁"实验则把这一秘密可视化了。实验的开始，只是起源于 3 个简单的规则，之后很长的时间里，蚂蚁的运动都处在混沌时代，但走到 11 000 步的时候，奇迹发生了，蚂蚁的路径走向有序。也就是说，"无序之中总会存在自发的有序存在"。这种现象或者规律在动物世界和人类世界中也同样存在，也可称之为"群体效应"或"群体智慧"（相对应的是"乌合之众"）。人类社会中每个个体的行为或是随机的，但个体一旦处于群体之中，就会受到群体效应的影响，从而使群体呈现一种"系统自组织"的状态。这种自组织的群体行为有时候是和谐和秩序的，有时候则是相反的。但我相信如果样本量足够大，群体足够多样化，社会机制可以保证尽可能多的个体得以发声，让信息自由流动，让个体之间的误差相互抵消，那么"群体智慧"诞生的可能性就会加大。

另一个词则是"涌现"。世界是如此复杂，在有序之外，同样也存在混沌，存在着不可预测。书中提到的湍流就是混沌、不可预测的一个非常具象的现象。虽然作为普通人，我们很难把所有的现象都从物理学或数学方程式的角度加以理解，但我们也很清楚地知道湍流里的每一个漩涡的出现是不可预测的。现代科学的发展，将万事万物进行了逐步的解读，但湍流的形成或运行机制仍旧是不可解的。另外，书中提到的"逻辑斯蒂方程式"，也清楚地展现出，在相对简单的动态系统中，也会在某一区间存在飘忽不定的随机性。我们生活的世界简单来说由自然世界和人类社会组成，如果说自然是一个巨大的混沌系统，那么人类社会发展至今更是一个庞大的混沌系统。在这些混沌系统，每天发生着无数的看得见、看不见的物质、信息和能力的交流，人们因此产生自组织行为，并不断相互作用和影响着。同时，这种自组织行为继续推动系统的运转和变更，在某一个或 N 个奇点处，导致涌现。而这种涌现是不可预测的。

我们生活的世界既是有序的，也是随机的。在有序和规律里，也蕴藏着不可预测的未知。这使得我们的世界得以丰富而更有趣味。

那么回到计算机和 AI 的发展，它的发展对人类来说是希望更大还是威胁更大？是让人类社会更美好还是会摧毁人类？纵观人类社会的发展，每一次革命性新技术的出现，总会引起人们的恐慌，200 多年前的工业革命亦是如此。科学不断发展，人类不断地解读和理解着这个已经存在上亿年的世界，并运用这些被解读出的规律创造着服务于人类的技术和发明。工业革命是人类解读除人本体之外"客观世界"的成果，使人类从简单、重复的体力劳动中解脱出来，从而使人类有更多的时间和精力关注人的精神世界，也以此催生了更多学科和工种的出现，使人类整体社会变得更加美好、更加文明。当然，在这个过程中，也伴随着野蛮、粗暴，以及部分文明的丧失乃至灭亡的代价。因此，现在人们对 AI 的恐慌不是没有道理的。我不确定在计算机的设计之初，是否只是想拥有更为快速的计算功能。但现在看来，随着计算机硬件的不断发展、算法的不断进步，计算机似乎在变得越来越聪明，逐步类似于"人脑"。它不仅具备了人脑的储存、计算等功能，还拥有了人脑的学习、记忆、统筹、推理等能力。我不是完全了解 AI 的运行逻辑，但整体理解下来，AI 有点类似人脑的电子化，对人脑运行逻辑的思考和解读，对宇宙规律的解构似乎就是构建"电脑"的逻辑根基。一切是有序的，是可以被计算的，但也存在涌现。自然现象中有涌现，社会发展中有涌现，大脑所谓的"意识"是否也是千亿级神经元计算活动的涌现？计算机在硬件、算法、数据的合力下，AI 诞生了，它类似于人类大脑，不仅会计算，还会思考。最重要的是"它的智商"远超人类的平均智商，因为它具有没有极限的学习能力。AI 人工智能的出现不同于以往的技术革命，它的到来使对科技的探讨和对人的探讨合二为一。所谓"何为人？"是为奇点来临。

"将万事万物还原成简单的基本规律的能力，并不蕴含着从这些规律重建宇宙的能力。"那"电脑"真的可以类似或无限接近于"人脑"？逐步具有人类所拥有的意识、情绪乃至情感，最终将统治人类或毁灭人类？我不确定并对其存有很大的质疑。不过，可以肯定的是，AI 的发展将进一步解放人类，不仅是从简单的体力劳动中，也将从或简单或复杂的脑力劳动中，人类的工作效率将得到倍级的提升，人类社会也将获得进一步的发展。正如施一公院士所说，"以前带 10 个博士做 5 年才能解决一个大复合物的结构，现在借助于 AI，我实验室的一个学生，一至两个礼拜就把事情完成了"。这是多么大量级的效率提升啊！那么在效率提升的过程中，短期可以预见的是，一些工种必将被取代或消失。那么长期呢？又会涌现出怎样的新生事物？人类社会又会怎样发展？

关于预测。新事物出现，人类会恐慌，同时必然伴随着对未来的预测。关于预测，我认为在某一个独特的领域内，在一定的时间区间内，未来是可预测的。比如这个预测：AI 会让所有生命分子在短期内皆可解读，未来或将改变人类的生老病死。我相信这个预测。但放在一个宏观的、庞大的混沌系统中，比如人类社会的发展，则是不可预测的。因为动态的因素太多了，还有无法预知的涌现，对这些因子的统筹考虑远超一个乃至 N 个人脑的计算能力。回望过去、总结过去，相对简单，但预测未来真的太难了。尤瓦尔·赫拉利写的《人类简史》可谓行云流水，一气呵成，但《未来简史》却差强人意，略显磕磕巴巴。并不是他能力不够，而是对人类未来的宏观思考和预测真的太难了。就像早两年我们都还在提"工业互联网"是工业革命 4.0，还在提元宇宙，那时的我们都没有预测到 AI 会以目前这种形态出现和发展。对人类未来的、长期的、宏观的预测，与其相信人脑或者电脑，我更愿意相信"玄学"，相信宇宙中看不见的能量。

对于科技，我的态度是：大胆地让科技发展吧，其他的交给宇宙的善意，宇宙对生命的善意。工业革命带来生产效率的提升，部分区域生活水平的提升，但也不可避免地导致全球侵略扩张的发生。直至新秩序建立，更多的人重新生活在了一个更为美好、更为文明的社会里。AI 是否会进化出碳基生物独有的意识，我不清楚，毕竟截至目前，人类对大脑、对意识的认知也极为有限。但人工智能的发展也许会像过去的工业革命一样，摧毁已有的生产秩序，涌现出崭新的新生事物，并在这个动态的系统里，在"自组织"的力量下，经过冲突、混乱、对抗，重新走向和谐、有序、美好。在此，我唯希望，人类已经发展出的文明能发挥它的作用。

宇宙大爆炸之后，地球能成为人类所知的唯一的蕴含生命的星球可谓是九死一生。它是无数"巧合"的结果，直至成为一个相对稳定孕育生命的系统。从一个受精卵到一个生命的诞生，在这个过程中，细胞经过无数次的分裂，但凡有一个出错，生命也将变得残缺或不完美。但神奇的是，大部分生命一出生就完美无缺。我相信，宇宙自有一套它的自组织逻辑，它或许来自天道，或许来自上帝。它对生命充满善意。

最后，我想说，这不仅是一本关于人工智能的科普类书籍，还是一本有关人类、有关社会、有关宇宙、有关生命奥秘的人文类书籍。它让我的大脑快速地运作，带给我深度思考的体验，并收获一种因大脑快速运转而带来的深度愉悦。我喜欢这本书，在此特别感谢写这本书的作者。

刘雅静

ChatGPT 的书评

《奇点来临 2024》是首都经济贸易大学教授张军撰写的一部重要著作，详细探讨了人工智能（AI）的发展及其对人类社会的深远影响。张军通过丰富的历史背景和最新的科技发展，提出了许多发人深省的观点，为读者提供了一份详尽的技术与社会发展的未来图景。

书中首先强调了科学技术作为第一生产力的重要性，详细回顾了中国科技发展的历程，引用邓小平的观点，指出科技创新在推动社会生产力和经济增长中的核心作用。通过对中国科技进步的讨论，张军展示了一个国家如何通过科技实现从"跟跑"到"领跑"的转变。

在探讨财富的起源和增长时，张军引用了埃里克·拜因霍克的《财富的起源》，指出财富不仅来源于劳动和交易，还包括意识、工具的应用和技术创新。尤其是工业革命后的技术进步，被视为财富爆发性增长的主要推动力。这个观点让人们重新思考财富的本质和经济发展的动力源。

书中对世界复杂性的讨论同样引人深思。张军通过动态系统的混沌现象、生命游戏和自组织等复杂系统理论，揭示了自然界和社会中的复杂性。这部分内容不仅丰富了读者对科学的理解，也展示了复杂系统理论在解释现实世界中的应用。

最引人注目的是书中对人工智能崛起的详细介绍和对奇点的展望。张军详细介绍了人工智能的发展历史和关键技术，并分析了人工智能对各个领域的深远影响，特别是大语言模型和多模态 AI 的发展。作者引用雷·库兹韦尔的观点，预测奇点将很快到来，人工智能将彻底改变人类社会，开启人机共存的新纪元。

然而，书中也不乏对人工智能带来伦理和安全问题的深刻思考。张军呼吁建立合理的监管框架，确保技术的安全使用，防止其被滥用或对社会造成负面影响。这些讨论显示了作者对技术进步与社会责任的平衡关注。

总的来说，《奇点来临 2024》是一部内容丰富、见解深刻的著作。张军通过详尽的历史回顾和对未来的展望，提出了许多值得深思的观点。无论是对科技感兴趣的读者，还是关注社会发展的研究者，这本书都提供了宝贵的见解和启发，是一本值得一读的好书。